Erkenntnisse unter Tage
Bergbaumotive in der Literatur der Romantik

Inauguraldissertation
zur Erlangung des Grades eines Doktors der Philosophie
im Fachbereich Neuere Philologien
der Johann Wolfgang Goethe Universität
zu Frankfurt am Main
vorgelegt von

Helmut Gold
aus Wetzlar

1990

1. Gutachter: Prof. Norbert Altenhofer

2. Gutachter: Prof. Günter Oesterle

Tag der Disputation: 2. Februar 1989

Erschienen im
Westdeutschen Verlag, Wiesbaden
in der Reihe
"Kulturwissenschaftliche Studien zur deutschen Literatur"
hrsg. von Dirk Grathoff, Günter Oesterle und Gert Sautermeister

TABELLARISCHER LEBENSLAUF

1958	geboren am 7.12. als Sohn der Eheleute Herbert und Berta Gold in Wetzlar
1965-68	Besuch der Ludwig-Erk Volksschule in Wetzlar
1968-77	Besuch des Goethe-Gymnasiums in Wetzlar, Abschluß mit der Allgemeinen Hochschulreife
1977-83	Studium der Fächer Germanistik und Geschichte, dazu ab 1981 Philosophie, an der Justus Liebig Universität in Giessen, Gastvorlesungen an der Johann Wolfgang Goethe Universität in Frankfurt/M. Examensarbeit bei Prof. Dr. G. Oesterle am Seminar für Neuere Deutsche Literatur (Giessen). Abschluß: Erste Staatsprüfung für das Lehramt an Gymnasien
1983-84	Zivildienst bei einer Psychiatrieeinrichtung in Frankfurt "Meta-Quark-Haus"
1985-87	Wissenschaftlicher Angestellter der Handschriftenabteilung des Deutschen Literaturarchivs in Marbach a.N.
seit 1988	freiberufl. wiss. Tätigkeiten, vorwiegend Museumskonzeption und Katalogerstellung, zuletzt Aufträge zu Ausstellungen des Post-museums Berlin und des Verkehrsmuseums in Nürnberg.

Kulturwissenschaftliche Studien zur deutschen Literatur

Herausgegeben von

Dirk Grathoff, Günter Oesterle und *Gert Sautermeister*

In der Reihe „Kulturwissenschaftliche Studien zur deutschen Literatur" werden Forschungsarbeiten veröffentlicht, die eine Erweiterung der tradierten germanistischen Arbeitsgebiete anstreben. Neben dem traditionellen Kanon ästhetischer Literatur sollen vernachlässigte Textgenres, etwa journalistische Prosa, Briefe und Berichte sowie Darstellungs- und Diskursformen technisierter Medien wie Radio, Film und Fernsehen berücksichtigt werden.

In methodisch-theoretischer Hinsicht werden im Rahmen literaturwissenschaftlicher Analysen unterschiedliche Ansätze – z.B. der kulturwissenschaftlichen Anthropologie und der Psychoanalyse, des Strukturalismus und der Gesellschaftswissenschaften – integrativ verbunden und auf ihre Ergiebigkeit für die traditionellen hermeneutischen, literarästhetischen und -historischen Verfahren erprobt.

Helmut Gold

Erkenntnisse unter Tage

Bergbaumotive in der Literatur der Romantik

Springer Fachmedien Wiesbaden GmbH

D.30

Ursprünglich erschienen bei Westdeutscher Verlag GmbH, Opladen 1990

Umschlaggestaltung: Horst Dieter Bürkle, Darmstadt

ISBN 978-3-531-12133-8 ISBN 978-3-663-09974-1 (eBook)
DOI 10.1007/978-3-663-09974-1

"Die Annahme ist, daß die Schätze unter dem Boden zu finden sind, weil, wenn es gute Geister überhaupt gibt, sie nur dort zu vermuten wären, denn es ist erwiesen, daß sie im Himmel verboten und auf Erden nicht vorhanden sind."

(Oskar Negt/ Alexander Kluge)

Vorwort

Diese Untersuchung der Bergbaumotive versteht sich als Pendant zur Interpretation der Automate-Motive. Beide Motive reagieren auf eine moderne Erfahrung der Romantiker: Die Erfahrung von der Durchdringung aller Lebensbereiche mit dem Prinzip der Zweckrationalität, von Entfremdung und Verdinglichung. Der romantisch-literarische Einspruch beschritt dabei vor allem zwei Wege: den einer kritischen Antizipation und den eines konstruktiven Rückgriffs. Zum ersten gehören vor allem die vielfach untersuchten Automate-Motive, zum zweiten -neben anderen- die Bergbaumotive. Sie wurden bisher nur wenig beachtet oder vorschnell als Verklärung abgewertet. Eine differenzierte Betrachtung ist darum notwendig und wird hier angestrebt.

Die vorliegende Dissertation entstand in dem Zeitraum von 1983-88 in Giessen, Marbach/N. und Frankfurt/M. Dazwischen lagen mehrere berufsbedingte Unterbrechungen, die sich auf den Fortgang der Arbeit zwar verzögernd, aber auch, wie im Fall der Anstellung am Deutschen Literaturarchiv, anregend und motivierend auswirkten.

Es ist mir ein besonderes Anliegen, all denen zu danken, die zum Gelingen dieser Arbeit beigetragen haben. Insbesondere möchte ich die beiden Betreuer nennen: Herrn Prof. Dr. Günter Oesterle (Giessen), der diese Untersuchung über lange Jahre begleitet hat und dem ich für ermunternden Rat und wissenschaftliche Anregungen gleichermaßen verpflichtet bin. Herrn Prof. Dr. Norbert Altenhofer (Frankfurt/M.), der die Betreuung in einem schon fortgeschrittenen Stadium übernahm und dabei die Fortführung problemlos ermöglichte, zugleich neue Impulse gab und so wesentlich zum erfolgreichen Abschluß beigetragen hat. Beiden gilt mein ausdrücklicher Dank.

Für hilfreiche Beratung und Hinweise bin ich weiter Herrn Prof. Dr. Theodore Ziolkowski (Princeton), Herrn Prof. Dr. Odo Marquard (Giessen) und Herrn

Prof. Dr. Dr. h.c. Bernhard Zeller (Marbach/N.) sowie den Teilnehmern des Examens- und Doktorandenkolloquiums bei Herrn Prof. Altenhofer verbunden.

Diese Arbeit wäre nicht zustande gekommen ohne Ermutigung, Anregung und konstruktive Kritik von Freunden und Angehörigen. Für ihre Unterstützung - sei sie inhaltlicher oder persönlicher Art - möchte ich allen herzlich danken, besonders: Susanne Albrecht und Christel Jörges, meinen Eltern Berta und Herbert Gold, sowie Kristina Sturm, Dr. Norbert Schürgers und Wolfgang Schoen.

Frankfurt/M., im September 1989 H. G.

Inhalt

I. Einleitung

1. Methodische Vorbemerkung

> "Es liegt nahe, all das unmittelbar gesellschaftlich (...) abzuleiten (...). Aber die Gewohnheit, durch den allzu raschen Blick auf die Totale das ihr innewohnende, von ihr bestimmte und wiederum aufgelöste Teilmoment zu verkennen und zu entwerten, kompromittiert solches Verfahren. Es ist mit der Neigung verfilzt, die Partei des Ganzen, der großen Tendenz zu ergreifen und zu verdammen, was nicht hineinpaßt. Kunst wird dabei zum bloßen Exponenten der Gesellschaft, nicht zum Ferment ihrer Veränderung, und so jene Entwicklung gerade des bürgerlichen Bewußtseins approbiert, welche alle geistigen Gebilde zur bloßen Funktion, einem nur für anderes Seienden, schließlich zum Bedarfsartikel herabsetzt."[1]

Der gleiche Autor, Theodor W. Adorno, schreibt in einem Brief am 10.1. 1938 an Walter Benjamin:

> "Ich (...) versuche im übrigen für meine Abneigung gegen jene besondere Art des Konkreten und dessen behaviouristische Züge Ihnen den theoretischen Grund anzugeben. Der ist aber kein anderer, als daß ich es für methodisch unglücklich halte, einzelne sinnfällige Züge aus dem Bereich des Überbaus 'materialistisch' zu wenden, indem man sie zu entsprechenden Zügen des Unterbaus unvermittelt und wohl gar kausal in Beziehung setzt. Die materialistische Determination kultureller Charaktere ist möglich nur vermittelt durch den *Gesamtprozeß*. (...) die Wiederkehr jener Motive (...) ist nicht anders zu bestimmen als durch die gesellschaftliche und ökonomische Gesamttendenz des Zeitalters (...)."[2]

---

1 Theodor W. Adorno: Philosophie der neuen Musik <1948>. Frankfurt/M. 1969, S. 30f. *Zur Zitierweise:* Die Literaturnachweise werden bei ihrer ersten Nennung vollständig, danach mit Verfassernamen, abgekürztem Titel und a.a.O. angegeben. Häufig zitierte Nachschlagewerke sind durch Siglen abgekürzt.

2 A.a.O., in: Th. W. A.: Über Walter Benjamin. Hrsg. von Rolf Tiedemann. Frankfurt/M. 1970, S. 138f.

Was ein oberflächlicher Blick in diesen beiden Zitaten als Plädoyer für bzw. gegen das Konkrete, als Widerspruch also, zu entdecken meint, ist keiner. Vielmehr sind damit Skylla und Charybdis einer jeden Interpretation umrissen und ganz besonders, so scheint mir, solcher von Motiven. Motive sind gekennzeichnet durch die Doppeltheit, sowohl "strukturelle Beharrungskraft" als auch "Wandelbarkeit" zu besitzen.[3] Eine Motivuntersuchung erfordert darum beides: zum einen den Blick auf die übergeordneten Zusammenhänge, um einen Stoff überhaupt als "strukturelles Minimum", als "kleinere stoffliche Einheit" zu identifizieren[4]; zum andern das Einsenken ins Werk, die genaue Interpretation, um den spezifischen Erscheinungsformen und der Differenziertheit der Motive gerecht zu werden, um ihr prozeßuales Moment jenseits sedimentierter Inhalte zu erfassen.

Die hier angesprochene methodische Problematik motivgeschichtlicher Untersuchungen hat ihren Ursprung in der Frage nach dem Verhältnis von Kunst und Gesellschaft. Theodor W. Adorno hat das in seiner Auseinandersetzung mit Walter Benjamins Baudelaire-Arbeiten[5], aus deren Zusammenhang auch eines der voranstehenden Zitate stammt, deutlich gemacht. Nicht erst in der 'Ästhetischen Theorie' zeigt Adorno, daß der "verlorene Charakter der Unmittelbar-

---

3 Vgl. Manfred Frank: Die unendliche Fahrt. Ein Motiv und sein Text. Frankfurt/M. 1979, Umschlagtext und vgl. Horst S. und Ingrid Daemmrich: Wiederholte Spiegelungen. Themen und Motive in der Literatur. Bern/ München 1978, S. 15ff.

4 So die Kurzdefinitionen von Manfred Frank bzw. Elisabeth Frenzel. Vgl. M. F.: Die unendliche Fahrt, a.a.O., S. 8 und E. F. Stoff-, Motiv- und Symbolforschung. Stuttgart 1963, S. 26.

5 Bei den Arbeiten zu Charles Baudelaire handelt es sich um nicht abgeschlossene Entwürfe und Notizen zu dem ebenfalls unvollendet gebliebenem Passagenwerk. Für das Institut für Sozialforschung sollten Teile daraus veröffentlicht werden, nämlich die Abschnitte 'Boheme', 'Flaneur' und 'Moderne', die den zweiten Teil eines insgesamt dreiteilig geplanten Buches ausmachten. Nach grundlegender Kritik des Instituts, namentlich Adornos, folgte die Umarbeitung des Flaneur-Kapitels unter dem Titel: "Über einige Motive bei Baudelaire". Veröffentlichung der Arbeiten in Charles Baudelaire: Ein Lyriker im Zeitalter des Hochkapitalismus. Zwei Fragmente. Hrsg. von Rolf Tiedemann. Frankfurt/M. 1969.

keit" zwischen beiden Bereichen nicht einer "allgemeinen kulturphilosophischen Besinnung" folgt, sondern begründet ist in gesellschaftlichen Verhältnissen, in der Entfremdung zwischen Produktion und Konsumtion in der Kunst wie in der Gesellschaft.[6] Dem hat jede Interpretation Rechnung zu tragen. Adorno wendet sich darum gegen Benjamins Versuche, bestimmte Motive direkt auf benachbarte Züge der Sozialgeschichte zu beziehen[7]:

> "Täusche ich mich nicht sehr, so gebricht es dieser Dialektik an einem: der Vermittlung. (...) Der unmittelbare Rückschluß (...) schiebt den Phänomenen eben jene Art von Spontaneität, Handgreiflichkeit und Dichte zu, deren sie im Kapitalismus sich begeben haben. (...) Die 'Vermittlung', die ich vermisse, (...) ist nun aber nichts anderes als eben die Theorie, die ihre Arbeit ausspart."[8]

Wie die geforderte vermittelnde Theorie aussehen kann, läßt sich an Walter Benjamins Überarbeitung studieren, die auf Adornos Kritik reagiert. Darin interpretiert Benjamin die Motive mit Rekurs auf den zentralen Begriff der Erfahrung. Historisch-phänomenologisch verfolgt er, wie sich an ihm Charakteristika industrieller Produktion und moderne Wahrnehmungsphänomene nieder-

---

6 Vgl. Th. W. A.: Warum ist die neue Kunst so schwer verständlich? In: Der Scheinwerfer. Blätter der städtischen Bühnen Essen. Hrsg. von Hannes Küpper, Heft 2, Jg. 5, 1931, S. 13. "Der gesellschaftliche Sachverhalt läßt sich noch konkreter formulieren. Zwar verhält sich die *Produktion* weithin geschichtlichdialektisch, insoweit sie Spannungen und Widersprüche der bestehenden Verhältnisse ausspricht, (...) und durch ihr Schicksal, das nicht bemäntelt werden darf, zur Änderung aufruft. Die *Konsumtion* jedoch beharrt weithin im Bestehenden, weil ihr nicht die Produktivkraft eignet, die über das Bestehende hinauswiese; sie ist gesellschaftlich lediglich produziert, ohne selber ernstlich mitzuproduzieren."(Ebd. S. 14).

7 So hatte Walter Benjamin z.B. Baudelaires Gedicht 'Le vin des chiffoniers' in unmittelbarem Zusammenhang mit der Weinsteuer gebracht, die die Städter zwang, des billigen Weins wegen vor die Stadt zu gehen. An anderer Stelle interpretierte Benjamin die Vorliebe des Flaneurs für die Passagen mit der geringen Breite der Bürgersteige. Vgl. W. B.: Charles Baudelaire, a.a.O., S. 16ff bzw. 36ff.

8 Th. W. A.: Über Benjamin, a.a.O., S. 138f.

geschlagen haben, die gerade auch die Perzeption von Kunst bestimmen.[9] Damit deduziert er die Motive nicht unmittelbar aus der Ökonomie, sondern errichtet eine "Art Zwischeninstanz zwischen Basis und Überbau", die selbst Theorie ist.[10]

Eine solche "Zwischeninstanz" zu errichten, ist der stete Anspruch auch dieser Untersuchung. Der "kopernikanischen Wendung", die Rolf Tiedemann für Benjamins Weg von der ersten zur zweiten Baudelaire-Arbeit beschreibt[11], hofft diese Arbeit näher zu stehen als jenem "Kreuzweg von Magie und Positivismus"[12], vor dem Adorno so eindringlich warnt.

2. Zur Problemstellung

2.1 'Ein inniges Band' - Biographische Bezüge

"Bergbau und Romantik! Ein inniges Band umschlingt beide." Mit diesen Sätzen beschloß Josef Dürler 1936 nach gut 230 Seiten seine Arbeit zum Thema 'Die Bedeutung des Bergbaus bei Goethe und in der deutschen Romantik'.[13] Offenbar galt in der Folgezeit das "Band" zwischen Bergbau und Romantik als so selbstverständlich, daß eine weitere Untersuchung nicht mehr lohnend schien, denn Dürlers Arbeit blieb bis heute die einzige umfangreiche Studie zu

---

9 Adorno reagierte begeistert: "Mit welchem Enthusiasmus ich Ihren Baudelaire gelesen habe (...). Ich glaube, es ist kaum eine Übertreibung, diese Arbeit als das Vollkommenste zu bezeichnen, was sie seit dem Barockbuch und dem Kraus publiziert haben. Wenn ich manchmal ein schlechtes Gewissen hatte ob meiner nörgelnden Insistenz, dann hat sich dies schlechte Gewissen in eitel Stolz verwandelt (...)." Brief vom 29.2.1940. In: Th. W. A.: Über Benjamin, a.a.O., S. 157.

10 Rolf Tiedemann: Nachwort zu Walter Benjamin: Charles Baudelaire, a.a.O., S. 178.

11 R. T.: Nachwort zu Walter Benjamin: Charles Baudelaire, a.a.O., S. 177f.

12 Theodor W. Adorno: Über Benjamin, a.a.O., S. 140.

13 A.a.O., (=Wege zur Dichtung Bd., XXIV), Frauenfeld/Leipzig, S. 233.

diesem Thema, obwohl sie über eine hilfreiche Quellensammlung nicht wesentlich hinausgeht.

Bergbau und Romantik, da sind in der Tat mannigfache Bezüge zu nennen. Das Klischee vorweg: Das Interesse für den Bergbau in der Zeit um 1800 sei begründet in der "irrationalen Lebenseinstellung" der Romantiker und ihrem "Hang zum geheimnisvoll Dunkeln im Geschehen der Natur".[14] Die Darstellungen des Montanwesens orientierten sich demzufolge weniger an den realen Verhältnissen, denn an idealisiert-romantisierten Vorstellungen dieses Arbeitszweiges, oft im Zusammenhang mit einem verklärten Mittelalterbild.

Angesichts solcher Gemeinplätze muß es verwundern, wie eng und wie handfest der Umgang vieler namhafter Autoren mit dem Bergbaugewerbe tatsächlich war. Schon Justinus Kerner zeigte sich erschüttert, als er von der profanen Tätigkeit des Dichters der 'blauen Blume', von Novalis, hörte:

> "Es macht aber eine sonderbare Wirkung und stört doch, wenn man sich den Novalis als Amtshauptmann oder als Salzbeisitzer denkt. Das ist entsetzlich! Ich hätte mir sein Leben doch viel anders vorgestellt."[15]

Dabei waren berufliche Erfahrungen im Bergbau keineswegs nur auf den Salinenassessor Hardenberg beschränkt oder, ähnlich berühmt, auf Johann Wolfgang v. Goethe, der sich insbesondere um den Ilmenauer Bergbau verdient gemacht hat.[16] Auch Franz Xaver Baader, ebenso wie der mit ihm befreundete

---

14 Josef Dürler: Bedeutung Bergbau, a.a.O., S. 7.

15 Justinus Kerner an Ludwig Uland. Brief vom 25.1.1810. In: Novalis: Schriften. Hrsg. von Paul Kluckhohn und Richard Samuel. Bd. IV. Stuttgart ^{2}1975, S. 550. Solch scheinbare Unvereinbarkeit wird oft nur durch die Annahme vom Doppelleben des Dichters als möglich gedacht. Eine Annahme, die sich von Rudolf Haym (Die romantische Schule. Ein Beitrag zur Geschichte des deutschen Geistes. Berlin 1870, S. 353) bis zur neuesten, 1988 erschienenen Novalis-Biographie von Hermann Kurzke (Novalis. München 1988, S. 21) reicht.

16 Vgl. Otfried Wagenbreth: Goethe und der Ilmenauer Bergbau. Weinheim 1984. und J. W. G.: Naturwissenschaftliche Schriften. Weimarer Ausgabe. II. Abt., Bd. 13, Weimar 1904, S. 340ff.

Alexander von Humboldt, waren zeitweise als Bergbaubeamte tätig, Humboldt zuletzt im Rang eines Oberbergrats in Preußen.[17] Sie alle hatten zumindest Teile ihrer Ausbildung an der Bergakademie in Freiberg absolviert. Die Freiberger Akademie, 1765 auf Grund der Initiative des sächsischen Vizeberghauptmanns Freiherr von Heynitz gegründet, war gegen Ende des 18. Jahrhunderts ein geradezu magnetischer Anziehungspunkt für Studierende aus ganz Europa.[18] Wesentlich begründet wurde dieser hervorragende Ruf Freibergs durch den bedeutendsten deutschen Geologen der Zeit, Abraham Gottlob Werner, der von 1775 an bis zu seinem Tode 1817 dort lehrte. Das Ziel der Freiberger Hochschulgründung und der weiterer Bergbauschulen in anderen Städte[19] sowie der 1786 ins Leben gerufenen 'Sozietät der Bergbaukunde' war die Verwissenschaftlichung des Montanwesens, ein konsequent aufklärerisches Programm:

> "Mehrere angesehene Mitglieder haben es sich angelegen seyn lassen, die Ausführung nach dem ersten Entwurfe kräftigst zu unterstützen (...). Durch ihre eingeschickten Aufsätze ermunterten sie dazu, den Versuch weiter fortzusetzten, und wir unterziehen uns demselben gern auch noch in der Folge, da wir sehen, daß eine lang vernachlässigte, von den Antipoden des Lichts ängstlich verhinderte Aufklärung, auch in den Regionen unter der Oberfläche der Erde wirklich für so wichtig geachtet zu werden anfängt, als sie geachtet zu seyn schon längst verdient hätte."[20]

---

17 Vgl. Hanno Beck: Alexander von Humboldt als Bergmann. In: Der Anschnitt. Heft 4, Jg. 8, 1956, S. 7ff und Josef Siegl: Franz von Baader. Ein Bild seines Lebens und seines Wirkens. München 1957, S. 5f.

18 Vgl. Wolfhard Weber: Innovationen im frühindustriellen deutschen Bergbau und Hüttenwesen. Friedrich Anton von Heynitz. Göttingen 1976, S. 152ff und Stephen Finney Mason: Geschichte der Naturwissenschaft in der Entwicklung ihrer Denkweisen. Stuttgart ^{2}1974, S. 473.

19 Es folgten 1770 Berlin , 1773 Petersburg, 1775 Clausthal, 1777 Almadén, 1783 Madrid, 1792 Mexiko, 1809 Falun, 1839 Liège, 1849 Leoben.

20 So heißt es in der Vorrede der ersten von L. v. Born und F. W. H. v. Treba herausgegebenen Aufsatzsammlung 'Bergbaukunde'. Bd. I, Leipzig 1789, o.S.(II).

Studierende an dieser Hochschule in Freiberg waren ebenfalls Theodor Körner[21], Gotthilf Heinrich Schubert[22], der Norweger Henrik Steffens[23], Freiherr vom Stein und August Wolfgang von Herder[24]. Auch Clemens Brentano und Josef von Eichendorff, dessen Onkel in Schlesien ein Steinkohlebergwerk besaß, belegten in Halle kurzzeitig Kollegien der Berg und Kameralwissenschaften.[25] Solche Studien gaben mehr als nur theoretischen Einblick, sie schlossen Fahrten unter Tage, Inspektionen und oft sogar Arbeit vor Ort[26] ebenso ein wie die Betrachtung der bergmännischen Lebensverhältnisse.

Darüber hinaus konnte man sich freilich auch weniger professionell kundig machen: Durch eigene Reisen und Besichtigungen oder durch Lektüre. Auch hier erlebte das Interesse für das Montanwesen einen Boom. Neben einem umfangreichen Repertoire von Reisebeschreibungen[27], das zur Verfügung stand - und

---

21 Vgl. Günther Schiedlausky: Theodor Körner als Freiberger Bergstudent. In: Der Anschnitt. Heft 3, Jg. 5, 1953, S. 14ff.

22 Vgl. Johann Baptist Heindl (Hrsg.): Galerie berühmter Pädagogen <1859>. Zit. nach: DBA, Nr. 1144, 342f.

23 Vgl. H. S.: Was ich erlebte. Aus der Erinnerung niedergeschrieben. Bd. 4, Breslau 1841, S. 202ff. Auch Friedrich Schelling war mehrfach in Freiberg. Vgl. Walter Hoffmann: Bergakademie Freiberg. Freiberg und sein Bergbau. Die sächsische Bergakademie. Frankfurt/M. 1959, S. 26.

24 Vgl. Bergakademie Freiberg. Festschrift zu ihrer Zweihundertjahrfeier am 13. November 1965. Hrsg. v. Rektor und Senat der Bergakademie. Bd. I, Freiberg 1965, S. 276.

25 Vgl. Josef Dürler: Bedeutung Bergbau, a.a.O., S. 200 und 232.

26 Vgl. Günther Schiedlausky (Körner als Bergstudent, a.a.O., S. 14) berichtet über tägliche Arbeit unter Tage von 4 bis 12 Uhr, nachmittags besuchte Körner die Vorlesungen. Ähnliches zu Humboldt bei Hanno Beck: Humbold als Bergmann, a.a.O., S. 7f.

27 Vgl. Über den Boom der Reisebeschreibungen im 18. Jahrhundert: Wolfgang Grieb: Reiseliteratur im späten 18. Jahrhundert. In: Hansers Sozialgeschichte der deutschen Literatur vom 16. Jhd. bis zur Gegenwart. Hrsg. von Rolf Grimminger. Bd. 3. München 1980, S. 739ff und Christoph Schmid: Die Mittelalterrezeption des 18. Jahrhunderts zwischen Aufklärung und Romantik. Frankfurt/M./ Bern/ Las Vegas 1979, S. 361ff.

etwa von Heinrich Heine[28] und E.T.A. Hoffmann[29] genutzt wurde -, versäumte es kaum einer der Autoren um die Wende des 19. Jahrhunderts, Bergwerksbetriebe aus eigener Anschauung kennenzulernen. Neben den schon Erwähnten sind hier Friedrich Schleiermacher und Karl von Savigny zu nennen; der eine besuchte 1818 ein Goldbergwerk im Pinzgau[30], der andere die Freiberger Anlagen[31]. Eine Besichtigung, auf die Heinrich Kleist auf seinem Weg durchs Erzgebirge nur ungern verzichtete.[32] Ludwig Tieck und Wilhelm Heinrich Wackenroder erwanderten 1793 das Fichtelgebirge. Wackenroder schrieb von dort an seine Eltern:

> "Wenn ich Ihnen erzählen werde, wie wir über und unter der Erde herumgeklettert sind, denn ich konnte meiner Neugierde nicht widerstehen, die Gipfel des Fichtelbergs, und ein paar kleine Bergwerke zu besuchen..."[33]

---

28 Heine benutzte bei seiner Harzreise 1824 als Wanderführer Friedrich Gottschalcks 'Taschenbuch für Reisende in den Harz'<^{2}1817>, den er auch für die topographischen Darstellungen seiner Reisebeschreibung hinzuzog, ebenso Beschreibungen von Ludwig Ferdinand Niemann und Karl Friedrich Heinrich Marx. Vgl. die Erläuterungen von Jost Hermand zur 'Harzreise'. In: Historisch-kritische Gesamtausgabe der Werke. (=Düsseldorfer Ausgabe). Hrsg. von Manfred Windfuhr. Bd. 6, Hamburg 1973, S. 520ff.

29 E.T.A. Hoffmann ließ sich von seinem Buchhändler für 'Die Bergwerke zu Falun' Beschreibungen der schwedischen Stadt und Landschaft von Ernst Moritz Arndt und Johann Friedrich Ludwig Hausmann bringen. Vgl. Abschnitt IV, Kapitel 1 dieser Arbeit.

30 Vgl. Friedrich Schleiermacher an seine Frau. Brief vom 20.9.1818. In: Rudolf Walbiner: Reisebriefe deutscher Romantiker. Berlin 1979, S. 349.

31 Vgl. Friedrich Karl v. Savigny an Georg Friedrich und Leonhard Creuzer. Brief vom 11.9.1799. In: Rudolf Walbiner: Reisebriefe, a.a.O., S. 98f.

32 "Mich drängte die Begierde, es (das Bergwerk/ H.G.) zu sehen. Aber mein Ziel vor Augen (...) hatte ich Freiberg schon wieder im Rücken." H. K. an Wilhelmine von Zeuge. Brief vom 4.9.1800. In: Rudolf Walbiner: Reisebriefe, a.a.O., S. 140.

33 W. H. W.: Bericht über die Pfingstreise mit Tieck 1793. In: Werke und Briefe. Hrsg. von Lambert Schneider. Berlin 1938, S. 463.

In der gleichen Gegend, aus der auch Jean Paul stammte und in der er sich auskannte[34], besuchte 1837 Karl Immermann die Gruben und Schachten bei Wunsiedel. Bis ins technisch fortgeschrittene England gelangten Baader und Pückler-Muskau, der 1828/29 im Tal von Glenmalure einige große Bleibergwerke besichtigte.[35]

Mit den hier keineswegs vollständig skizzierten Bezügen berühmter Schriftsteller und Philosophen zum Montanwesen ist noch wenig über die Bergbaumotive in der Literatur ausgesagt. Aber doch soviel: Entgegen hartnäckigen Vorurteilen wußte, wer immer von ihnen über den Bergbau schrieb, wovon er sprach. Wie die Verhältnisse im Bergbau sich damals konkret gestalteten, wird noch zu erörtern sein (Abschnitt II). Dessen ungeachtet kann aber schon hier vorweggenommen werden, daß das besondere Verhältnis zwischen Bergbau und Literatur, wie es sich in der Romantik darstellt, ein einseitiges war. Das eingangs erwähnte 'innige Band' zwischen beiden wurde von den Schriftstellern gestiftet. Für die Bergleute dagegen kann als repräsentativ gelten, was Henrik Steffens rückblickend über seine Freiberger Erfahrungen schrieb:

> "Je genauer nun ich den Freiberger Bergbau kennen lernte, desto wichtiger ward mir der ganze Zusammenhang des Bergwesens. Der Bergbau hatte den Mineralogen mit den wichtigsten Erfahrungen bereichert, während er doch eigentlich bestimmt war, mächtig in die Verhältnisse des Staates einzugreifen. Die Bergleute selbst interessirten mich nicht weniger, als die Nützlichkeit und staatswirthschaftliche Bedeutung ihrer Arbeit. Mit großer Theilnahme besuchte ich ihre Hütten. Es ist ein gutmüthiges, friedliches Völkchen, aber *freilich von einer unterirdischen Phantasie, von irgend etwas Dichterischem,* was ihrem mühsamen Geschäfte eine höhere Bedeutung geben könnte, *spürte ich nur wenig.* Die drückende Armut, die unaufhörliche Sorge für die nächste Zukunft erlaubt weder der Lust, noch dem Schmerz, weder der Hoffnung, noch der Furcht, sich dichterisch heiter oder trübe zu gestalten."[36]

---

34 Auch der populäre Christian H. Spieß war von Kindesbeinen an mit dem Umfeld des Bergbaus vertraut, er wurde im Freiberg geboren. (Vgl. DtLitLex IV, S. 2181).

35 Vgl. Hermann von Pückler-Muskau: Briefe eines Verstorbenen <1831>. Bd. I, Berlin 1987, S. 142ff.

36 H. S.: Was ich erlebte, a.a.O., Bd. 4, S. 222f (Hervorhebungen H.G.).

2.2 Zum Stand der Forschung

Warum, so fragt man sich, haben diese doch offenbar gänzlich prosaischen Verhältnisse einen solch besonderen Reiz ausgeübt? Warum wurde der Bergbau so häufig - vor allem in der Zeit von etwa 1790-1840, vor allem in Deutschland und vor allem in der Literatur - Gegenstand künstlerischer Bearbeitungen? Schließlich, wie und mit welcher Bedeutung erscheinen die Bergbaumotive? Welche Kontexte werden durch sie thematisiert? Diese Fragen liegen als Problemstellung dieser Untersuchung zugrunde. Die Forschung hat dazu bislang nur partiell befriedigende Antworten beitragen können.

Zunächst galt es in den Arbeiten zum Thema Bergbau und Romantik überhaupt erst, auf die Bezüge aufmerksam zu machen. Zur eigentlichen Interpretation wurde oft wenig beigetragen. Das gilt für die schon erwähnte Arbeit Dürlers ebenso wie für die 1921 veröffentlichte Antrittsvorlesung an der Montanistischen Hochschule in Leoben von *Wilhelm Kosch*.[37] Kosch stellt erste Bezüge des Bergbaus zu Literatur und Volkskunde schon anhand von Märchen, Sagen und Volksliedern dar, um dann auf das ergiebige Material aus der Romantik zurückzugreifen. Dabei kommt er zu der tautologischen Feststellung: "Die Vorliebe für montanistische Studien und Begriffe ist an sich schon romantisch."[38] Neben Werken von Novalis, Tieck, Brentano und Körner verweist er auf die wenig bekannten österreichischen Autoren Johann Nepomuk Vogl und Karl Gottfried Ritter von Leichner. Zum Abschluß seiner Vorlesung betont Kosch die Notwendigkeit einer kulturgeschichtlichen Erforschung des Bergbaus.[39]

---

37 W. K.: Das Bergwesen in der deutschen Romantik. Akademische Antrittsvorlesung gehalten an der Montanistischen Hochschule in Leoben. In: Der Wächter. Heft 1, Jg. 4, 1921, S. 218ff.

38 Ebd., S. 219f.

39 Vgl. ebd., S. 226f.

Josef Dürlers Verdienst ist es, trotz schon genannter Kritik, eine Vielzahl von Quellen zum Thema erschlossen zu haben. Auch wenn seine Belege keinen Anspruch auf Vollständigkeit erheben können, da er sich auf die 'großen' Autoren Goethe, Novalis, Jean Paul, Tieck, Hoffmann, Arnim, Brentano und Eichendorff beschränkt, kann seine Studie doch bis heute als profunde Materialgrundlage dienen.[40] Von großer Kenntnis und Sorgfalt zeugt daneben der "Allgemein bergbauliche Teil", der über die wissenschaftlichen Grundlagen und die praktischen Arbeitsvorgänge im Bergbau informiert. Eine Vermittlung zwischen Montangeschichte und Literaturinterpretation vermißt man jedoch, bestenfalls wird auf die Herkunft einiger Fachbegriffe verwiesen. Insgesamt kristallisiert sich im Verlaufe von Dürlers Arbeit eine Wertung heraus, die den Autoren Novalis und Goethe mehr Sympathie entgegenbringt, als denen, die das Bergwerk psychologisieren und zur Gestaltung der 'Nachtseite' von Mensch und Natur einsetzen. Beispielhaft ist sein Urteil über Ludwig Tiecks 'Runenberg':

> "Alles strebt auch hier zum Wahnsinn. (...) man beachte doch vielleicht einmal, wie der Bergmann im Ofterdingen aus innerer Notwendigkeit zu seinem Berufe gedrängt wird und wie sich dieses Verlangen hier kundgibt. Bei Novalis ist alles in eine beinahe überirdische Sphäre erhoben, so rein und unverfälscht ist der innere Zug hin zum Beruf. Tiefeste Ehrfurcht, heiligste Andacht treibt den Jüngling (...). Hier im Runenberg aber zeigt sich gleich zu Anfang eine sichtlich krankhafte Veranlagung, ein erschreckend unbezwingbarer Trieb nach irgendetwas anderm."[41]

Die Thematisierung psychischer Konflikte durch das Montanwesen ist für *Theodore Ziolkowski* dagegen von zentralem Interesse.[42] Ziolkowski betont in

---

40 Leider sind die bibliographischen Nachweise oft ungenau. Vgl. J. D.: Bedeutung Bergbau, a.a.O.

41 Ebd., S. 179. Ähnlich sein Urteil zu E.T.A. Hoffmann (vgl. S. 185) und zu Achim von Arnim (vgl. S. 217).

42 Th. Z.: Mines of the Soul. An Institutional Approach to Romanticism. In: English and German Romanticism: Cross-Currents and Controversies. Hrsg. von James Pipkin. Heidelberg 1985, S. 365ff.

seinem Aufsatz mit dem programmatischen Titel 'Mines of the Soul', daß es im romantischen Bergbau nicht um Technologie, sondern um wichtige Dimensionen menschlicher Erfahrung gehe:

> "The mine in the German romantic view is not simply a cold dark hole in the ground: it is a vital, pulsing place into which man descends as into his own soul for the encounter with three dimensions of human experience: history, religion, and sexuality."[43]

Diesen Symbolgehalt und die besondere Faszination des Bergbaus für die Romantiker führt Theodore Ziolkowski auf das Zusammenwirken mehrerer Phänomene zurück: Die verzögerte industrielle Entwicklung in Deutschland, die besondere Stellung des Edelmetallbergbaus (Deutschland war zweitgrößter Erzlieferant in der Welt) und die Neubelebung alter Vorstellungen wie die vom Wachstum der Steine und wie Formen des Unsterblichkeitsglaubens. Gemeinsam hätten diese Entwicklungen den besonderen Status des deutschen Montanwesens geschaffen und der literarischen Phantasie eine Fülle von Anknüpfungsmöglichkeiten geboten.[44]

Ziolkowskis Arbeit ist ohne Frage die derzeit schlüssigste Gesamtinterpretation zu unserem Thema. Sie ist allerdings zu ergänzen durch ein genaueres Eingehen auf die einzelnen Werke und durch die Explikation weiterer Bedeutungsebenen des Motivs, denn - und das ist kritisch gegen den Autor einzuwenden - mit den Themen Sexualität, Geschichte und Religion sind nicht alle und vor allem nicht die wichtigsten erfaßt. Es sind dies Probleme der Ökonomie, des Naturumgangs und der Kunst, die über die Bergbaumotive zentral zur Sprache gebracht werden und die bei Ziolkowski keine Berücksichtigung finden.

---

43 Ebd., S. 374.

44 Ebd., S. 372ff. Zur Sonderrolle des Bergbaus in der deutschen Literatur von 1790-1820 stellt Ziolkowski fest: "...the image of the mine helps to distinguish German romantic literature not only from German literature of ages preceding and following but also - despite (...) isolated examples (...) - from contemporary English romatic literature.

Neben den wenigen Studien, die sich explizit mit den Bergbaumotiven in der Literatur der Romantik auseinandersetzten, gibt es beachtenswerte Arbeiten, die das Thema indirekt oder am Rande behandeln und wichtige Anregungen beitragen. Hier sind zunächst alle weiterführenden Hinweise in den Einzelinterpretationen zu den einschlägigen Werken zu nennen, auf die jeweils im konkreten Zusammenhang einzugehen sein wird. Weiter ist auf Arbeiten aus benachbarten Disziplinen hinzuweisen (a) sowie auf Untersuchungen zu verwandten Motiven und Themen (b).

(a) Durch Studien zur Volkskunde und zur Kunstgeschichte des Bergbaus haben sich vor allem die Autoren *Gerhard Heilfurth* und *Heinrich Winkelmann* verdient gemacht. In zahlreichen Aufsätzen und populärwissenschaftlichen Veröffentlichungen hat Gerhard Heilfurth die kulturgeschichtliche Bedeutung des Bergbaus hervorgehoben und den außerordentlichen Traditionsreichtum dieses Gewerbezweigs dokumentiert.[45]

Heinrich Winkelmann versucht in dem von ihm herausgegebenen Band 'Der Bergbau in der Kunst'[46] einen Überblick zum Thema zu geben, der von der Antike über Gotik und Rokoko bis hin zur Gegenwart reicht und neben bedeutenden Kunstwerken gleichermaßen Kunsthandwerk, Münzen, Medaillen und Zinnfiguren berücksichtigt. Als 'Blütezeit bergmännischer Kunst' gilt dabei das 16.- 18. Jahrhundert[47]; erst mit dem Naturalismus zu Ende des vergangenen Jahrhunderts sei es wieder zu intensiven Beziehungen zwischen Kunst und Montanwesen gekommen.[48] Der für die Literatur so interessante Zeitraum von 1790 bis 1840 ist nach dem Urteil der Autoren für die Kunstgeschichte wenig

---

45 Eine Übersicht über seine Veröffentlichungen findet sich im Literaturverzeichnis des Bandes Gerhard Heilfurth: Der Bergbau und seine Kultur. Eine Welt zwischen Dunkel und Licht. Zürich 1981, S. 309f.

46 Vgl. H. W. (Hrsg): Der Bergbau in der Kunst <1958>. Essen ^{2}1971.

47 Vgl. den gleichnamigen Beitrag von Walter Holzhausen in diesem Band, S. 113ff.

48 Vgl. ebd. S. 20.

ergiebig; die genannten Künstler sind weitgehend unbekannt und die Kunstwerke von meist geringer Qualität. Charakterisiert wird das Schaffen in diesem Zeitraum durch ein Nebeneinander von überkommener, klassizistischer Landschafts- und Genremalerei[49] auf der einen und die vom aufkommenden sozialen Bewußtsein geprägten naturalistischen Darstellungen auf der anderen Seite. Eduard Trier, der Autor des Kapitels zum 19. Jahrhundert, interpretiert dieses Nebeneinander als Ausdruck einer "innere(n) Spannung, die im Laufe des 19. Jahrhunderts durch die Begegnung von bergmännisch-handwerklicher Überlieferung und Industrialisierung entstehen mußte."[50]

Das 'innige Band' zwischen Bergbau und Romantik, so vermittelt es zumindest der Band von Heinrich Winkelmann, kann also für die Kunstgeschichte nur bedingt hergestellt werden. Vermutlich wäre das Ergebnis etwas anders ausgefallen, wenn nicht so ausschließlich nur die Darstellung unmittelbar bergbaulicher Arbeit Berücksichtigung gefunden hätte, sondern auch die symbolische Behandlung des Sujets, etwa in den Grotten- und Höhlendarstellungen der Zeit.[51] Am grundlegenden Tatbestand aber, daß es eine solche Präsenz und Vielfalt von Bergbaulichem wie in der Literatur in der bildenden Kunst der Romantik nicht gibt, vermag dies nichts zu ändern.

(b) Mit dem Motiv des Bergbaus eng verwandt sind die des Abgrunds und des Labyrinths, insofern sind Untersuchungen dazu auch für unseren Zusammenhang interessant.

---

49 Vgl. Eduard Trier: Der Bergbau im Bild des industriellen Zeitalters. In: Bergbau in der Kunst, a.a.O., S. 340.

50 Ebd., S. 344f.

51 Entsprechende Hinweise in folgenden Arbeiten: Yvonne Boerlin-Brodbeck: Caspar Wolf 1735-1783. Landschaft im Vorfeld der Romantik. Katalog Kunstmuseum Basel. Basel 1980, S. 93ff; Gerhard Kaiser: Mutter Nacht - Mutter Natur. Anläßlich einer Bildkomposition von Asmus Jacob Carstens. In: Die Austreibung des Geistes aus den Geisteswissenschaften. Programme des Poststrukturalismus. Hrsg. von Friedrich A. Kittler. Paderborn u.a. 1980, S. 87ff und den vorzüglichen Aufsatz von Horst Bredekamp: Die Erde als Lebewesen. In: Kritische Berichte. Heft 4/5, Jg. 9, 1981, S. 5ff.

Alfred Doppler zeichnet in seiner Studie zum Abgrundmotiv die Bedeutungsgeschichte des Begriffs nach.[52] Ausgehend vom Abgrund als religiöser Metapher für die "urzeitliche Tiefe" (Genesis) und für den Abgrund des Bösen (Hölle) entfalte sich die "kompakte Inhaltsschichtung des Wortes"[53] schon im Barock zu einer dreifachen Bedeutungsabstufung: als Abgrund Gottes, der Hölle und der Seele. Die vielbeschworene Dämonie des Abgrundes begleitet jedoch zunehmend auch die Faszination, die saugende Kraft der Tiefe.[54] Einen Umschlag und damit eine Ausweitung des Gehalts konstatiert Doppler für die Zeit nach der französischen Revolution:

> "Dieses Gefühl (des Abgrunds / H.G.) löst sich allmählich von Religion und spiegelt Sehnsucht und Seligkeit, Schauer und Entsetzen des selbstbewußten Ichs wieder."[55]

In der Gestaltung der faszinierenden wie verschlingenden Tiefe als säkularisierten Abgrunds der Identität nehmen die Romantiker, wie Doppler zeigen kann, vielfach moderne Erfahrung vorweg, ebenso mit der Thematisierung der Künstlerproblematik durch dieses Motiv.[56]

Zu einem ähnlichen Ergebnis kommt *Marianne Thalmann* in dem Abschnitt ihres Manierismus-Buches, der sich mit dem Labyrinth beschäftigt.[57] Das Labyrinth in der Romantik, so die Autorin, gehe in der Gestaltung als Verinnerlichungsprozeß der Tiefenpsychologie voraus und in der Desintegration der klas-

---

52 A. D.: Der Abgrund. Studien zur Bedeutungsgeschichte eines Motivs. Graz/ Wien/ Köln 1968.

53 Ebd., S. 205.

54 Ebd., S. 13.

55 Ebd., S. 14.

56 Vgl. ebd., S. 162ff. Doppler sieht hier eine Linie, die über Hölderlin, Lenau, Büchner, Hebbel, Hofmannsthal, Nietzsche bis hin zu Flaubert, Balzac und Schnitzler reicht.

57 M. Th.: Romantik und Manierismus. Stuttgart 1963, S. 55-88.

sischen Raumeinheit der Erfahrung eines modernen Städters.[58] "Verfremdung der Welt" sei der "Bodensatz aller Labyrinthzeichnung"[59], deren romantische Ausprägung die unterirdischen Metallgärten und die geheimnisvollen Bergwerkslandschaften seien:

> "Der manieristische Labyrinthgedanke ist aus seiner Bindung an ein Bundeserlebnis herausgelöst und Denkaufgabe des problematischen Menschen geworden (...)."[60]

Der Bergbau als Abgrund ebenso wie der Bergbau als Labyrinth sind nur zwei Erscheinungsformen des Motivkomplexes, und so stellt die Beschränkung auf sie notwendig eine Reduktion dar. Gleiches gilt für die von Alfred Doppler und Marianne Thalmann herausgestellte Identitäts und Künstlerproblematik, die nur zwei Aspekte seiner Bedeutung erfassen. Weitreichender sind die Ansätze von drei neueren Untersuchungen zu verwandten Themen, die ich hier abschließend vorstellen möchte, und denen diese Arbeit fruchtbare Anregungen verdankt.

Hartmut Böhme hat mit seinem Aufsatz zu den Venuskult-Novellen in der Romantik einen wichtigen Beitrag zum Verständnis der Bergbaumotive, vor allem zu ihrem psychodynamischen Gehalt, geliefert.[61] Seine Untersuchung gilt der Frage nach der Besonderheit literarischer Adoleszenzdarstellungen in der Romantik. Im Unterschied zur aufklärerischen Pädagogik und instrumentellen Psychologie, die Kindheit und Adoleszenz als Gegenstand unzivilisierter Natur und (gefährlich) verführerischer Sinnlichkeit behandelt, entdeckten die Ro-

58 Ebd., S. 67ff.

59 Ebd., S. 84.

60 Ebd., S. 88.

61 H. B.: Romantische Adoleszenzkrisen. Zur Psychodynamik der Venuskult-Novellen von Tieck, Eichendorff und E.T.A. Hoffmann. In: Literatur und Psychoanalyse. Kopenhagener Kolloquien zur Deutschen Literatur Bd. 3. Hrsg. von Klaus Bohnen und Sven Aage Joergensen. Kopenhagen/ München 1981, S. 133ff.

mantiker "höchst komplexe symbolische Topographien", die zur Versprachlichung psychischer Reifungsprozesse dienten ein "proto-psychoanalytisches Feld" der Raumbewegungen, Zeitordnungen und Mittlerfiguren.[62] Böhme stellt dabei als grundlegende Orientierung die Antipoden Gebirge und Ebene gegeneinander, denen er bestimmte symbolische Konnotationen zuordnet:

Gebirge - archaischer Raum, wilde, nicht angeeignete Natur, Zeitlosigkeit, Anorganisches, Weiblichkeit, Nacht, Wahnsinn, Unbewußtes, Es...; Ebene - Enge, Moral, zivilisierte Natur, Vergänglichkeit, organische Pflanzenwelt, Tag, Vernunft, Über-ich ...[63]

Dieses, an der Interpretation von Tiecks 'Runenberg' entwickelte und verallgemeinerte Schema ist, wenn es nicht statisch begriffen wird[64], durchaus schlüssig. Gleiches gilt für die Verschränkung von Psychodynamik mit Ökonomie:

> "Für die Romantiker scheint ein Zusammenhang von patriarchalischer Normativität, Naturausbeutung und der Ausgrenzung von narzißtischen Wunschpotentialen noch unmittelbar erlebbar gewesen zu sein - : anders wäre ihr Gegenentwurf einer eigenartigen Ineinanderblendung von Inzest, herrschaftsfreier Naturaneignung und narzißtischer Regression im Venus-Kult nicht verstehbar."[65]

---

62 Ebd., S. 136. Er wendet damit zugleich gegen Gisela Dischner ein, daß der romantischen Entdeckung des Unbewußten nicht die Entdeckung des Ichs voranging, sondern "vielmehr die diskursive Produktion des Subjekts in der Literatur und Philosophie des 18. Jahrhunderts". Vgl. G. D.: Gedankenspiele zum orphischen Narzißmus. In: Romantische Utopie. Utopische Romantik. Hrsg. von G. D. und Richard Faber. Hildesheim 1979, S. 289.

63 Vgl. ebd. S. 165 und S. 138: "Auf eine Formel gebracht: die Ebene ist die christlichpatriarchalische, arbeitsame, familiale und wunschkontrollierte Zivilisation - das Gebirge ist die archaische-weibliche, entgrenzte, erotische und wunschströmende Wildnis."

64 Gerade an der Entwicklung der Bergbaumotive läßt sich ja zeigen, wie sich bestimmte Konnotationen verändern, wenn die sozialgeschichtliche Basis (hier durch die Industrialisierung) eine andere geworden ist.

65 Ebd., S. 152. Zurecht sieht Böhme - im Unterschied zu Gisela Dischner (Gedankenspiele, a.a.O., S. 270ff) - differenziert, daß solch ein Gegenentwurf nicht nur Glücksverheißung sondern auch Wiederkehr archaischer Ängste bedeutet. (Ebd. S. 152f).

Darin liegt bereits eine Überschreitung der psychoanalytischen Interpretation: Der Venuskult wird von Hartmut Böhme allgemein als Versuch gewertet, die Erfahrung des "Draußen" als des "Anderen der Vernunft" zu thematisieren - ein zugleich "regressiver wie progressiver Protest"[66] gegen totale Rationalisierung und Instrumentalisierung.[67]

Auch *Manfred Frank* beschäftigte sich mit der symbolisch vermittelten Kritik von Effekten der sich abzeichnenden Kapitalisierung und Industrialisierung in der Romantik. In mehreren Arbeiten[68] widmete er sich dem Phänomen, daß das Thema des kalten oder versteinerten Herzens Einzug hält in den literarischen wie ökonomischen Diskurs um die Wende des 18. zum 19. Jahrhunderts. Das Herz, seit jeher metaphorischer Ort der Gefühle, erscheint dabei in einem neuen Kontext: dem des Tausches, der Ersetzung des Herzens (der Seele) durch anorganische Werte wie Geld, Stein, Kristall oder Gold.

> "Nicht innere Ähnlichkeit, sondern Äquivalenz ist das Gesetz, das diese Art von Übertragung stiftet. Und nicht weil es durch innere Eigenschaften dem Anorganischen vergleichbar wird, sondern weil es eine reale Beziehung zu ihm unterhält, die erzählend begründet wird - darum kann das Herz an die Stelle des Steins (und umgekehrt) treten."[69]

---

66 Ebd., S. 160.

67 In gleicher Weise hat Böhme jüngst in einer Interpretation zu Novalis die Elemente des romantischen Naturbegriffs als "Symbolbildungen, die im Dienste der Wissenschaften und der Vernunft keinen Ort haben", interpretiert. Vgl. H. B.: Montan-Bau und Berg-Geheimnis. Zum Verhältnis von Bergbauwissenschaft und hermetischer Naturästhetik bei Novalis. In: kultuRRevolution. Zeitschrift für angewandte diskurstheorie. Hrsg. von Jürgen Link und Ulla Link-Heer. Nr. 12, Juni 1986, S. 39ff.

68 Vgl. M. F.: Das Motiv des 'kalten Herzens' in der romantisch-symbolistischen Dichtung. In: Euphorion. Bd. 71, 1977, S. 383ff und M. F.: Steinherz und Geldseele. Ein Symbol im Kontext. In: Das kalte Herz. Texte der Romantik. Ausgewählt und interpretiert von M. F. <Erste Fassung 1978>. Durchgesehene und erweiterte Ausgabe Frankfurt/M. [2]1981, S. 253ff.

69 M. F. : Steinherz, a.a.O., S. 268.

Eine solche Beziehung charakterisiert Frank in der Tradition der klassischen Rhetorik als Metonymie, die sich im Unterschied zur Metapher nicht durch beziehungsstiftenden Vergleich, sondern durch Kontiguität auszeichnet.[70] Die "romantische Wende"[71] im Gebrauch der Herzmetapher: inhaltlich als Stein-Herz-Verwandlung und in der Form als Wende von der Metapher zu Metonymie - begreift Frank als strukturelle Homologie zu aufkommenden ökonomischen Phänomenen, der Wertabstraktion und der Fetischisierung des Tauschwerts.[72] So wie der Glanz und die Chiffrenschrift der Metalle (Gold, Geld, Erz), obwohl nur Reflex des eigenen Glücksverlangens, für Eigenschaften des besonderen Gegenstandes gehalten werden[73] - ein Phänomen, das in beinahe allen Texten zu finden ist - so wird das Geld als "sinnlichübersinnliches Ding" (Marx) vom Mittel zum Zweck, statt zu repräsentieren wird es zum Repräsentierten selbst.[74]

Für die Verabsolutierung des Symbols und die Entmachtung des Symbolisierten sieht Frank schließlich eine Entsprechung in der Kunst selbst.[75] Die Texte, d.h.

---

70 Vgl. ebd., S. 268 und vgl. Artikel 'Metonymie' von H. Schwarz. In: HistWbphil, Bd. 5, Sp. 1386ff. Als typische Beispiele nennt Schwarz die Vertauschung von Ursache und Wirkung, Stoff und Erzeugnis, z.B. 'Glas' für Trinkgefäß.

71 Ebd., S. 267.

72 Ebd., S. 324ff

73 Vgl. Ebd., S. 285f und S. 294f: "Zwei Dinge sind im Spiel: eines, das existiert, aber selbst von keinem Wert oder Sinn weiß; und eines, das zwar nicht selbst existiert, aber den Sinn oder Wert des Existierenden ausspricht. Sie bedürfen eines des anderen, und da sie nur im Verein auftreten, kann leicht die Illusion entstehen, der Wert sei selbst eine Eigenschaft des Existierenden. Diese Übertragung des Nichtsinnlichen ans Sinnliche hat den Charakter einer Verkehrung. Sie steht im Zentrum aller unserer Texte."

74 Vgl. ebd., S. 310: "Sobald die Tauschabstraktion ihre Weltherrschaft einmal durchgesetzt hat, ist jede Sache zu dem geworden, was sie 'gilt': sie reduziert sich objektiv auf den Ausdruck, der ihren Wert definiert."

75 Vgl. ebd. S. 342ff.

ihr Sinn, teilten das Schicksal des Wertes: die Fetischisierung, deren reinster Ausdruck sich in der Kunst des l'art pour l'art zeige.[76]

Gegen die bestechende Logik der Frankschen Argumentation stehen bisweilen Einwände im Detail, wenn allzu großzügig die verschiedenen Texte zusammengefaßt interpretiert werden.[77] Nicht überall erweist sich dabei m.E. die Figur des Tausches als so zentral wie im 'Runenberg' und dem 'kalten Herz', den in dieser Hinsicht paradigmatischen Erzählungen.

Während bei den Arbeiten von Frank und Böhme zu prüfen ist, ob ihre Erklärungsversuche die Bedeutung der Bergbaumotive auch wirklich in ihrer Differenziertheit erfassen, so ist bei *Karlheinz Stierles* Aufsatz zur Maulwurfsmetapher[78] umgekehrt die Frage, ob er - ohne explizit darauf einzugehen - nicht ge-

---

76 Vgl. ebd. S. 343 und 354f: Für die Romantik sieht er den Übergang bereits angelegt in E.T.A. Hoffmanns 'Sandmann' und Novalis' Definition des Romantisierens.

77 Hier nur einige Hinweise: So subsumiert Frank in seinen Ausführungen zur Besonderheit des Geldes gegenüber dem Golde gleich mehrere Texte unter eine Interpretation: "Während Christians Vater ... des Goldes geistige Überdeterminierung nie durchschaut (beständig redet er vom Geld (...) als vom Golde) knien Christian und die im Dienst der Bergkönigin ergebenen Seelen der Bergknappen von Falun vor dem Gelde." (S. 306) Nur spielt das *Geld* nirgendwo die zentrale Rolle wie im 'Runenberg', es kommt bei Wagner, Hoffmann oder Schubert - ebensowenig übrigens wie das Gold - nicht vor. Auch die bei Christian nachgewiesene Vorliebe für die Regelmäßigkeit der Kristallsysteme überträgt Frank ohne weiteres auf die Falun-Texte (S. 293), in denen doch gerade *organische* Formen unter der Erde faszinieren.
In Franks erster Fassung (Das Motiv, a.a.O., S. 396) zum 'kalten Herz' wird der Einsturz der Faluner Pinge und Torberns Tod mit "gewinnsüchtiger Gier und pervertierter Liebe" begründet, obwohl Torbern doch gerade vor einer Ausweitung der Gruben gewarnt hatte. In der zweiten Fassung ([2]1981, S. 318) wird dieser Fehler korrigiert, nur bleibt die These von der pervertierten Liebe zur Königin als Ursache des Unglücks. Genau gelesen kann aber von der *Liebe* der *Faluner* zur Bergkönigin keine Rede sein. Gerade das Gegenteil, ihre *mangelnde* Liebe zum Gestein und ihr stattdessen rein instrumentelles Denken und Handeln, werden für den Einsturz verantwortlich gemacht. (Vgl. dazu im Einzelnen die Interpretation der Hoffmannschen Erzählung Abschnitt IV).

78 Vgl. K. S.: Der Maulwurf im Bildfeld. Versuch zu einer Metapherngeschichte. In: Archiv für Begriffsgeschichte. Bd. XXIV, 1982, S. 101ff. (Gekürzt und leicht verändert veröffentlicht in: Bewegung und Stillstand in Metaphern und Mythen. Fallstudien zum Verhältnis

rade wesentliche Momente der romantischen Montansymbolik beschreibt. In seiner Untersuchung zum 'Maulwurf im Bildfeld' skizziert Stierle zunächst die Bedeutung des Begriffs 'Bildfeld' als Verdichtung von Erfahrungsbereichen in bestimmten Bildern überschaubarer Anzahl, die wiederum als Metapher oder Metonymie sich konkretisieren.[79] Eine solche Metapher, die in hohem Maße anschauliche Elementarerfahrungen ausdrückt, sei die des Maulwurfs. Sie vereinige die prägnanten Konfigurationen: Oberfläche-Tiefe, Licht-Dunkel, Sehen-Blindheit, Erkennen als Arbeit - Erkennen als Intuition.[80] Die zentrale Beobachtung Stierles ist nun, daß sich die Metapher des Maulwurfs in der europäischen Tradition lange fast ausschließlich auf die Achse sehend-blind bezog, dann aber "im Übergang vom 18. zum 19. Jahrhundert (...) plötzlich eine Fülle neuer Metaphern hervortreibt, die den Maulwurf (...) vielfältig positivieren".[81] In dieser Positivierung des Maulwurfsbildes sieht er eine neue Erfahrung des Erkennens repräsentiert: Statt des Lichtes und der Helligkeit der Aufklärung sei die Dunkelheit die Sphäre des Erkennens geworden - die Erkenntnis von nun an ausgerichtet auf verborgene Strukturen von Natur und Geschichte und des erkennenden Subjekts selbst. An der Verwendung der Metapher im philosophischen Diskurs (Hegel-Marx-Nietzsche) legt Karlheinz Stierle dar, wie "Arbeit im Widerständigen" der zentrale Inhalt des Maulwurfsbildes wird.[82] Die

von elementarem Wissen und Literatur im 19. Jahrhundert. Hrsg. von Jürgen Link und Wulf Wülfing. Stuttgart 1984, S. 121ff).

79 Vgl. Ebd. <Fassung 1982>, S. 101ff. Harald Weinrich hat den Begriff in Anlehnung an den Begriff des Wortfeldes erstmals vorgeschlagen.

80 Ebd. <Fassung 1982>, S. 104.

81 Ebd. <Fassung 1984>, S. 123f.

82 Vgl. ebd. <Fassung 1982>, S. 113f. Grund für diese Entwicklung ist die "Massivität des Wissens", die "den Weg zwischen Erkenntnis und Sache immer länger und undurchsichtiger werden läßt.(...) Nicht mehr als Unverborgenheit der sich selbst darstellenden Sache, (...) sondern als Arbeit, konsequentes Durchdringen eines massiven Mediums des Sedimentierten (...) stellt sich Erkenntnis, die Erfahrung von Wissen dar." (S. 114).

gemeinsame Erfahrung, die sich darin niederschlägt, ist die vom Ende der Aufklärung[83]:

> "Die Bestimmung des Menschen zur Arbeit ist für die Auffassung des 19. Jahrhunderts fundamental. (...) Nichts was noch unmittelbar gegeben wäre. Alles muß mühsam, auf langen Wegen, in beharrlicher Arbeit errungen werden. Auch noch das Unmittelbare, das Selbst, ist sich entzogen. Der Weltgeist hat sich so wenig wie das einzelne Ich."[84]

Die literarische Maulwurfsmetaphorik ist bei Stierle nur ausblickhaft miteinbezogen und die Belege (überwiegend aus der fremdsprachigen Literatur) sind für das 19. Jahrhundert wenig ergiebig. Für das 20. Jahrhundert schließlich entdeckt er (vor allem in Werken Kafkas) eine "neue Dimension": Der Maulwurf als "Arbeiter in den Tiefen seines eigenen Unbewußten" und als "Metapher für den Schriftsteller oder Dichter, der die etablierten Sinnsysteme und Diskursformationen untergräbt".[85]

Ohne hier meinen Interpretation im Einzelnen vorgreifen zu wollen, scheinen mir die Parallelen zur Verwendung der Bergbaumotive in der Romantik in vielerlei Hinsicht deutlich. Es wäre für Stierles Überlegungen darum fruchtbar gewesen, hätte er die Bergbaumotive miteinbezogen. Zum einen wäre dann deutlich geworden, daß die "neue Dimension", der radikale Bezug auf Subjektivität und Vollkommenheit des Kunstwerks, bereits im 19. Jahrhundert ausgeprägt ist.[86] Zum anderen hätte er aufschlußreiche Belege gerade auch in der deutschen Literatur finden können. Die Metapher des Maulwurfs ist sicher das

83 Vgl. ebd. <Fassung 1982>, S. 124.

84 Ebd. <Fassung 1984>, S. 141.

85 Ebd. <Fassung 1982>, S. 133 bzw. 137.

86 Stierle sieht sie "im Laufe des 19. Jahrhunderts zugewachsen", erst im 20. Jhd. "zu einer bisher noch unerreichten Bedeutungsdichte zusammen(geführt)". <Fassung 1982>, S. 137.

'ursprünglichere' Bild, eben eines jener wenigen Bildfelder.[87] Um die Wende des 18. zum 19. Jahrhunderts jedoch, wo das Montanwesen gleichsam zum Katalysator verschiedener symbolischer Bedeutungen wird, kommt es zur Verschmelzung und Überlagerung mit den Bergbaumotiven[88], wobei der für Stierle so wichtige Aspekt der "Arbeit am widerständigen Material" im Bergbau eine sinnbildlichere Entsprechung findet als im instinktiven Graben eines Tieres.

2.3 Literaturauswahl und Gliederung

Die Werke, auf die in dieser Arbeit Bezug genommen wird, können nicht alle interpretiert werden. Eine Auswahl ist darum dringend geboten. Exemplarische Interpretationen erscheinen - auch vor dem Hintergrund der methodischen Überlegungen - ratsam. Eine jede Auswahl aber, erst recht, wenn sie repräsentativen Charakter für sich in Anspruch nimmt, birgt neue Probleme: Sie will den Zugang zur Interpretation erleichtern und ist gleichwohl selbst Interpreta-

---

87 Einen weiterführenden Ansatz, der die Untersuchungen von Motiven, Metaphern auf eine übergeordnete Ebene führt, die unmittelbar an Kategorien wie 'Mentalität' und 'Kultur' anschließt, stellen die Arbeiten von Jürgen Link dar. Link weist darauf hin, daß die diachrone Analysen von Symbol- oder Metapherverwendung der Erweiterung durch die Einbeziehung synchroner Systeme von Kollektivsymbolen bedürfen, um z.B. kulturtypische Oppositionen, Äquivalenzen oder Symbolserien adäquat zu deuten. 'Maulwurf' und 'Bergbau' sind danach Teil der synchronen Komplexe 'Bewegung vs. Stillstand' und 'Boden vs. Höhe'. Im Unterschied zu Weinreich, Blumenberg oder Stierle interessieren Link "Netze elementarer Bildlichkeit" nicht bloß in der 'hohen Literatur', sondern in einer Vielzahl von Diskursarten einer Kultur. Link begreift sein 'Modell synchroner Systeme von Kollektivsymbolen' als "partielle Präzisierung" des von Foucault in 'Ordnung der Dinge' angewandten diskursanalytischen Instrumentariums. Vgl. vor allem J. L.: Über ein Modell synchroner Systeme von Kollektivsymbolen sowie seine Rolle bei der Diskurs-Konstitution. In: Jochen Link/ Wulf Wülfing (Hrsg.): Bewegung und Stillstand, a.a.O., S. 63-92.

88 Diese Möglichkeit der Überlagerung mit anderen metaphorischen Zusammenhängen ist bei K. S.s Modell ausdrücklich einbezogen: "Die semantische Dichte der Maulwurfs-Metaphorik liegt im 19. Jahrhundert häufig darin, daß schon erschlossene metaphorische Dimensionen bei einer neuen Metapher mit im Spiel bleiben und die Metapher so zum Ort einer intertextuell aufgeladenen metaphorischen Polysemie wird. Dabei können (...) ganze intertextuelle Ketten entstehen, oder aber es werden in offener Weise metaphorische Bedeutungen akkumuliert (...)." (Ebd. <Fassung 1982>, S. 132).

tion, setzt Interpretation voraus. Imgrunde stehen neben jeder hier vorgestellten Analyse mehrere nicht ausgeführte Deutungen, die über die Ein und Zuordnung der Werke entschieden haben. Dem Dilemma ist nicht zu entgehen, ihm ist nur durch Transparenz zu begegnen - durch Offenlegen der Selektionskriterien.

Ein erstes, naheliegendes Kriterium ist die Chronologie. Wenn von einem 'Bergbau-Boom' in der Literatur von ca. 1790 bis 1840 gesprochen werden kann, so ist eine Auswahl, die einen möglichst breiten Zeitraum umfaßt, sicher empfehlenswert. Insofern ist die Wahl von Novalis 'Heinrich von Ofterdingen' von 1802, E.T.A. Hoffmanns 'Bergwerke zu Falun' von 1819 und Ludwig Tiecks 'Der Alte vom Berge' von 1828 für die exemplarischen Interpretationen sinnvoll. Zudem wurden mit den Autoren drei der bedeutendsten Repräsentanten der deutschen Romantik berücksichtigt. Wichtiger jedoch als zeitliche Abfolge und Prominenz der Schriftsteller ist eine inhaltlich begründete Zuordnung. In der Tat erlaubt bereits eine erste Durchsicht der infragekommenden Literatur die Zusammenfassung verwandter Werke und die Abgrenzung von anderen, erschließen sich der Lektüre hinsichtlich der Darstellung des Bergbaumilieus auffällige Merkmale, die eine dreiteilige Gliederung - 'Stationen eines Motivs' - nahelegen, die wie folgt charakterisiert ist:

-Der Bergbau als Zugang zu einer 'tieferen', besseren Welt (Abschnitt III)
Der Bergbau als "Sinnbild des Lebens" (Novalis), als Sphäre besonderer Erkenntnis, Ort der intuitiven Hinwendung zur Natur, zu dem der Bergmann reinen Herzens hinabsteigt, um fernab vom oberflächlichen Getümmel den Frieden unter der Erde zu suchen - meist wird sein Schaffen in enger Beziehung zur Religion als Bewährung begriffen - dies alles sind typische Gestaltungsformen eines fast idyllisch zu nennenden Bergbaumilieus, das zumeist in kritischer Absicht als Gegenbild zur bestehenden Gesellschaft entworfen ist. Es läßt sich hier eine Linie ziehen, die von Novalis 'Heinrich von Ofterdingen', den 'Lehrlingen zu Sais' über Theodor Körners Werke[89], Klingemanns Drama[90], Henrik

89 Es sind vor allem die drei Gedichte 'Bergmannsleben', 'Berglied' und 'Der Kampf der Geister mit dem Bergknappen' zu nennen und die "romantische Oper in zwei Abtheilun-

Steffens Novellenzyklus[91] bis zu Franz Dingelstedts Roman 'Unter der Erde' reicht, der noch 1840 den Bergbau als eine der "seltene(n) Oasen, die der Sturm des Zeitgeistes nicht trifft"[92], bezeichnet hat. Hier hinein gehören auch die stark religiös motivierten Werke von Clemens Brentano und Zacharias Werner: 'Frühlingsschrei eines Knechts in der Tiefe'[93] bzw. 'Martin Luther oder die Weihe der Kraft'[94]. Novalis ist dabei in vielfacher Weise zentral. Seine Gestaltung des Bergmanns im fünften Kapitel des 'Heinrich von Ofterdingen' wirkte traditionsbildend fast für die gesamte Bergbauromantik.

-Das Bergwerk als Ort grundlegender Konflikterfahrung (Abschnitt IV)
Die Stichworte lauten hier: Ambivalente Erfahrung der Tiefe als Entzücken und Bedrohung, Erkenntnis wie Vernichtungsmöglichkeit; Bergbau nicht zur religiösen Bewährung, sondern zur Auseinandersetzung mit psychischen Konflikten; Begegnung mit ungebändigten triebhaften (Natur-)Mächten, mit archaisch-matrilinearen Strukturen. Damit sind bestimmende Elemente der Falun-, Venuskult- und Tannhäusererzählungen benannt. Schon die Sammelbegriffe zeugen von enger Verwandtschaft einzelner Werke, man denke nur an Eichendorffs 'Marmorbild' und Tiecks 'Runenberg'.[95] Da gerade zum letztge-

---

gen": 'Die Bergknappen'. Th. K.: Sämmtliche Werke. Gesamtausgabe in einem Band. Hrsg. von Karl Streckfuß. Berlin/ Wien 1834, S. 30, 39f, 31ff und 296ff.

90 Ernst August Friedrich Klingemann: Die Grube Dorothea. Ein Schauspiel in fünf Aufzügen <1814>. In: Dramatische Werke. Bd. 6, Wien 1820, S. 3ff.

91 H. S.: Die vier Norweger. Ein Cyklus von Novellen. Bde. 1.2. Breslau 1828.

92 F.D.: Unter der Erde. Ein Denkmal für die Lebendigen. Bd. 1. Leipzig 1840, S. 29.

93 C. B.: Gedichte 1816-19. Werke. Hrsg. von Wolfgang Frühwald, Bernd Gajek und Friedhelm Kemp. Bd. 1, München 1968, S. 329ff.

94 Z. W.: Martin Luther oder die Weihe der Kraft <1807>. Leipzig o.J.

95 L. T.: Phantasus. Schriften in zwölf Bänden. (=Ausgabe Dt. Klassiker Verlag) Hrsg. von Manfred Frank u.a. Bd. 6, Frankfurt/M. 1985, S. 184ff und J. v. E.: Das Marmorbild <1819> und auch die Gedichte 'Der Schatzgräber', 'Vom Berge' und 'Glück auf'. In: Werke in sechs Bänden. (=Ausgabe dt. Klassiker Verlag) Hrsg. von Wolfgang Frühwald,

nannten Werk aus jüngster Zeit mehrere anregende Interpretationen vorliegen (vgl. Forschungsbericht), schien es mir sinnvoll, das Umfeld des Falunstoffes näher zu untersuchen und dabei besonders das noch wenig beachtete Werk E.T.A. Hoffmanns, 'Die Bergwerke zu Falun', auszuwählen.

-Bergbauromantik als Zitat (Abschnitt V)

Weit mehr noch als Hoffmanns Novelle ist Tiecks Spätwerk 'Der Alte vom Berge' ein Stiefkind der Forschung. Ihm wird hier breiter Raum gewidmet. Es repräsentiert eine dritte Gruppe von Werken, die bereits auf die Konjunktur der Bergbaumotive rekurrieren und zugleich selbst noch Teil davon sind. Oft enthalten solche Darstellungen einen satirisch-ironischen Seitenhieb auf die verklärende Montanbauromantik. So porträtiert Heinrich Heine in seiner 'Harzreise' bissig die Einfalt und Obrigkeitstreue der ansässigen Bergleute[96] und in Tiecks Gesprächsnovelle von 1828 hat ein alter Bergmann vom Schlage des Ofterdingen-Bergmanns bereits Schwierigkeiten, ernstgenommen zu werden. Zeichen einer neuen Zeit enthält auch Achim von Arnims 'Wilhelm-Meister' Parodie von 1826, 'Wunder über Wunder'. Arnim läßt dort den Bergmann Montan/Jarno als Großkapitalisten auftreten, der dem verdutzten Wilhelm erklärt, daß er jetzt "Montan & Comp." heiße.[97]

Es versteht sich, daß diese Gliederung nicht orthodox gemeint ist. Klassifizierung ist nicht das Ziel der Untersuchung, sondern Mittel zum Zweck der Interpretation. Dazu soll die hier vorweg skizzierte Aufteilung einen ersten Überblick ermöglichen und den gewählten Zugriff verdeutlichen.

Die Vorgehensweise dieser Arbeit nimmt bewußt in Kauf, daß die folgenden ausführlichen Einzelinterpretationen zu Lasten eines einheitlichen Zuschnitts gehen. Das Einsenken ins je konkrete Werk erschien methodisch angemessener

---

Brigitte Schillbach und Hartwig Schultz. Bd. 2, Frankfurt/M. 1985, S. 383ff und die Gedichte ebd. Bd. 1, Frankfurt/M. 1986, S. 303ff.

96 H. H.: Gesamtausgabe, a.a.O., Bd. 6, S. 94f.

97 A. v. A.: Sämtliche Romane und Erzählungen. Hrsg. aufgrund der Erstdrucke von Walter Migge. Bd. III, München 1965, S. 452ff.

als die Konzeption auf eine Gesamtthese hin. Eine solche einzige These wäre zudem auch inhaltlich irreführend, denn es wird sich zeigen, daß gerade in der Vielfalt der symbolischen Bezugsmöglichkeiten die Attraktivität der Bergbaumotive begründet ist. Wenn man so will, ist das eine der Thesen dieser Untersuchung. Weiter wird hier davon ausgegangen, daß die Bergbaumotive in der Literatur der Romantik weder Versuche einer realistischen Darstellung damaliger Bergbauverhältnisse sind, noch modisch-zeitgemäße Schablone, sondern daß ihnen vielmehr entscheidende Bedeutung zukommt: Anhand des Montanwesens werden Probleme der Naturbeherrschung (Dialektik der Aufklärung), der Identitätskonstitution des Subjekts (Auseinandersetzung mit der 'inneren Natur'), der Ökonomie (Warenfetischismus), der Geschichte und der Kunst thematisiert. Schlüsselprobleme der Zeit, deren Aktualität z.T. bis heute unvermindert anhält, ja in zwei der gegenwärtig brisantesten Diskussionen führt: In die Diskussionen um die Frauen- und die Ökologiebewegung. Einmal mehr wird sich hier in vielerlei Hinsicht die 'Modernität der Romantik' offenbaren.[98]

98 Vgl. zuletzt Karl Heinz Bohrer: Die Modernität der Romantik. Zur Tradition ihrer Verhinderung. In: Merkur. Heft 3, Jg. 42, 1988, S. 179ff.

II. Zur Geschichte des Bergbaus

In der Forschungsdiskussion um die Bergbaumotive und erst recht in den einzelnen nachfolgenden Interpretationen kommt der Beurteilung der Montangeschichte große Bedeutung zu. Es macht nämlich einen erheblichen Unterschied, ob man den Bergbau zu den fortgeschrittenen Technologien rechnet, zu den Schrittmachern der industriellen Revolution, oder umgekehrt diesen Gewerbezweig gerade als Refugium traditioneller Produktion versteht. Von solcher Einschätzung hängt nämlich vielfach ab, daß die Bergbaumotive in der romantischen Literatur mal als hochaktuelle Anspielung auf moderne Phänomene des Industriezeitalters, mal als rückwärtsgewandte Mittelalterverklärung interpretiert werden. Beide Positionen finden sich in der Forschung. Schon ihre extreme Differenz zeigt an, daß sie kaum sorgfältiger historischer Recherche als vielmehr Pauschaleinschätzungen entstammen. Zu Gute halten muß man den Autoren allerdings zum einen, daß es "am sicheren Unterbau einer allgemeinen Bergbaugeschichte" bis heute fehlt[1], zum andern, daß - wie sich im folgenden zeigen wird - der hier besonders interessierende Zeitraum von 1780-1850 eine einheitliche Bewertung kaum zuläßt, da er von disparaten, ungleichzeitigen Entwicklungen gekennzeichnet ist.

1. Ausgangslage im Mittelalter

Im frühen Mittelalter erreichte der Bergbau weder im technischen Standard noch an wirtschaftlicher Bedeutung das Niveau des antiken Mittelmeerraums. Der Abbau erfolgte nur dicht an der Oberfläche, typisch waren zahlreiche,

1 So Gerhard Heilfurth in seinem Einleitungsvortrag 'Bergbau und industrielle Revolution - soziokulturelle Ausgangspositionen und Auswirkungen' zu dem gleichnamigen Symposium im Mai 1976 in Schaffhausen. In: Der Anschnitt. Heft 2/3, Jg. 29, 1977, S. 34.

kaum zehn Meter tiefe glockenförmige Gruben mit kleinen, in das Gestein vorgetriebenen Nischen.[2] Anschaulich ist diese Methode auf der Rückseite des Annaberger Bildaltars dargestellt.[3] Erst im Verlauf des 12.-14. Jahrhunderts wurde durch die verbesserte Kunst des Schachtabbaus ein tieferes Absenken erreicht, und es kam in Europa zur Ausbildung einiger bedeutender Bergwerke. In der Folgezeit erlebte der Bergbau quantitativ und qualitativ eine gewaltige Expansion. Um 1500 war dieses Gewerbe ökonomisch wie politisch ein bedeutender Faktor und bildete nach Land- und Textilwirtschaft den größten Wirtschaftszweig in Deutschland.[4]

Für die Rechtsordnung und die Organisationsform war die gewohnheitsrechtlich entwickelte Bergbaufreiheit maßgeblich. Sie beinhaltete eine Abtrennung des Grundeigentums von der Verfügung über die Bodenschätze, diese standen dem Finder zu. Das Nutzungsrecht, das sogenannte Bergregal, wurde gegen Abgaben, allgemein durch den König, in Deutschland sehr bald durch die Territorialherren, vergeben.[5] Damit verbunden waren auch eine Reihe von Privilegien. Anders nämlich als der antike Bergbau, der nur von Sklaven betrieben wurde und als rohes Handwerk galt, war der Bergbau im europäischen Mittelalter als Kunst geachtet.[6] Diese Privilegien waren durch regional unterschiedli-

---

2 Vgl. Artikel 'Bergbau' von K. Blaschke in: LexMa, Bd. I, Sp. 1947.

3 Vgl. die Reproduktion bei Heinrich Winkelmann (Hrsg): Bergbau in der Kunst, a.a.O., S. 81.

4 Vgl. Wilhelm Treue: Wirtschaft, Gesellschaft und Technik vom 16. bis zum 18. Jahrhundert. (= Gebhardt Handb. d. dt. Geschichte Bd. 12) München ^{2}1976, S. 48. Zum Zusammenhang von technologischer und politischer Entwicklung vgl. Lothar Suhlig: Bergbau, Territorialherrschaft und technologischer Wandel. Prozeßinnovationen im Montanwesen der Renaissance am Beispiel der mitteleuropäischen Silberproduktion. In: Technik-Geschichte. Hrsg. von Ulrich Troitzsch u. Gabriele Wohlauf. Frankfurt/M. 1980, S. 139ff.

5 Vgl. Heinrich Imbusch. Arbeitsverhältnis und Arbeiterorganisationen im deutschen Bergbau <1908>. Berlin/ Bonn 1980, S. 17f.

6 Vgl. K. Blaschke (LexMa I, a.a.O., Sp. 1949f), der dabei auf die enge Verbindung zur städtischen Freiheit hinweist: "Da ältere Voraussetzungen für die bergmänn. Freiheit nicht erkennbar sind, kann sie nur aus dieser Verbindung mit dem Städtewesen abgeleitet wer-

che Bergordnungen geregelt, allgemein bestanden sie in der Befreiung vom Militärdienst und von indirekten Steuern (Maut und Zölle), im Zugeständnis einer eigenen Gerichtsbarkeit sowie Fischfang- und Jagdrechten:

> "Die Bergleute sind besondere Personen, weil sie die verborgenen Schätze und Gottesgaben aufsuchen und erbauen. Sie müssen daher auch besondere Gnaden, Rechte, Freiheiten und Gerichte haben."[7]

Solchermaßen privilegiert bildete sich ein ausgeprägtes Standesbewußtsein: Eigene Trachten, Gebräuche und Ausdrücke wurden Kennzeichen einer aus der Agrargesellschaft herausgehobenen Gruppe von hohem gesellschaftlichen Ansehen und materiell bevorzugter Lage, so daß Frans van der Veen in seiner 'Sozialgeschichte der Arbeit' feststellt:

> "Am frühesten bewahrheitet sich bei ihm (im Bergbau/ H.G.) die rechtsgeschichtliche Behauptung, daß Kunst (im Sinne eines besonderen Könnens) frei macht."[8]

Der Bergmann war anfangs Eigenlehner, d.h. selbständig tätiger Produzent. Die große Kapitalintensität des Bergbaus erforderte jedoch bald genossenschaftliche Zusammenschlüsse, die Gewerke, die eine sogenannte Kuxe besaßen und auf gemeinschaftliche Rechnung arbeiteten. Die Kuxe war eine im Bergbau entwickelte Vorform der modernen Aktie, aus der die Anteilseigner entweder Gewinne schöpfen konnten oder 'Zubuße' zahlen mußten.[9] Dieser

---

den, wobei das finanzielle Interesse der Regalherren (...) zweifellos verstärkend gewirkt hat." (Ebd., Sp. 1949).

7 'Schwazer Bergbuch' von 1554 (Textübertragung 1956) zitiert nach J. Raub: Bergmännische Privilegien im Schwazer Bergbuch. In: Der Anschnitt. Heft 1/2, Jg. 9, 1957, S. 35. Die Ausführungen im 'Schwazer Bergbuch' können vielfach als repräsentativ gelten. Vgl. auch die Abbildungen bei Heinrich Winkelmann (Hrsg): Bergbau in der Kunst, a.a.O., S. 9 und 13.

8 A.a.O., Bd. II, Frankfurt/M. 1972, S. 105f.

9 Vgl. Werner Kroker: Der Bergbau organisiert sich. In: Museum. Deutsches Bergbau Museum Bochum. Braunschweig ^{2}1981, S. 41f.

Status eines quasi selbständigen Unternehmers wurde jedoch zunehmend verändert zu dem eines im *Lohndienstverhältnis* stehenden Facharbeiters, weil gutgestellte Teilhaber der Kooperation selbst nicht mehr arbeiteten. Es bildeten sich im 15. und 16. Jahrhundert zunehmend zentralisierte Großbetriebe. Die montanindustriellen Unternehmer ragten damit "entwicklungsgeschichtlich weit über die Verleger hinaus".[10]

Der deutsche Bergbau hatte in der frühen Neuzeit eine hervorragende Stellung inne: Die Förderung besonders von Silber, Kupfer, Zinn und Blei lag weltweit an der Spitze.[11] Mit Wasser- und Pferdekraft angetriebene Maschinen zeugten von einem beispiellosen technischen 'know-how', das überall geschätzt und sowohl bei den großen Faluner Bergwerken in Schweden als auch bei neugegründeten Anlagen in Spanien und Südamerika hinzugezogen wurde.[12]

Um die Mitte des 16. Jahrhunderts ging diese Blütezeit des Bergbaus zu Ende. Mehrere Ursachen kamen zusammen. In dem Bericht eines Klausthaler Bergschreibers, erstellt auf eine Anfrage über das Nachlassen der Abgaben (vom 24. Juni 1618), werden einige wesentliche Probleme der Zeit benannt:

> "Obwohl Gott die Tiefe noch immer mit Erzen segnet, und es am Fleiß, treuer Aufsicht und guter Ordnung nicht mangelt, so bedarf doch das Bergwerk jetzt größerer Verläge, Zubuße und Kosten als früher (...). Denn zwischen den ersten Zeiten des Bergbaues und der Gegenwart ist ein großer Unterschied. Nicht nur waren damals alle Lebensbedürfnisse

---

10 Wilhelm Treue: Wirtschaft 16.-18. Jhd., a.a.O., S. 48.

11 Die deutsche Silberproduktion war z.B. bis zur Mitte des 16. Jahrhunderts weltweit die höchste, beim Kupfer hielten die Fugger einige Zeit ein Welthandelsmonopol. Vgl. Wilhelm Treue, Wirtschaft 16.-18. Jhd., a.a.O., S. 48ff.

12 Dazu gehört auch die große Bedeutung deutscher Fachliteratur, vor allem der Schriften des 1494 in Glauchau geborenen Humanisten Georg Agricola, dessen bekanntestes Werk zur Bergbaukunde, 'De re metallica', über mindestens zwei Jahrhunderte unbestrittene Geltung beanspruchen konnte. Vgl. Wilhelm Treue: Georg Agricola - Eine biographische Skizze. Und: Lothar Suhling: Bergbau und Hüttenwesen in Mitteleuropa zur Agricola-Zeit. In: G. A.: Vom Berg- und Hüttenwesen. Ausgabe nach dem lat. Orginal von 1556. Dt. Übersetzung von 1928. München [2]1980, S. 565ff bzw. 570ff.

> billig, sondern die Zechen standen auch in vollem Holze, und man konnte am Tage oder in unbedeutender Tiefe mit gar geringen Kosten bauen. (...) Dazu waren sie (die Erze /H.G.) mächtiger und gehaltreicher (...)."[13]

Das tiefere Absenken, das zunehmend zur Förderung gehaltreichen Erzes nötig wurde, brachte erhebliche technische und finanzielle Probleme (Wassereinbruch, erhöhte Förderkosten) mit sich. Typisch war auch der angesprochene Mangel an Holz zur Verzimmerung der Schächte[14], dazu ein Sinken des Silberwerts und die allgemeine Kapitalverknappung in Deutschland sowie die entstehende billige Konkurrenz aus Amerika. Endgültig besiegelt wurde der Niedergang des Bergbaus durch den 30jährigen Krieg, wo es an heimischem wie ausländischem Investitionskapital vollends fehlte.[15] Erholen konnte sich die deutsche Bergbauwirtschaft erst wieder gegen Ende des 18. Jahrhunderts. Die Zeit stark expansiver Entwicklung setzte noch später, etwa um 1860/70, ein. Davon soll im folgenden die Rede sein. Ohnehin wird sich der Leser bereits fragen, warum die beschriebenen Entwicklungen noch in einem Kapitel zum mittelalterlichen Bergbau stehen. Diese ungewöhnliche Periodisierung hat inhaltliche Gründe:

> "Wir verstehen unter dem 'Mittelalter' des Bergbaues die Zeit, in welcher eine bestimmte (...) Produktionstechnik herrschte und ihren Abschluß fand. Die politische Geschichtsschreibung läßt das Mittelalter mit dem Beginn des 16. Jahrhunderts zu Ende gehen. Die um die Wende des achtzehnten Jahrhunderts erreichte Ausbildung der Bergbau- und auch der Hüttentechnik war aber im allgemeinen noch keine wesentlich andere als die des sechzehnten und siebzehnten Säkulums. Eigentlich vollzog sich die durch die Verwendung der Dampfkraft bewirkte technische Revolution in der Montanindustrie erst im Laufe des neunzehnten

---

13 Zitiert nach Otto Hue: Die Bergarbeiter. Historische Darstellung der Bergarbeiterverhältnisse von der ältesten bis in die neueste Zeit. Bd. I, Stuttgart 1910, S. 323.

14 Zum Holzmangel vgl. bes. Rolf Peter Sieferle: Der unterirdische Wald. Energiekrise und Industrielle Revolution. München 1982.

15 Vgl. Wilhelm Treue, Wirtschaft 16.-18. Jhd., a.a.O., S. 119.

Jahrhunderts. Streng genommen datiert erst von dort die bergbau- und hüttentechnische Neuzeit."[16]

2. Der Bergbau auf dem Weg ins Industriezeitalter

Die Montanindustrie hatte bei der in Deutschland verspätet einsetzenden industriellen Revolution eine Schlüsselstellung inne. Der zunehmende Einsatz der Dampftechnologie in allen Gewerbezweigen steigerte die Nachfrage vor allem nach Stein- und Braunkohle in bis dahin nie gekanntem Ausmaß. Die neue Dimension des Bergbaus verdeutlichte 1865 Theodor Haupt in seinem Werk 'Bausteine zur Philosophie der Geschichte des Bergbaus' anhand eines eindrucksvollen Vergleichs:

> "Der Unterschied, welcher in allen industriellen Erwerbszweigen im Laufe der Zeit hervorgegangen ist und der in der Differenz zwischen Handwerk und der Fabrik besteht, erscheint bei keinem größer, als beim Bergbau, dem die Gegenwart mehr Kapital für einen einzigen Kohlen*versuch*schacht anvertraut, als das Mittelalter in dem für einen solchen Tiefbau nöthigen Zeitraum dem Gesammtbergbau in ganz Europa gewidmet hat. Dieser Vergleich ist das Barometer für die Beurtheilung der Zustände des Bergbaues. An ihm erkennt man, daß das Vertrauen zu dem Gewerbe und zu seiner Verwaltung eine nie erreichte Höhe erstiegen und die Zuversicht überall sich eingeimpft hat (...)."[17]

Die rasante Entwicklung des Bergbaus erfolgte zunächst durch eine extensive Steigerung der Produktion mit vermehrtem Arbeitskräfteeinsatz, später erst durch Intensivierung der Arbeitsvorgänge.[18] Dabei konnten die neugeschaffe-

---

16 Otto Hue: Bergarbeiter, a.a.O., Bd. I, S. 70.

17 A.a.O., Lief. IV, Leipzig 1865, S. 130.

18 Vgl. Jiri Mayer: Die Bergbautechnik im Verlauf der industriellen Revolution in den mitteleuropäischen Revieren (1830-1914). In: Der Anschnitt. Heft 2/3, Jg. 29, 1977, S. 48ff. J. M. schlägt zur Periodisierung für die erste Phase den Zeitraum von 1820-73, für die zweite den Zeitraum von 1873-1914 vor.

nen technischen Möglichkeiten zunehmend auch direkt zur Förderung nutzbar gemacht werden.[19] In keinem anderen Gewerbe wurde so früh die Dampfmaschine installiert - bereits 1698 in England, 1783 in Deutschland[20] - sie galt stets zuerst als "the Miner's friend"[21], bevor weitere Anwendungen in Betracht kamen. Die Maschinen konnten eingesetzt werden vor allem zur Wasserhaltung der Gruben, zur Förderung, zur Einfahrt, zum Transport und zur Bewetterung sowie zur Aufbereitung (Pochwerke).[22] Dabei ist zu beachten, daß der Weg vom ersten Pionierbetrieb bis zum praxisbewährten und rentablen Gebrauch der Dampfmaschinen mühsam war. Bis weit in die zweite Hälfte des 19. Jahrhunderts hinein blieb darum vielerorts die Wasser- und Pferdekraft als Antriebsquelle gebräuchlich. So wichtig die Entwicklung der Dampftechnolgie für die des Montanwesens war, so ist sie doch nicht unvermittelt synchron zu setzen.[23] Ausdrücklich ist auf einige *Besonderheiten* hinzuweisen:

---

19 Daneben nahm der Bedarf an Eisenerzen für die Metallherstellung (Maschinen) zu. Der Bergbau selbst trat zudem als wichtiger Nachfrager für leistungsfähige Transportsysteme auf. Vgl. Friedrich Wilhelm Henning: Die Industrialisierung in Deutschland 1800-1914. Paderborn [5]1984, S. 156.

20 Vgl. Friedrich Wilhelm Hennig: Industrialisierung, a.a.O., S. 115.

21 So der Titel einer Schrift von Thomas Savery aus dem Jahre 1702. Vgl. Gerhard Heilfurth: Bergbau und industrielle Revolution, a.a.O., S. 35.

22 Damit verbunden waren erhebliche Betriebskostenersparnisse: Otto Hue (Bergarbeiter, a.a.O., Bd. II, S. 5) erwähnt das Beispiel einer Gelsenkirchener Zeche, bei der die Kosten pro Tonnenkilometer durch Menschen auf 50 Pf, durch Pferde auf 20 Pf., durch Maschinen auf 7-10 Pf. berechnet wurden.

23 Insofern ist auch Otto Hues Periodisierung am Ende des voranstehenden Kapitels zu differenzieren - für "die bergbau- und hüttentechnische Neuzeit" kann der Einsatz der Dampfmaschinen nicht das einzige Kriterium sein. Schon vor der eigentlichen industriellen Revolution gab es, wie im folgenden gezeigt wird, einen erheblichen Modernisierungsschub im Bergbau.

1. Der Boom des europäischen Montanwesens betraf vor allem die Kohleförderung, während die frühere Grundlage des Bergbaus, die Gewinnung von Erz und Edelmetallen, eine weniger stürmische Entwicklung erlebte.[24] Gerade in den letztgenannten Bereichen überwog zum Antrieb von Förder-, Pump- und Aufbereitungsanlagen noch lange die Wasserkraft. Während in den jüngeren Steinkohlezechen vor allem des Ruhrgebiets das Problem der Wasserhaltung von Anfang an, massenhaft seit etwa 1830, durch Dampfmaschinen gelöst wurde, galt z.B. noch 1852 in Oesterreichs Erzrevieren die Wasserkraft als vorrangige Energiequelle (mit 88,8 Prozent der Gesamtkapazität), wurde im böhmischen Erzgebirge noch 1861 die letzte wasserbetriebene Förderanlage neu(!)installiert.[25]

2. Anders als in der Textilwirtschaft, vor allem der Baumwollindustrie, bewirkte der Technikeinsatz keine unmittelbare Ersetzung des Arbeiters durch die Maschine. Die schon genannten Anwendungsbereiche im Bergbau betrafen nämlich nicht die Arbeit des Hauers vor Ort. Erst spät, mit der Einführung von Preßluft- und Schlagbohrmaschinen seit etwa 1885[26], wurde hier die handwerkliche Tätigkeit mit Schlägel und Eisen durch maschinelle Arbeit ersetzt. Vor diesem Hintergrund kommt Wolfhard Weber gar zu dem Urteil, daß zwar "der Bergbau am Durchbruch der industriellen Revolution einen erheblichen Anteil gehabt hat; (...) aber (...) der Bergbau selbst für diese Zeit kaum als industrialisierter Wirtschaftszweig angesprochen werden kann".[27] Auch wenn mir

---

24 Die Braun- und Steinkohleproduktion stieg von 1800 bis 1873 um das 40fache, bis 1913 um das 250fache, die Eisenerzproduktion in den gleichen Abschnitten um das 13 bzw. 85fache. Vgl. Friedrich Wilhelm Henning: Industrialisierung, a.a.O., S. 157.

25 Angaben nach Jiri Mayer: Bergbautechnik, a.a.O., S. 52f.

26 Vgl. Jiri Mayer: Bergbautechnik, a.a.O., S. 58.

27 Wolfhard Weber: Der Arbeitsplatz in einem expandierenden Wirtschaftszweig: Der Bergmann. In: Fabrik, Familie, Feierabend. Beiträge zur Sozialgeschichte des Alltags im

diese Einschätzung überzogen scheint, so macht sie doch auf den wichtigen Tatbestand aufmerksam, daß Teile des Montanwesens nicht unmittelbar von den technischen Neuerungen betroffen wurden.[28]

3. Gegen eine Überbewertung der Dampftechnologie als alleinige Ursache für die Bergbauexpansion spricht weiter, daß schon vor deren Durchbruch in der Praxis (etwa um 1860/70), Fortschritte in wissenschaftlicher, technischer, organisatorischer und ökonomischer Hinsicht eine durchgreifende Belebung des seit dem 30jährigen Krieg darniederliegenden Montanwesens brachten. Diese Entwicklung - unter dem steten Vorbehalt regionaler Differenzen zu datieren etwa von 1750-1850 - fällt in die hier besonders interessierende Zeit der Romantik, ihr gilt darum größte Aufmerksamkeit:

> "Der Bergbau nahm seit etwa 1750, begünstigt von der Straffung der Bergbauverwaltung, einen Aufschwung in vielfach staatlich geführten Betrieben oder durch Monopolisierung und Privilegierung privater Unternehmer, gefördert von jungem Bankenkapital (...), verbunden mit der ersten lebhafteren Kapitalspekulation. (...) Deutlich waren (...) überall im letzten Drittel des 18. Jh. Ansätze einer 'industriellen Revolution' zu beobachten (...)."[29]

Industriezeitalter. Hrsg. von Jürgen Reulecke und W. W. Wuppertal 1978, S. 89. Ähnlich auch Eberhard Wächtler: Die Lebens- und Arbeitswelt der Bergarbeiterschaft vor und nach der industriellen Revolution. In: Der Anschnitt. Heft 2/3, Jg. 29, 1977, S. 103ff. Beide Autoren operieren mit einem sehr engen Begriff von industrieller Produktion.

28 Friedrich Wilhelm Henning (Industrialisierung, a.a.O., S. 157) weist darauf hin, daß die Produktionssteigerung im Tagebergbau die des Untertagebergbaus um das Fünffache überstieg, weil hier die Möglichkeiten, den Abbau selbst zu mechanisieren, größer waren.

29 Wilhelm Treue: Wirtschaft 16.-18. Jhd., a.a.O., S. 153. Vgl. auch Friedrich Wilhelm Henning (Industrialisierung, a.a.O., S. 156), der für die Entwicklung des Bergbaus folgende Daten angibt: Für den Zeitraum von 1800 bis 1835 eine Steigerung der Beschäftigungszahl um 100%, der Produktion um 140%, der Produktivität um 20%; für den Zeitraum von 1835-1873 eine Steigerung der Beschäftigungszahl um 260%, der Produktion um 500%, der Produktivität um 67%.

Es würde hier zu weit führen, die Vielzahl der technischen Fortschritte aus dieser Zeit im Einzelnen nachzuzeichnen; sie reichten von Verbesserungen bei den Bohrmethoden und Sprengverfahren (Zündmittel) über Konstruktionsveränderungen bei der Förderung mit dem Pferdegöpel bis hin zur Perfektionierung des Pumpenbaus und zur Erfindung der Sicherheitslampe (1816).[30] Einen wichtigen Umbruch zu Anfang des 19. Jahrhunderts stellte auch die Anwendung der neuen wissenschaftlichen Erkenntnisse aus Geologie und Montanwissenschaften (mit dem Zentrum in Freiberg) für die Erkundung und den Aufschluß der Lagerstätten dar: Zunehmend wurde die Wünschelrute verbannt, die Alchemie durch Chemie und Hüttenkunde abgelöst und der unvollständigen Ausnutzung der Bodenschätze durch systematisch organisierten Abbau und Berechnungen ein Ende gesetzt.[31]

2.2 Organisatorische Grundlagen: Das Direktionsprinzip

Die organisatorische Grundlage des so aufstrebenden Bergbaus war in den deutschen Staaten überwiegend das sogenannte Direktionsprinzip[32], das dem Staat - wahrgenommen durch eine Bergadministration - die Oberaufsicht und unmittelbare Leitung der Grubenbetriebe gab. Den Gewerken war damit die eigene Verwaltung ihres Eigentums entzogen. Ihr Einfluß auf die Entscheidungen der Behörden ging immer mehr zurück.[33] Das Direktionsgebot war bis zur

---

30 Theodor Haupt versuchte in seinem 1865 erschienenen Werk (Bausteine, a.a.O., Lief. II, S. 37ff) eine Chronik, an der sich detailliert die kleinen und kleinsten Schritte der Entwicklung studieren lassen.

31 Vgl. Theodor Haupt: Bausteine, a.a.O., Lief. I, S. 29 und Stephen Finney Mason: Geschichte der Naturwissenschaft, a.a.O., S. 466ff.

32 Die Ordnung entstand nach dem 30jährigen Krieg, als sich die Landesherren dem krisengeschwächten Bergbau annahmen, und wurde 1794 im Preußischen Allgemeinen Landrecht kodifiziert. Preußens Schritt folgten bald andere deutsche Staaten. Vgl. Wilhelm Treue: Gesellschaft, Wirtschaft und Technik Deutschlands im 19. Jahrhundert.(= Gebhardt Handbuch der dtsch. Geschichte 17) München ^{2}1977, S. 123.

33 Vgl. Otto Hue: Bergarbeiter, a.a.O., Bd. I, S. 323 und Heinrich Imbusch: Arbeitsverhältnis, a.a.O., S. 22.

Mitte des 19. Jahrhunderts inkraft. Trotz wachsender Kritik an der obrigkeitsstaatlichen Reglementierung sind die beachtlichen Erfolge dieses Systems anfangs nicht zu übersehen.[34] Der personal- und kostenintensive Verwaltungsaufbau der Bergadministration, die mit einem umfangreichen Verordnungswesen bis ins Detail die Arbeit und das bergbauverbundene soziale Umfeld regelte, war lange Garant für kontinuierliches Wachstum und stabile Verhältnisse im Montanwesen. Die Bergbaubeamten konnten in mancher Hinsicht als fortschrittlich gelten: sie waren es, die wesentlich zur Einführung technischer Innovationen, organisatorischer Verbesserungen und wissenschaftlich begründeter Verfahren beitrugen. Ihr Sachverstand war allseits geachtet.[35] Dem entgegen stand ihr politischer Konservativismus[36] und eine oft "kleinstädtisch-honoratiorenhafte Haushaltsführung"[37]. Die Wirksamkeit des staatlichen Dirigismus schlug im 19. Jahrhundert im Zuge des expandierenden Bergbaus zunehmend

---

34 Eine differenzierte überregionale Studie über die Montanentwicklung zur Zeit des Direktionsprinzips ist noch immer Desiderat der Forschung. Für das Ruhrgebiet ist auf die materialreiche Abhandlung von Klaus Tenfelde hinzuweisen, für die Freiberger Region steuert Eberhard Wächtlers Arbeit wichtige Belege bei. Übergreifende Hinweise finden sich schließlich auch in Wolfhard Webers Habilschrift. Vgl. K. T.: Sozialgeschichte der Bergarbeiterschaft an der Ruhr im 19. Jahrhundert. Bonn ^{2}1981, bes. S. 63ff und 123ff; E. W.: Fortschritt und Tradition im deutschen Bergbau von 1807 bis 1848. Studien zur Rolle der Tradition in der Geschichte. (=Freiberger Forschungshefte D 68). Leipzig 1970 und W. W.: Innovationen, a.a.O., S. 141ff.

35 Vgl. Klaus Tenfelde: Sozialgeschichte Ruhr, a.a.O., S. 68ff.

36 Vgl. Eberhard Wächtler: Fortschritt, a.a.O., S. 43: "Im Gegensatz zu seiner Einstellung zur Entwicklung der Produktivkräfte repräsentierte das preußische Montanwesen einen ausgesprochenen politischen Konservativismus, der es in einen nicht zu übersehenden Gegensatz zur Reformpartei brachte."

37 Klaus Tenfelde: Sozialgeschichte Ruhr, a.a.O., S. 66. Nicht wegen mangelnder Aufgeschlossenheit gegenüber technischen Neuerungen, sondern aus wirtschaftlichen Interessen verhinderten die Beamten jahrelang die Anlage von Tiefbauschächten: Die Behörden fürchteten eine Überproduktion, die die Ausbeute für die Gewerken gefährdet hätte und damit die eigenen Steuereinnahmen verringert, denn es konnten ja nur Gewinne fiskalisch veranschlagt werden.

um in eine entwicklungshemmende Markt- und Produktionskontrolle.[38] Das Direktionssystem wurde als "fiskalisch-bureaukratisch-polizistisch", als "Fessel"[39], empfunden und die Freigabe des Bergbaus aus staatlicher Bevormundung und Abgabepflicht - vor allem unter dem Druck führender liberaler Unternehmer[40] - massiv gefordert. Ihr Ziel, eine privatkapitalistische Selbstverwaltung und freie Übereinkunft zwischen Unternehmern und Arbeitern, wurde dann im Zuge der preußischen Bergrechtsreform (1861-65) weitgehend verwirklicht. Das allgemeine Berggesetz von 1865, das am Ende der Reformgesetzgebung stand, krönte schließlich "diese Entwicklung, die vom Merkantilismus ausgehend, (...) im reinen Liberalismus des modernen Kapitalismus endete."[41]

Bevor hier auf die weitere Entwicklung im Bergbau eingegangen wird, ist noch auf die sozialordnende Wirkung des Direktionsprinzips hinzuweisen. In der Zeit obrigkeitlicher Verwaltung wurden nämlich Status und Gruppenbewußtsein des Standes entscheidend geprägt. Die Stichworte lauten: Disziplinierung und Priviligierung.[42] Sie umreissen einen Zustand, der die Bergleute einerseits strengen Verhaltensmaßregeln und Pflichten unterwarf und zur Loyalität gegenüber der Obrigkeit zwang, ihnen andererseits aber dafür bestimmte Vergünstigungen einräumte: einen gesicherten Rechtszustand, gewisse Arbeitszeitregelungen und unparteiisch festgesetzte, subsistierende Löhne.[43] Dazu kam,

---

38 Vgl. Klaus Tenfelde: Sozialgeschichte Ruhr, a.a.O., S. 76.

39 Otto Hue: Bergarbeiter, a.a.O., Bd. II, S. 9; ähnlich Heinrich Imbusch: Arbeitsverhältnisse, a.a.O., S. 25.

40 Wilhelm Treue: Gesellschaft 19. Jhd., a.a.O., S. 124.

41 Wilhelm Treue: Gesellschaft 19. Jhd., a.a.O., S. 124. Vgl. dazu auch die Arbeiten von Wolfram Fischer, die gesammelt sind in dem Band W. F.: Wirtschaft und Gesellschaft im Zeitalter der Industrialisierung. Aufsätze-Studien-Vorträge. Göttingen 1972; bes. S. 138ff.

42 Klaus Tenfelde: Sozialgeschichte Ruhr, a.a.O., S. 87.

43 Stets wurden bei der Festsetzung der Löhne die Lebenserhaltungskosten der Bergleute berücksichtigt. Das sicherte keinen Wohlstand, sondern gerade das Existenzminimum, nach Preissteigerungen und Mißernten nicht einmal das. Der landwirtschaftliche Neben-

daß die schon früh im Bergbau entstandene Knappschaft Ansätze sozialer Versorgung garantierte. Diese, im Vergleich zum mittelalterlichen und frühneuzeitlichen Knappen wesentlich bescheidenere Stellung der Bergleute[44], gewann vor dem Hintergrund wachsenden frühindustriellen Pauperismus eine gewisse Attraktivität.[45] Die Bergbaubehörden taten alles, dies besonders hervorzuheben. Sie versuchten, wo immer das möglich war, Brauchtumspflege und Traditionsverbundenheit zu stärken. Von oben wurde das Bild des hochangesehenen, mittelalterlichen Bergmanns beschworen, das Tragen von Uniformen als Symbol fast militärischer Geschlossenheit betrieben[46], Paraden und Bergfeste veranstaltet, um über die Schaffung eines besonderen Berufsethos die Loyalität der Standesangehörigen zu sichern. Als Organ der Beeinflussung nutzten sie die Knappschaft:

> "Geschickt haben die Bergämter die versicherungstechnische Aufgabe des Knappschaftsinstituts mit dem Gemeinschaftsgedanken so ausgefüllt,

---

erwerb für den Bergmann war von den Behörden einkalkulierter und für die Betroffenen notwendiger Faktor zur Deckung der Bedürfnisse. Der Lohn eines Bergmanns (Beispiel Ruhrgebiet) lag zu Beginn des 19. Jahrhunderts deutlich unter dem der Handwerker oder dem kleiner Beamter. Vgl. Klaus Tenfelde: Sozialgeschichte Ruhr, a.a.O., S. 114f und Eberhard Wächter: Fortschritt, a.a.O., S. 56ff.

44 Von den alten Privilegien (Steuervorteile, Militärfreiheit, Sonderrechte...) war - bis auf die Gerichtsbarkeit - kaum noch etwas übrig geblieben. Eberhard Wächtler (Fortschritt, a.a.O., S. 35ff) führt zahlreiche Belege für die zunehmende Aushöhlung formal bestehender Rechte an, ebenso Otto Hue,: Bergarbeiter, a.a.O., Bd. 1, S. 332ff.

45 Vgl. Wolfhard Weber: Arbeitsplatz, a.a.O., S. 92.

46 Die einheitliche Einführung gelang trotz eifriger Bemühungen nicht. Die Uniformen konnten von den Bergleuten oft nicht finanziert werden, sondern mußten für größere Paraden "oft umständlich von den einzelnen Bergämtern für die zum Aufzug befohlenen Knappen zusammengeborgt" werden. Eberhard Wächtler: Fortschritt, a.a.O., S. 38. Vgl. auch Klaus Tenfelde: Sozialgeschichte Ruhr, a.a.O., S. 97. Eine weitere Ursache für das zögerliche Befolgen der landesherrrlichen Uniformerlasse sieht Otto Hue (Bergarbeiter, a.a.O., Bd. I, S. 341): "Wahrscheinlich hatten viele Bergleute schon damals erkannt, daß die Knappenuniform, auch wenn sie noch so glitzernd in der "Bergparade" zur Schau getragen würde, doch nur ein Hohn auf die nunmehrigen Rechtsverhältnisse sei."

daß für den Bergmann eine unauflösliche Einheit des Bewußtseins von sozialer Sicherheit und sozialem Status entstand."[47]

2.3 Beginn der 'Verproletarisierung'

Die bergmännische Standesehre unter dem Direktionssystem gründete also einerseits auf tatsächlich bestehenden materiellen und rechtlichen Vorteilen[48] - und unterschied sich damit von der Zunftbewußtheit weiter handwerklicher Kreise, die längst jeder realen Basis entbehrte[49] - hatte aber andererseits stets auch die ideologische Funktion, die Bergleute gottesfürchtig, treu und gehorsam zu halten. Die oft geäußerte satirische Kritik (z.B. Heinrich Heines) an ihrer politischen Rückständigkeit hat hier ihren Ursprung. Daraus erklärt sich auch das weitgehende Unbeteiligtsein der Bergmänner an den Vormärzunruhen und den 48er Ereignissen.[50] Von einem extremen Beispiel obrigkeitsstaatlicher Loyalität noch 1844 berichtet Heinrich Pröhles Gedicht über die schlesischen Weberaufstände:

> "Die armen Weber hatten kein Brot;/ Da kamen die Bergleut und schlugen sie tot./ Hört an, o hört an wie das geschehn/ Wohl in den Tälern und auch auf den Höhn!
>
> Die Bergleut graben im tiefen Schacht,/ Sie graben immer bei der Nacht;/ Der eine gräbt das Silber, der andre gräbt das Gold:/ Dafür gibt ihnen der König den Sold.
> (...)

---

47 Klaus Tenfelde: Sozialgeschichte Ruhr, a.a.O., S. 97.

48 Eberhard Wächtler übersieht diesen wichtigen Tatbestand, indem er allzu forciert das Standesbewußtsein als reine Ideologie im Dienste der Herrschenden wertet.

49 Vgl. Klaus Tenfelde: Sozialgeschichte Ruhr, a.a.O., S. 125.

50 Vgl. Eberhard Wächtler: Fortschritt, a.a.O., S. 83ff und Klaus Tenfelde: Sozialgeschichte Ruhr, a.a.O., S. 132ff.

Die Bergleut haben ihr eigen Gericht/ Über der Erde, doch brauchen sie's nicht./ Die Bergleut tun, was der König gebeut,/ Die Bergleut sind gar fromme Leut.
(...)
Und als nun die Weber revoltiert,/ Sind wieder die Bergleut requiriert;/ Sie stiegen aus ihrem Schacht empor/ Auf einer langen Leiter und rückten vor.

Über der Erde da stellten sie sich/ In eine Ordnung säuberlich;/ Sie kamen und schlugen die Weber tot/ Mit Weibern und Kindern und Dirnlein rot. (...) "[51]

Die sozialen Probleme infolge der Industrialisierung, gegen die die Weber hier revoltierten, sollten die Bergleute jedoch nicht weniger treffen. Sie trafen sie allerdings unvorbereiteter. Der soziale, materielle und rechtliche Abstieg der Bergleute war besonders tief und vollzog sich innerhalb kurzer Zeit:

"Für die Bergleute in beiden Typen der Bergbaureviere Deutschlands, sowohl in den konservativen als auch in den sich im Gefolge der industriellen Revolution rasch entwickelnden, wurde die Erkenntnis und das Verstehen des gesellschaftlichen Umbruchs (...) durch die Besonderheiten der Struktur des Überbaus im Bereich des Montanwesens erschwert."[52]

In dem Maße, in dem der Bergbau expandierte, minderqualifizierte Arbeitskräfte in großer Zahl anzog - zunehmend auch außerhalb der Knappschaften[53]

---

51 H. P.: Wie die Bergleute die Weber totgeschlagen haben <1846>. In: Weberrevolte 1844. Hrsg. von Lutz Kroneberg und Rolf Schloesser. Frankfurt/M. 1979, S. 521 und ebd. S. 170f der Abdruck des Berichts der 'Weser-Zeitung' vom 16. Juni 1844, aus dem hervorgeht, daß zur "Deckung der Albertischen Leingarn-Spinnmaschine" in OberWaldenburg gegen die aufständischen Weber einhundert Bergknappen eingesetzt wurden.

52 Eberhard Wächtler: Fortschritt, a.a.O., S. 30.

53 Schon von alters her hatte es außerhalb der Knappschaften sogenannte 'freizügige Arbeiter' (mit freiem Arbeitsvertrag, ohne soziale Sicherungen) gegeben. Sie wurden zur Deckung akuten Bedarfs in Stoßzeiten und zu Hilfsarbeiten herangezogen und galten als die unterste Klasse der Bergleute. Gesteigerte Nachfrage und Mangel an ausgebildeten

- Sonderrechte abgebaut wurden, Arbeitsbedingungen und materielle Lage sich verschlechterten, in dem Maße geriet das ständische Bewußtsein immer mehr in ein Mißverhältnis zur realen Basis, wurde es zu einer restaurativen Utopie.[54] Es fällt schwer, den Zeitpunkt des Umschlags genau zu bestimmen. Mit Sicherheit war er spätestens nach Inkrafttreten der Bergrechtsreform vollzogen. Dem freien Markt preisgegeben, wurde der Berg*mann* endgültig zum Berg*arbeiter*; einem Industriearbeiter, der den erheblichen Machtzuwachs der Unternehmer und zunehmende materielle Depravation erfuhr. In den Montangeschichten ist diese Entwicklung meist mit dem Stichwort "Proletarisierung" umrissen.[55] Einige Anzeichen - unter dem Vorbehalt regionaler Unterschiede - deuten darauf hin, daß dieser Prozeß, parallel der Problematisierung des Direktionsprinzips, schon zur Zeit der ersten Konjunkturbelebung des Bergbaus in den zwanziger Jahren des 19. Jahrhunderts einsetzte.[56] Angesichts dieses sozialen Abstiegs wird verständlich, daß lange, noch über die Wende zum 20. Jahrhundert hinaus, gewisse "Regressionen auf das Ständische"[57] im Bewußtsein der Bergleute ihren festen Platz einnehmen konnten:

Arbeitskräften, dazu eine Ausgrenzungspolitik der Knappschaften, ließ ihre Zahl im 19. Jahrhundert stark ansteigen. Vgl. Otto Hue: Bergarbeiter, a.a.O., Bd. II, S. 59 und Wolfram Fischer: Wirtschaft und Gesellschaft, a.a.O., S. 143f.

54 Vgl. Klaus Tenfelde: Sozialgeschichte Ruhr, a.a.O., S. 125.

55 Vgl. Otto Hue: Bergarbeiter, a.a.O., Bd. II, S. 9ff.

56 Für diese Zeit gibt es Belege für Reallohnkürzungen, Arbeitszeitverlängerungen, unausgeglichene Preisanstiege und rechtliche Nivellierung. Vgl. Eberhard Wächtler: Fortschritt, a.a.O., S. 32ff; Klaus Tenfelde: Sozialgeschichte Ruhr, a.a.O., S. 107ff; Josef Dürler: Bedeutung Bergbau, a.a.O., S. 70 und Gerhard Boldt: Die Einwirkungen der industriellen Revolution auf das Bergarbeitsrecht in Deutschland. In: Der Anschnitt. Heft 2/3, 1977, Jg. 29, S. 89. Josef Höffner (Sozialpolitik im deutschen Bergbau.) spricht sogar von einer "Epoche der Verproletarisierung 1780-1850" (zitiert nach: Josef Hoffmann: Der ewige Bergmann. Bd. II, Rheinhausen 1958, S. 158).

57 Hermann Bausinger: Volkskultur in der technischen Welt. Zit. n. Klaus Tenfelde: Sozialgeschichte Ruhr, a.a.O., S. 340. K. T. weist darauf hin, daß die ständische Gruppenidentität nicht nur hemmend auf die Entfaltung eines politischen Selbstbewußtseins der Bergleute wirkte, sondern auch zur Solidarisierung und gemeinschaftlichen Interessenbildung beitrug. (Vgl. ebd., S. 342).

"... daß die ständische Welt als die glücklichere Daseinsform im Gedächtnis erhalten blieb, mag durch den nur allzu menschlichen Hang zur Glorifizierung des Vergangenen mitbegründet sein, spiegelt aber doch zugleich die fortdauernde Attraktivität geschlossener, einer einheitlichen anerkannten Autorität zugeordneter, relativ konfliktfreier Formen der Gesellschaftsorganisation in einer Zeit prinzipiell offener, uneinheitlicher und wertdiffuser, spannungsreicher und darin dynamischer Gesellschaftsentwicklung."[58]

2.4 Zusammenfassung

Überblickt man die hier skizzierte Entwicklung des Bergbaus, vom Mittelalter ausgehend hin zur industriellen Revolution, so ergibt sich für die Zeit der Romantik ein besonders komplexes und vielschichtiges Bild: Der vollständige Durchbruch der Industrialisierung kann, wie wir gesehen haben, erst in die zweite Hälfte des 19. Jahrhunderts datiert werden. Für die Zeit unmittelbar davor (seit etwa 1780) - so ergab sich weiter - kann ein deutlicher Modernisierungsschub unter Beibehaltung traditioneller Formen beobachtet werden. Als fortgeschrittene Elemente des Montanwesens der Zeit können der hohe Technikstand (auch mit Wasserkraft), die frühen Ansätze großbetrieblicher Organisations- und industrieller Arbeitsformen (Schichtarbeit, Trennung Arbeit und Wohnen), eine aufgeklärte Administration sowie eine beträchtliche Innovationsfreudigkeit (gerade im aufstrebenden Kohlebergbau) konstatiert werden. Daneben sind für die gleiche Zeit, wie hier zu zeigen versucht wurde, als traditionelle Elemente festzuhalten: eine lange nicht mechanisierbare Arbeit vor Ort und ein konservativ-ständischer Rahmen, der gewisse Privilegien zum Preis politischer Loyalität sicherte und im Vergleich zu anderen Gewerben die im Bergbau Beschäftigten für einige Zeit zumindest vor der frühindustriellen Verelendung bewahrte. Im Lauf der Zeit aber wurde der staatliche Dirigismus ökonomisch zunehmend zum Innovationshemmnis und die bergmännische Standesehre bewußtseingeschichtlich zum Anachronismus:

58 Klaus Tenfelde: Sozialgeschichte Ruhr, a.a.O., S. 342.

"Nur kindlich-harmlose Gemüter unter den Arbeitern vermochten sich noch zu ergötzen an den blanken Knöpfen und bestickten Achselstücken der knappschaftlichen Paradeuniform und allen Ernstes glauben, der 'Bergmannsstand' sei immer noch etwas 'ganz Besonderes'."[59]

59 Otto Hue: Bergarbeiter, a.a.O., Bd. 1, S. 341.

III. Novalis: Heinrich von Ofterdingen-Der konstruierte Bergbau

"Die Geognostische (...) Fantasie wird im Meister gar nicht berührt." (Schr. II, S. 559)

'Heinrich von Ofterdingen' entstand in den letzten Wochen des Jahres 1799 und in den ersten Monaten des folgenden. Der erste Teil wurde in kaum vier Monaten abgeschlossen, der zweite blieb unvollendet. Novalis starb im März 1801.[1] Die Idee zu diesem Roman entwickelte er eigenen Angaben zufolge[2] im Zusammenhang mit Studien mittelalterlicher Chroniken in der Bibliothek des Historikers Major Funk. Artern am Fuße des Kyffhäuserberges, dem Ort und der Landschaft seines Aufenthaltes, können weitere Anregungen für die Romangestaltung zugeschrieben werden.[3]

Wichtiger noch zur Genese des 'Heinrich von Ofterdingen' ist - wie in der Forschung vielfach gezeigt - die 'Wilhelm Meister'-Rezeption[4], die sich ab 1797 in

---

1 Angaben zur Entstehungsgeschichte des Romans vgl. die Einleitung der Herausgeber von Novalis Schriften, Bd. I, S. 183ff.
Zitiert wird hier und im folgenden nach der von Paul Kluckhohn und Richard Samuel herausgegebenen Kritischen Ausgabe der Schriften. 3. Auflage, Stuttgart 1977ff (Bd. IV nach der 2. Auflage 1975). Im weiteren abgekürzt mit Schr., Bandzahl in röm. Ziffern.

2 Vgl. Schr. IV, S. 534.

3 Vgl. Heinz Ritter: Der unbekannte Novalis. Göttingen 1967, S. 183ff.

4 Vgl. bes. Hans Joachim Mähl: Novalis' Wilhelm Meister Studien des Jahres 1797. In: Neophilologus. Bd. XLVII, 1963, S. 286ff ; Gerhard Schulz: Die Poetik des Romans bei Novalis. In: Deutsche Romantheorien. Hrsg. von Reinhold Grimm. Frankfurt/M. 1974, Bd. I, S. 125ff; Hans Joachim Beck: Friedrich von Hardenbergs 'Oeconomie des Styls'. Die 'Wilhelm Meister' - Rezeption im 'Heinrich von Ofterdingen'. Bonn 1976 und die

mehreren Phasen vollzog. Goethes Roman, zunächst sein "liebstes Buch", das er "fast auswendig" kannte[5], wurde von ihm später tiefgreifender Kritik unterzogen:

> "Es ist im Grunde ein fatales und albernes Buch - so pretentiös und pretiös - undichterisch im höchsten Grade, was den Geist betrifft - so poëtisch auch die Darstellung ist. (...) Die Oeconomische Natur ist die Wahre - *Übrig bleibende*. (...) W(ilhelm) M(eister) ist eigentlich ein Candide, gegen die Poësie gerichtet."[6]

Nicht nur die Tatsache, daß der Roman bei dem gleichen Verleger wie 'Wilhelm Meisters Lehrjahre' in identischer Aufmachung erscheinen sollte - was nicht zustande kam[7] -, zeigt, daß 'Heinrich von Ofterdingen' als "Gegenstück" zu Goethes Roman konzipiert war: "Aufsatz über Wilhelm Meister. Meine Ideen darüber in den bürgerlichen Roman gebracht."[8] Jenseits der umfangreichen Forschungsdiskussion um das Verhältnis dieser beiden Werke, auf die hier nicht weiter einzugehen ist, sind Einflüsse von Tiecks 'Franz Sternbalds Wanderungen' und neuerdings auch von Jung-Stillings 'Heimweh' nachgewiesen.[9]

Studie von Roland Heine: Transzendentalpoesie, Studien zu Friedrich Schlegel, Novalis und E.T.A. Hoffmann. Bonn ^{2}1985, bes. S. 27ff.

5 So August Coelestin Just in seiner Biographie: Schr. IV, S. 540.

6 Schr. III, S. 646 (Nr. 536). Vgl. auch den Brief an Ludwig Tieck vom 23.2.1800 in: Schr. IV, S. 321ff.

7 Vgl. Einleitung der Hrsg. zu Schr. I, S. 186.

8 Schr. III, S. 649 (Nr. 548). Seine Absicht, eine Rezension des 'Wilhelm Meister' für das 'Athenäum' zu verfassen, hat er mit Rücksicht auf Friedrich Schlegels Aufsatz fallengelassen. (Vgl. Vorwort der Hrsg. zu Schr. I, S. 19).

9 Vgl. Ulrich Stadler: Die theuren Dinge. Studien zu Bunyan, Jung-Stilling und Novalis. Bern/ München 1980.

Novalis und sein 'Heinrich von Ofterdingen' wurden in der Folge zum Inbegriff der deutschen Romantik, wenn auch - wie Ulrich Stadler richtig vermutet[10] und E.T.A. Hoffmann in seinen 'Kreisleriana' treffend charakterisiert[11] - kaum gelesen. Nicht wenig haben Autor und Werk zudem zur Popularität des Bergbaus als romantischen Motivs par excellence beigetragen, wenngleich auch hier oft eine eigentümliche Diskrepanz zwischen Berühmtheit und wirklicher Kenntnis das Urteil bestimmt haben mag. Neben den zahlreichen naturwissenschaftlichen Aufzeichnungen[12] und den 'Lehrlingen zu Sais'[13] ist es vor allem der Roman 'Heinrich von Ofterdingen', in dem an zentraler Stelle das Montanwesen bedeutsam wird. Es ist sicher nicht abwegig zu behaupten, daß beinahe alle Bergbauromantik nach Novalis direkt oder indirekt - sei es verklärend oder karikierend - auf dessen Werk sich bezieht.[14]

---

10 Vgl. Ulrich Stadler: Novalis: Heinrich von Ofterdingen (1802). In: Romane und Erzählungen der deutschen Romantik: Neue Interpretationen. Hrsg. von Paul Michael Lützeler. Stuttgart 1981, S. 141f.

11 "Neulich sagte er, als ich ihm meine musikalische Unbeholfenheit klagte, ich sei mit jenem Lehrling in dem Tempel zu Sais zu vergleichen (...). Ich verstand ihn nicht, weil ich Novalis' Schriften nicht gelesen, auf die er mich verwies. Ich habe heute in der Leihbibliothek geschickt, werde das Buch aber wohl nicht erhalten, da es herrlich sein soll, und also stark gelesen wird. - Doch nein; eben erhalte ich wirklich Novalis' Schriften, zwei Bändchen, und der Bibliothekar läßt mir sagen, mit dergleichen könne er immer aufwarten, da es stets zu Hause sei; nur habe er den Novalis nicht gleich finden können, da er ihn ganz und gar als ein Buch, nach dem niemals gefragt würde, zurückgestellt." (Fantasie- und Nachtstücke. Hrsg. von Walter- Müller Seidel. Darmstadt 1985, S. 313).

12 Vgl. bes. Schr. III.

13 Vgl. Schr. I, S. 79ff.

14 Vgl. ebenso Werner Vordtriede: Novalis und die französischen Symbolisten. Zur Entstehungsgeschichte des dichterischen Symbols. Stuttgart 1964, S. 50ff. Auf das Verhältnis zu anderen Werken, besonders zu den im folgenden noch ausführlich interpretierten von Hoffmann und Tieck, wird im Schlußabschnitt (VI) der Arbeit eingegangen.

"Alle geistige Berührung gleicht der Berührung eines Zauberstabs. Alles kann zum Zauberwerckzeug werden."(Schr. II, S. 565)

1. Zwei Welten, Wege, Menschentypen: Kunst/Traum und der "Bastard des ächten, schaffenden Handelsgeistes"

1.1 Die Begegnung mit den Kaufleuten

> "Die Worte des Alten hatten eine versteckte Tapetenthür in ihm geöffnet. Er sah sein kleines Wohnzimmer dicht an einen erhabenen Münster gebaut, aus dessen steinernem Boden die ernste Vorwelt emporstieg, während von der Kuppel die klare fröhliche Zukunft in goldenen Engelskindern ihr singend entgegenschwebte. (...) Wie wunderte er sich, daß ihm diese klare, seinem Dasein schon unentbehrliche Ansicht so lange fremd geblieben war. Nun übersah er auf einmal alle seine Verhältnisse mit der weiten Welt um ihn her (...)."[15]

So, von seinem Wohnzimmer aus, überschaut der Bürger Heinrich die Welt. Obwohl die Handlung im Spätmittelalter spielt, ist nicht der Bürger dieser Zeit gemeint.[16] Hier interessiert zunächst die Sehweise des Protagonisten, denn sie offenbart bereits, welchen Weg Heinrich von Ofterdingen im Roman gehen wird: Er steht nicht mitten im Trubel der Geschehnisse und muß von dort aus seine Erfahrungen machen, er wählt einen anderen Zugang; es ist "fast Ein Sprung nur, der Weg der innern Betrachtung"[17]. Heinrich sieht und unterscheidet diese beiden Arten der Erfahrung als zugleich solche der Wissenschaften: die mühsame, verschlungen-empirische auf der einen und die unmittelbar betrachtende auf der anderen Seite; hermeneutisch folgt die eine dem Prinzip der Reihung, die andere dem des Zusammenhangs.[18] Indem er sich zur

15 Novalis: 'Heinrich von Ofterdingen' (=HvO) In: Schr. I, S. 252.

16 Vgl. Artikel 'Bürger'. In: GeschGb, Bd 1, S. 687ff.

17 HvO, Schr. I, S. 208.

18 Vgl. Roland Heine: Transzendentalpoesie, a.a.O., S. 123.

zweiten bekennt, bescheinigen ihm denn die Kaufleute auch gleich die Neigung zum Wunderbaren, "als dem Elemente der Dichter"[19]. Solcher Einschätzung haftet in ihren Reden immer auch der Vorwurf der Weltfremdheit an, den sie unmittelbar zuvor schon dem Erzieher Heinrichs, dem 'weisen Hofkaplan', gemacht hatten.[20] Indes, sie selbst wissen ihre Welt der Nützlichkeit mit der wunderbaren anderen zu verbinden. Ihr Vorbild, "das Nützliche zu befördern, ohne das Angenehme zu verachten"[21] - Kunst zur Kompensation:

> "Je eifriger der Erwerbfleiß die Tage benutzt, desto ausschließlicher ist der Abend, den reitzenden Vergnügungen der schönen Künste (...) gewidmet. Das Gemüth sehnt sich nach Erholung und Abwechselung (...)."[22]

Dabei geht es aber nicht um ästhetisches Verhalten. Adorno hat es Kant zugerechnet, die Kunst vom Begehrungsvermögen getrennt zu haben, getrennt "von den Erzeugnissen der Küche oder der Pornographie"[23]. Für jede ästhetische Erfahrung ist diese Trennung vom unmittelbaren Begehren konstitutiv:

---

19 HvO, Schr. I, S. 208.

20 Vgl. ebd., S. 207f. Der Hofkaplan mit seiner Weltabgewandtheit und einem "wohlgefälligen Lebenswandel" repräsentiert geistesgeschichtlich wie ökonomisch noch die alte (feudale) Ordnung, der die Kaufleute als Anhänger einer sich entfaltenden Warenwirtschaft gegenüberstehen. Vgl. dazu Jochen Hörisch: "Übergang zum Endlichen". Zur Modernität des 'Heinrich von Ofterdingen'. Nachwort zu der vom Autor herausgegebenen HvO- Ausgabe. Frankfurt/M. 1982, S. 221ff und Roland Heine, Transzendentalpoesie, a.a.O., S. 115f.

21 HvO, Schr. I, S. 205.

22 HvO, Schr. I, S. 206.

23 Th. W. A.: Ästhetische Theorie. Frankfurt/M. [5]1981, S. 26.

> "*Geschmack* ist das Beurteilungsvermögen eines Gegenstandes oder einer Vorstellungsart durch ein Wohlgefallen oder Mißfallen, *ohne alles Interesse*."[24]

Solchen Geschmack kann man den Kaufleuten nicht bescheinigen. Sie haben sich "freylich nie um die Geheimnisse der Dichter gekümmert"[25], hörten nur gerne zu, wenn es Vergnügen bereitete. "Freude und Rausch" beim Erleben, so ihre eigenen Worte, und schnelles Vergessen kennzeichnen vielmehr ihren Umgang mit den Künsten.[26] Solches Verhalten hat Novalis an anderer Stelle als das des typischen Philisters charakterisiert:

> "Philister leben nur ein Alltagsleben. Das Hauptmittel scheint ihr einziger Zweck zu seyn. Sie thun das alles, um des irdischen Lebens willen; wie es scheint und nach ihren eignen Äußerungen scheinen muß. *Poesie mischen sie nur zur Nothdurft unter*, weil sie nun einmal an eine gewisse Unterbrechung ihres täglichen Laufs gewöhnt sind."[27]

Nun wäre es in der Tat müßig, nur die Kaufleute im 'Ofterdingen' der Banausie überführen zu wollen. Interessant und paradox ist jedoch, daß ausgerechnet sie es sind, die den Protagonisten des Romans zum ersten Mal mit den schönen Künsten bekannt machen, von denen er bis dato nur gehört hatte:

> "Von Gedichten ist oft erzählt worden, aber nie habe ich eins zu sehen bekommen, und mein Lehrer hat nie Gelegenheit gehabt Kenntnisse von dieser Kunst einzuziehn."[28]

---

24 Immanuel Kant: Kritik der Urteilskraft. Hrsg. von Wilhelm Weischedel nach der Ausgabe ^{2}1793 (=Werkausgabe Band X). Frankfurt/M. ^{4}1979.

25 HvO, Schr. I, S. 209.

26 HvO, Schr. I, S. 210. Später wird Klingsohr Heinrich belehren, daß Poesie als "strenge Kunst" betrieben werden müsse: "Als bloßer Genuß hört sie auf Poesie zu seyn."(ebd, S. 282).

27 Schr. II, S. 447 (Nr. 77) / (Hervorhebungen H.G.).

28 HvO, Schr. I, S. 208.

Die Kaufleute werden so zum Organon, zum "indirekten Werckzeug"[29], für Heinrichs Weg zum Dichter. Eine Konstellation, die - wie Ulrich Stadler zeigte - für die Hardenbergsche Philosophie typisch ist.[30] Sie gründet dabei vor allem auf Gedanken des holländischen Philosophen François Hemsterhuis' (1720-1790), den Novalis ausgiebig studierte und sehr verehrte.[31] Besonders angezogen hat ihn Hemsterhuis' Vorstellung, "es sey gar nichts böses in der Welt"[32] und dessen Glaube an ein 'moralisches Organ' im Menschen. Ein Organ vollkommener und vereinigender Erkenntnis, das jedem Menschen eigen aber verschüttet sei. Zurückgedrängt sei es durch die einseitige Kultur der Verstandeskräfte, es bleibe aber im Keim angelegt und in der Liebe wirksam[33]:

> "Die Ausbildung dieses Organs bleibt einer künftigen Existenz vorbehalten - die Ausbildung dieses Organs ist der Karacter unsrer ächten Perfectibilitaet." (...) "Jedes endliche W(esen) ist Werckzeug/ ist *Organ* - Mittel zu einem Best(immten) *Ende*."[34]

---

29 Ein indirektes Werkzeug ist nicht selbst ein Mittel, kann aber zur Ausbildung "wunderthätiger Werkzeuge" dienen, die ihrerseits im Akt der Erkenntnis die Subjekt/Objekt-Differenz in sich aufzuheben vermögen. Vgl. dazu die folgende Anmerkung.

30 U. S. hat diese Struktur in mehreren Arbeiten, am ausführlichsten in seiner Habilitationsschrift (Die theuren Dinge, a.a.O., S. 116ff), nachgewiesen und besonders anhand der Arionsage sowie der Auffassung vom Gelde interpretiert.

31 Vgl. dazu Vorwort der Hrsg. in Schr. I, S. 16ff und Einleitung von H.J. Mähl in Schr. II, S. 299ff. Generell müssen als Grundzug des Hardenbergschen Rezipierens die fließenden Übergänge zwischen Übersetzung, Exzerpt und eigenen Gedanken im Auge behalten werden, was sich u.a. etwa auch in der Überschrift der Hemsterhuis-Studien niederschlägt: "Theils v(on) Hemsterhuis, theils von mir selbst."(Schr. II, S. 361).

32 So Novalis über ihn "mit wildem Feuer" vorgetragen, referiert nach Friedrich Schlegel. In: Schr. IV, S. 572.

33 Vgl.Novalis: Vorabeiten zu verschiedenen Fragmentsammlungen. In: Schr. II, S. 562 (Nr. 179): "Hemsterhuis Erwartungen vom moralischen Organ sind ächt profetisch". Vgl. zu den H.-Studien neben der Arbeit Stadlers (Die theuren Dinge, a.a.O., S. 150ff) vor allem Hans Joachim Mähl: Novalis: Hemsterhuis-Studien <1965>. In: Romantikforschung seit 1945. Hrsg. von Klaus Peter. Königstein/Ts. 1980, S. 180ff und ders. In: Einleitung zu Schr. II, S. 309ff.

34 Schr. II, S. 369 (Nr.29) bzw. S. 370 (Nr 30).

Durch diese Struktur wird es möglich, daß alles zum "Zauberstab" wird - also Heinrich von den Kaufleuten etwas über Kunst erfahren kann, obwohl sie selbst keines ästhetischen Verhaltens fähig sind. Er erfährt darüber hinaus - und dies ist das zweite Thema bei der Begegnung mit ihnen und hier die These - etwas über die Bedingungen einer fortgeschrittenen Arbeits- und Geschäftswelt. Durch die von den Kaufleuten propagierte 'Freizeitunterhaltung'[35] wird ihm nämlich Freizeit in ihrer kompensativen Funktion vorgestellt, die nach Jürgen Habermas' Beschreibung durch "ausdrückliche Abkehr von der Berufssphäre und dem Arbeitsverhalten überhaupt" sowie raschen "Kulturkonsum" gekennzeichnet ist und damit letztlich im Banne der Arbeit steht.[36] Insofern haben die Kaufleute völlig Recht, wenn sie von nie endenden Geschäften reden; ihr sinnliches Erleben ist einzig davon geprägt:

> "Von den Gesängen selbst, die wir gehört haben, können wir wenig sagen, da die Freude und der Rausch des Augenblicks das Gedächtniß hindert viel zu behalten, und die *unaufhörlichen Handelsgeschäfte* manches Andenken auch wieder verwischt haben."[37]

Eine solch moderne Lesart und entsprechende Einschätzung der Kaufleute, für die hier deren Arbeit-Freizeit Trennung Indikator war, rührt an eine der umstrittenen Fragen in den 'Ofterdingen'-Interpretationen, nämlich die Frage nach der historischen Zeit des Romans. Es steht dabei die meist in älteren Arbeiten zu findende Auffassung, daß hier das Mittelalter, "so wie es sein wollte und sein sollte", gestaltet sei[38], der Meinung gegenüber, im 'Ofterdingen' würden Phä-

---

35 Dem entspricht die von Jochen Hörisch den Kaufleuten zugeschriebene "Feierabendsubjektivität" der Kaufleute. Vgl. J. H.: Übergang zum Endlichen, a.a.0., S. 229.

36 J. H.: Soziologische Notizen zum Verhältnis von Arbeit und Freizeit. In: Konkrete Vernunft. Festschrift für Erich Rothacker. Hrsg. von Gerhard Funke. Bonn 1958, S. 219ff. Vgl. auch V. Graf Blücher: Artikel 'Freizeit' in WbSoz (Bernsdorf), S. 307f.

37 HvO, Schr. I, S. 210 / Hervorhebung H.G.

38 Gerhard Schulz: Novalis und der Bergbau. In: Freiberger Forschungshefte D 11, 1955, S. 251. Mit nahezu identischer Formulierung findet sich die gleiche Auffassung schon bei Josef Dürler (Bedeutung Bergbau, a.a.O., S. 118f). Während Schulz jedoch Novalis' Mit-

nomene des 19. Jahrhunderts beschrieben.[39] Diese Kontroverse wird im weiteren, vor allem im Zusammenhang mit der Einordnung des Bergmanns, noch eingehender behandelt werden. Schon hier sei angemerkt, daß in dieser Arbeit von einer konstruierten Uneinheitlichkeit der Zeitebenen ausgegangen wird, die Jochen Hörisch mit der Formulierung von den "produktiven Ungleichzeitigkeiten" m.E. treffend gekennzeichnet hat.[40] Grundlage dieser "produktiven Ungleichzeitigkeiten" ist die Darstellung einer Zeit des Umbruchs zwischen feudaler und moderner Gesellschaft. Sie entspricht - folgt man etwa der Typologie Hermann Bausingers[41] - noch nicht der des vollindustriellen Alltags, ist aber doch über mittelalterliches Leben hinaus. Die Kaufleute repräsentieren in die-

---

telalterbild als "historischen Irrtum" und "in seiner ganzen Konzeption als rückwärtsgewandt, reaktionär und deshalb lebensunfähig" verurteilt, verteidigt Josef Dürler diese Sichtweise: "Wir können hunderterlei Chroniken und sonstige Berichte aus dem Mittelalter lesen und finden darin Menschen in ihrer nackten Brutalität, mit ihrem Egoismus und Materialismus, mit ihrem im Diesseits verankerten Sinn, mit ihrer Ungeistigkeit und Gottlosigkeit. Aber diese Menschen gehen eben auf Irrwegen, fernab vom richtigen Ziel; sie entstellen höchstens das wahre Bild vom Mittelalter; sie sind, was sie nicht sein wollen und darum nur negativ zu werten.(...) was viele Menschen des Mittelalters im tiefsten Grunde sein wollten. Daran hielt sich Novalis."(S. 118).

39 Hierunter fallen in besonderem Maße all die Arbeiten, die Novalis' Ansichten eine gewisse Vorläuferschaft zu Marx'schem Gedankengut zubilligen. Vgl. etwa Richard Faber: Novalis. Die Phantasie an die Macht. (=Texte Metzler 12) Stuttgart 1970, Hans-B. Schlumm: Blauer Tagtraum - Goldenes Zeitalter. Die Versöhnung von Mensch und Natur bei Novalis. (=Materialis MT 5) Frankfurt/M. 1981 und Wolfgang Kloppmann: Eine materialistische Lektüre des Bergmann- Kapitels im 'Ofterdingen'. In: Romantische Utopie. Utopische Romantik. Hrsg. von Gisela Dischner und Richard Faber. Hildesheim 1979, S. 222ff.

40 J. H.: Übergang zum Endlichen, a.a.O., S. 224.

41 Vgl. H. B.: Arbeit und Freizeit. In: Funkkolleg Geschichte. Weinheim/Basel 1979, SBB 2, S. 45ff.

ser Umbruchszeit die ökonomisch avancierteste Position[42]. Die Dynamik des Warenverkehrs ist für sie bereits allbeherrschend:

> "Geld, Thätigkeit und Waren erzeugen sich gegenseitig, und treiben sich in raschen Kreisen, und das Land und die Städte blühen auf."[43]

Im 'Allgemeinen Brouillon' hat Novalis die Abhängigkeit gerade auch der Künste von diesem ökonomischen Kreislauf noch deutlicher hervorgehoben. Wir finden hier die gleiche Beziehung wie die zwischen den Kaufleuten und Heinrich auf noch allgemeinerer Ebene wieder: Die Ökonomie wird zum Werkzeug für die Enfaltung der Kunst, der Bürger zu ihrem Vermittler. Noch im gleichen Abschnitt seiner Notizen schildert er die Kehrseiten des "merkantilischen Geistes", genauer gesagt: Hardenberg differenziert zwischen dem "ächten schaffenden Handelsgeist" und dem historisch bedingten:

> "Der Handelsgeist ist der *Geist der Welt*. Er ist der *großartige* Geist schlechthin. Er sezt alles in Bewegung und verbindet alles. Er weckt Länder und Städte - Nationen und Kunstwercke. Er ist der Geist der Kultur - der Vervollkommnung des Menschengeschlechts. Der *historische* Handelsgeist - der sklavisch sich nach den *gegebenen Bedürfnissen* - nach den Umständen der Zeit und des Ort richtet - ist nur ein Bastard des ächten, *schaffenden* Handelsgeistes."[44]

Die Kaufleute sind dabei ohne Frage diesem 'Bastard-Handelsgeist' verpflichtet, oder - wie es in einer anderen Charakterisierung heißt- den 'Krämern'.[45]

---

42 Damit wende ich mich indirekt gegen Deutungen wie die Richard Samuels, der das "Kaufmannsthum" im 'Ofterdingen' in "idyllischer Form" dargestellt sieht und neben Handwerkgeselligkeit und künstlerische Kultur stellt. (R. S.: Die poetische Staats- und Geschichtsauffassung Friedrich von Hardenbergs (Novalis). Studien zur romantischen Geschichtsphilosophie. (=Deutsche Forschungen 12) Frankfurt/M. 1925, S. 115.

43 HvO, Schr. I, S. 206.

44 Schr. III, S. 464 (Nr. 1059).

45 Vgl. Schr. II, S. 439 (Nr. 67): "Der edle Kaufmannsgeist, der ächte Großhandel, hat nur im Mittelalter und besonders zur Zeit der deutschen Hanse geblüht.(...) Unsere Kaufleute im Ganzen, die größten nicht ausgenommen, sind nichts als Krämer."

Indem ihr ganzes Denken und Handeln restlos von der Dynamik ausschließlicher Zweck-Mittelrationalität im Warenverkehr bestimmt wird, verfallen sie selbst der Verdinglichung. Es ist darum nur folgerichtig, daß ihnen im Roman jeder individuelle Zug fehlt, mehr noch als alle anderen ohnehin sparsam charakterisierten Personen im 'Ofterdingen' bleiben sie gestaltlos und treten nur im Kollektiv auf. Die Kaufleute und die von ihnen repräsentierte Welt haben damit etwas 'Einförmiges'. Eine Vokabel, die sowohl Heinrich als auch sie selbst für die "neuere, wohlhabendere Zeit"[46] benutzen und die die Herrschaft des instrumentellen Denkens kennzeichnet. Dem Titelhelden des Romans wird diese Welt ebenso wie die entgegengesetzte der Kunst von den Kaufleuten vorgestellt.

1.2 Heinrichs Vater

Gänzlich neu dürfte Heinrich dabei der empirisch-pragmatische Weg, ein stets nach außen und durch Zweck-Mittelrationalität bestimmter Sinn indes nicht vorgekommen sein. Er kannte diese "zum Handeln, zur Geschäftigkeit"[47] geborenen Menschen schon aus seinem Elternhaus. Tatsächlich war dort ja nicht

Ulrich Stadler sieht in der Mittlerfunktion der Kaufleute Ansätze, die über ihr sonstiges instrumentelles Handeln hinausgehen. Indem sie von Kunst erzählten und Heinrich diese vermittelten, "lassen (sie/H.G.) sich hier nicht von Habsucht leiten, sie verwerten ihr Wissen nicht zu einem fremden Zweck; vielmehr ist es allein schon die Mittlerfunktion an und für sich, die ihnen Freude bereitet (...)." (Die theuren Dinge, a.a.O., S. 148). Mir scheint diese Einschätzung problematisch. Zwar vermögen die Kaufleute für Heinrich als "Zauberstab" dienlich sein, sie selbst verändern sich dadurch jedoch nicht. Ihre Erzählungen von der Dichtkunst erfolgen kaum aus zweckfreier Freude, vielmehr können sie ebenfalls als im Dienste der Feierabendunterhaltung (und damit der Arbeit) stehend interpretiert werden - man suchte sich einfach "mit allerhand Gesprächen und Erzählungen die Zeit zu verkürzen".(HvO, Schr I, S. 206).

46 Vgl. HvO, Schr. I, S. 204. Auch in den 'Lehrlingen zu Sais' wird mit dem Begriff eine mechanisierte und unhistorische Sehweise gekennzeichnet, die "die Natur zu einer einförmigen Maschine (...) erniedrigt habe". (Schr. I, S. 99).

47 HvO, Schr. I, S. 266.

nur die Wanduhr in "einförmigem (!) Takt"[48]. So schimpfte Heinrichs Vater den Sohn einen "Langschläfer", der ihn am Hämmern hindere. Zudem meinte er, "Träume sind Schäume", "unnütze und schädliche Betrachtungen"[49], Störungen in seiner (Arbeits-)welt. Im zweiten Teil des Romans wird Heinrich von ihm sagen, daß er nur aus Gewohnheit arbeite und mit seiner "kühlen und durchaus festen Denkungsart, (...) alle Verhältnisse, wie ein Stück Metall und eine künstliche Arbeit ansehn läßt."[50]

Unterscheidet sich der alte Ofterdingen in dieser Hinsicht kaum von den Kaufleuten - nicht zufällig sind sie auch "gute Freunde"[51] - so gibt es doch auch bedeutsame Differenzen: Zum einen ist seine Welt enger als die der Kaufleute, Reisen hat er offenbar kaum unternommen, und ökonomisch ist er kein Repräsentant der fortgeschrittenen Geld- und Warenwirtschaft, sondern Handwerker. Trotzdem steht er damit den Entwicklungen der neuen 'einförmigen' Zeit keineswegs fern. Sein Bewußtsein ist dem der Kaufleute ähnlich. Es scheint einem Anpassungsdruck erlegen, der zu unaufhörlicher Tätigkeit treibt und von einem beschaulichen Handwerkerleben wenig übrig läßt. Ein Anpassungsdruck übrigens, der seine historische Entsprechung hat. Die Geschichtswissenschaft hat gezeigt, daß gerade für die Zeit zwischen dem 16. und dem Beginn des 19. Jahrhunderts eine kontinuierliche Steigerung von Arbeitsdruck und Arbeitszeit im Handwerk konstatiert werden kann. Beschreibungen wie etwa die Karl Philipp Moritz' im 'Anton Reiser' vom Arbeitsalltag des Hutmachers Lohenstein bestätigen diesen Befund und machen deutlich, daß die Übergänge zwischen Handwerk und Fabrikarbeit in punkto Arbeitsintensität oftmals fließend

---

48 HvO, Schr. I, S. 195 / Hervorhebung H.G.

49 HvO, Schr. I, S. 198.

50 HvO, Schr. I, S. 326f.

51 HvO, Schr. I, S. 202. Zurecht betont Ulrich Stadler, daß im 'Ofterdingen' eigentlich alle tätigen Menschen "mehr oder weniger verkappte Kaufleute sind"; (U. S.: Die theuren Dinge, a.a.O., S. 202) freilich, so muß hinzugefügt werden, in Abstufungen.

waren.[52] Hardenbergs Roman scheint geradezu seismographisch solche Übergänge zu erfassen. Die Vermittlerfunktion zwischen alter und neuer Welt, die der Vater Heinrichs inne hat, ist an diese materielle Entwicklung gekoppelt.

Die Zwischenstellung des Vaters erfährt zudem eine Verankerung in seiner Lebensgeschichte. So wie er hier eingangs dargestellt wurde, als Verkörperung des Realitätsprinzips schlechthin, war er nämlich nicht immer gewesen: früher war er "auch noch ein anderer Kerl"[53]. Steht er im Alter mehr der Gesinnung der Kaufleute nahe, so gab es in seiner Jugend offenbar viele Parallelen zu Heinrichs Erleben: Besonders deutlich wird dies im Bezug auf die Bedeutung der Träume.[54] Heinrichs Vater berichtet nämlich, daß auch er, wie sein Sohn, einen seltsamen und bedeutenden Traum gehabt habe, der ihn "damals lange genug beschäftigte"[55]. Bei beiden wurde der Traum durch die Begegnung mit einem Fremden ausgelöst, der als außergewöhnlich, wie aus einer anderen Welt kommend, empfunden wurde. Auch inhaltlich weisen die Träume viele Gemeinsamkeiten auf. Bei Heinrich sowohl wie bei seinem Vater steht am Beginn eine Wanderung ins Gebirge, wo jeweils ein Höhleneingang gefunden wird.[56] Die Erlebnisse im Innern der Höhle unterscheiden sich dann zwar deutlicher, gemeinsam ist ihnen aber, daß beide dort eine wunderschöne blaue Blume entdecken. Von da an trennen sich die Wege von Vater und Sohn. Der Vater hat

52 Vgl. Hermann Bausinger: Arbeit und Freizeit, a.a.O., S. 55f und K. P. M.: Anton Reiser. Ein psychologischer Roman <1785>. Frankfurt/M. 1979, S. 52ff.

53 HvO, Schr. I, S. 199.

54 Vgl. Robert Leroy/ Eckhart Pastor, die Heinrichs Traumwanderung in dreifacher Weise als 'Potenzierung' des väterlichen Traumwegs interpretieren, und damit die Unterschiede deutlich herausarbeiten.(R. L./ E. P.: Die Initiation des romantischen Dichters Der Anfang von Novalis' Heinrich von Ofterdingen. In: Romantik. Ein literaturwissenschaftliches Studienbuch. Hrsg. von Ernst Ribbat. Kronberg/Ts. 1979, S. 38ff.

55 HvO, Schr. I, S. 199.

56 "Vgl. HvO, Schr. I, S. 196ff. Beidesmal handelt es sich um einen von Menschen geschaffenen Gang ("gehauener Gang", S. 196) zumindest einer, an dem gearbeitet wurde ("Stiege, die in den Berg hinein ging", S. 201).

nie die Verheißung eingelöst und um Verständnis für seinen Traum gebeten, seine "Neugierde" war "schon ziemlich gestillt". "Darauf ward alles wieder dunkel und eng und gewöhnlich"; er fuhr nach Augsburg und heiratete.[57] Heinrich dagegen wird bekanntlich die Sehnsucht nach der Wunderblume nicht mehr verlassen.

Dennoch - dem Vater bleibt, auch diesseits des Traumes, zumindest eine Ahnung höherer und unbegreiflicher Erscheinungen.[58] Auch wenn sein Bewußtsein ähnlich verdinglicht ist wie das der Kaufleute, im Erinnerten und im Unbewußten ist ihm der andere, nicht geschäftige Zugang zur Welt noch gegenwärtig. Der Übergang zum Weg "der innern Betrachtung", den Heinrich vollzieht, ist in der Vaterfigur bereits angelegt. Ebenso angelegt ist der Weg zum Dichter und damit zur Kunst; für Heinrich wird damit eine qualitativ neue Erfahrung möglich. Als Vermittlungsinstanz erscheint hier die Kategorie des Naturschönen. Theodor W. Adorno hat in seiner 'Ästhetischen Theorie' gegen Schiller und Hegel die Rettung des Naturschönen unternommen, weil deren Erfahrung unabdingbar für die der Kunst sei.[59] Entsprechend gelte für die Sozialisation:

> "Genetisch dürfte ästhetisches Verhalten der Vertrautheit mit dem Naturschönen in der Kindheit bedürfen, von dessen ideologischen Aspekt es sich abkehrt, um es in der Beziehung zu den Artefakten hinüberzuretten."[60]

Analog dazu halte ich die These für vertretbar, daß Heinrichs Vater als "großer Freund des Gartenlebens", der die glücklichsten Stunden seines Lebens (...)

---

57 HvO, Schr. I, S. 202.

58 Heinrich berichtet über ihn, daß er "...doch unwillkührlich und ohne es daher selbst zu wissen, eine stille Ehrfurcht und Gottesfurcht vor allen unbegreiflichen und höhern Erscheinungen" habe. (HvO, Schr. I, S. 327).

59 Vgl. a.a.O., S. 97ff.

60 Ebd., S. 109.

unter den Blumen zubringt"[61], seinem Sohn diese Vertrautheit vermitteln und ihm somit den Weg zum Dichter vorbereiten konnte.[62] Der Vater selbst wäre, so erzählt Sylvester im zweiten Teil, beinahe selbst Künstler geworden, trotz großer Begabung jedoch gescheitert:

> "...die gegenwärtige Welt hatte zu tiefe Wurzeln schon bey ihm geschlagen. Er wollte nicht Achtung geben auf den Ruf seiner eigensten Natur. Die trübe Strenge seines vaterländischen Himmels hatte die zarten Spitzen der edelsten Pflanze in ihm verdorben. Er ward ein geschickter Handwerker und die Begeisterung ist ihm zur Thorheit geworden."[63]

Heinrich hat nun - wie gezeigt - das Glück eines weniger strengen "vaterländischen Himmels"[64]. Dazu trägt wesentlich ein Vater bei, der obwohl selbst inzwischen ein Verfechter des handelnden Menschentyps, den anderen Weg des Sohnes großzügig gewährend duldet. Zum einen liegt dies, wie wir gesehen ha-

---

61 HvO, Schr. I, S. 329.

62 Heinrich bemerkt auch, daß es gerade jener Umgang mit den Blumen war, dem der Vater seine besondere Sensibilität verdanke ("Dies hat auch gewiß seinen Sinn (...) so offen erhalten..." HvO, Schr. I, S. 329). Es wäre dabei zu bedenken, daß der Naturumgang im eingegrenzten Garten stattfindet, wo die Naturerfahrung deformiert erscheint. Indes: "Damit jedoch ist die Kategorie des Naturschönen nicht einfach verurteilt."(Th. W. Adorno: Ästhetische Theorie, a.a.O., S. 108).
Des alten Ofterdingen Liebe zu den Blumen kann darüberhinaus auch als vorbereitend für Heinrichs Begegnung mit der Natur interpretiert werden. Der Weg führt von der Enge und Zivilisiertheit des Gartens zur ungebändigten freien Natur unter die Erde. Auch in diesem Sinne könnte von einer 'Potenzierung' der väterlichen Erfahrung gesprochen werden.(Vgl. Leroy/Pastor: Die Initiation, a.a.O., S. 50f). Eine analoge Konstellation, freilich mit ganz anderem Ausgang, findet sich in Tiecks 'Runenberg', wo Christian das väterliche Haus des Schloßgärtners ("der kleine beschränkte Garten meines Vaters") verläßt, um "die für ihn bestimmte Lebensweise" bei "unterirdischen Bergwerken und ihren Arbeitern", bei "Jägern und ihrer Beschäftigung" zu finden. (Vgl. Ludwig Tieck, Schriften in zwölf Bänden, a.a.O., Bd. 6, S. 187f).

63 HvO, Schr. I, S. 326.

64 Vgl. auch HvO, Schr. I, S. 326: "Ihr habt von Glück zu sagen, daß ihr habt aufwachsen dürfen, ohne von euren Eltern die mindeste Beschränkung zu leiden ..."

ben, an der unbewußt geahnten Nähe zu diesem, zumal wenn er sich an seine eigene Kindheit erinnert. Zum anderen liegt das an einer familiären Konstellation, die dem Vater kaum Macht zugesteht. So schwach "wie kaum ein zweiter literarischer Vater"[65] zuvor, steht der alte Ofterdingen ganz im Schatten seiner Frau, die die Erziehung des Kindes bestimmt.[66] Wieder thematisiert der Roman einen Umbruch und reagiert auf eine sozialgeschichtliche Wandlung um 1800, die man zugespitzt als den Beginn der "vaterlosen Gesellschaft"[67] bezeichnen kann, der einhergeht mit der Etablierung der Kleinfamilie und zunehmend "matrilineare(r) Codierung".[68] Der Vater erweist sich hier einmal mehr, wie schon in Bezug auf Ökonomie, Natur und Kunst, als Übergangs- und Verbindungsglied zwischen den Welten.

1.3 Zum Verhältnis der beiden 'Welten'

Kehren wir zurück in Heinrichs Wohnzimmer: Von dort aus hatte der Weg der inneren Betrachtung abgesetzt werden können vom ausschließlich instrumentell orientierten Handeln. Über den Vorwurf der Weltfremdheit, den die Kaufleute jeder "Kunde der überirdischen Welt" machen, wurde ebenfalls berichtet. Gezeigt werden konnte auch, wie die 'Pragmatiker' mehrfach die Abhängigkeit eines solchen von der Geschäftswelt abgesetzten Bereichs betonen, der Kunst,

---

65 Jochen Hörisch: Übergang zum Endlichen, a.a.O., S. 232.

66 Vgl. HvO, Schr. I, S. 326: "Was mich am Meisten wundert, versezte Sylvester, daß er eure Erziehung ganz in den Händen eurer Mutter gelassen hat..."

67 Vgl. Alexander Mitscherlich: Auf dem Weg in die vaterlose Gesellschaft. Ideen zur Sozialpsychologie <Neuausgabe> München [14]1982.

68 Vgl. vor allem den Schlußabschnitt (VI, Kap. 4) dieser Arbeit und zu Novalis bes. die Arbeiten von Friedrich A. Kittler. Vgl. F. A. K.: Der Dichter, die Mutter, das Kind. Zur romantischen Erfindung der Sexualität. In: Romantik in Deutschland. Hrsg. von Richard Brinkmann. Stuttgart 1978, S. 102f. und ders.: Die Irrwege des Eros und die 'absolute Familie'. Psychoanalytischer und diskursanalytischer Kommentar zu Klingsohrs Märchen in Novalis' 'Heinrich von Ofterdingen'. In: Psychoanalytische und psychopathologische Literaturinterpretationen. Hrsg. von Bernd Urban/ Winfried Kudszus. Darmstadt 1981. S. 421ff.

Traum und nicht-empirische Wissenschaften gleichermaßen einschließt.[69] Große Künste könnten nur dort gedeihen, wo auch "der Erwerbfleiß die Tage (!) benutzt", und das Handwerk sich vermehre.[70] Umgekehrt sprechen sie dem weltabgewandten (nächtlichen) Bereich und dem ihm verpflichteten Handeln außer kompensatorischer Funktion (Entspannung und Genuß) keinen Wert zu. Bei solchen Menschen, so meinen die Kaufleute, die "nicht selbst Theil an den Weltgeschäften nehmen, müssen ihre Gedanken eine unnütze Wendung erhalten, und können nicht auf die wirklichen Vorfälle passen."[71]

Heinrich opponiert gegen eine solche Sichtweise. Zwar mögen manche "unnütze" - d.h. nicht verwertbare - Gedanken auf solche Weise entstehen, aber er bestreitet, daß diese nicht auf die Realität "passen". Kunst, Traum und bestimmte Formen von Wissenschaft vermögen ihm zufolge nämlich mehr zu sein als bloßes Komplement des Alltags. Heinrich spricht ihnen vielmehr eine entscheidende Erkenntnis- und Kritikfunktion zu und zwar ausdrücklich mit Bezug auf die "zur Geschäftigkeit (...) geboren(en)" Menschen[72] und deren Handeln:

Schon im Gespräch mit seinem Vater hatte er den *Traum* verteidigt, indem er diesem die wichtige Bedeutung zusprach, "eine Schutzwehr gegen die Regelmäßigkeit und Gewöhnlichkeit des Lebens" zu sein, weil der Traum mit Phantasie den Alltag durcheinanderwürfle.[73]

Später, zu Beginn des sechsten Kapitels, wird Heinrich auch der Wahrnehmung der *Dichter* die gleiche Möglichkeit zuschreiben: Diese ließen sich nicht durch

---

69 Der Hofkaplan gehört nach dem Urteil der Kaufleute zu diesen 'weltfremden' Wissenschaftlern: "Es ist eben schlimm (...), daß die Wissenschaften in den Händen eines solchen von dem weltlichen Leben abgesonderten Standes (sind)." (HvO, Schr. I, S. 207).

70 HvO, Schr. I, S. 207 / Hervorhebung H.G.

71 HvO, Schr. I, S. 207.

72 HvO, Schr. I, S. 266.

73 HvO, Schr. I, S. 199.

das oberflächliche Schauspiel der Welt blenden, ihr "empfindlicher Sinn" vermöge vielmehr von "unbedeutensten Erscheinungen" aus, "jene große Welt verjüngt dar(zu)stellen und (...) die überraschendsten Entdeckungen in sich selbst und über das Wesen und die Bedeutung derselben zu machen".[74]

Die Reden Heinrichs bezeugen die Affinität des Traums zur Kunst in einem wesentlichen Sinne: Gemeinsam ist beiden ihr 'Doppelcharakter': Empirie geht in sie ein und wird nach eigenem Formgesetz gestaltet.[75] Daher rührt der Erkenntniswert des Traums in der Psychoanalyse wie der der Kunst in der Gesellschaft. Denselben Wert spricht Heinrich der 'weltfremden' *Wissenschaft* zu:

> "...sollte nicht jene höhere Kunde ebenfalls geschickt machen, recht unparteiisch den Zügel menschlicher Angelegenheiten zu führen? sollte nicht jene *kindliche unbefangene Einfalt* sicherer den Weg durch das Labyrinth der hiesigen Begebenheiten treffen, als die durch Rücksicht auf eigenen Vortheil irregeleitete und gehemmte, von der unerschöpflichen Zahl neuer Zufälle und Verwickelungen geblendete Klugheit?"[76]

Darauf wissen die Kaufleute keine Antwort. Sie gestehen ein, "daß wir eurem Gedankengange nicht zu folgen vermögen".[77] Sie können es nicht, da solche

74 HvO, Schr. I, S. 267.

75 Vgl. Th. W. Adorno: Ästhetische Theorie, a.a.O., S. 133: "Subjektive Erfahrung bringt Bilder ein, die nicht Bilder von etwas sind, und gerade sie sind kollektiven Wesens, so und nicht anders wird Kunst zur Erfahrung vermittelt. Kraft solchen Erfahrungsgehalts, nicht erst durch Fixierung oder Formung im üblichen Verstande weichen die Kunstwerke von der empirischen Realität ab: Empirie durch empirische Deformation. Das ist ihre Affinität zum Traum (...)." Insofern kann in diesem Punkt für die Träume gelten, was Adorno für die Kunst behauptet. Beide sind "...tatsächlich die Welt noch einmal, dieser so gleich wie ungleich."(Ebd., S. 499).

76 HvO, Schr. I, S. 207f /Hervorhebung H.G.

77 HvO, Schr. I, S. 208.

Gedanken in den Kategorien ihrer Zweck-Mittelrationalität keinen Platz haben.[78]

Heinrichs Ausführungen über Traum, Kunst und Wissenschaft als kritische und erkenntnisvermittelnde Instanzen relativieren nicht nur die Behauptung der einseitigen Abhängigkeit seines Weges von der Geschäftswelt der Kaufleute, wie diese behaupten, sondern verweisen auf Wertvorstellungen, die höher sind als die ihrigen. Eine Argumentation, die im Roman insgesamt favorisiert wird.[79]

Auf dem Hintergrund der hier gezeigten mannigfachen funktionalen Beziehungen zwischen den zwei Welten, Wegen und Menschentypen sind Interpretationen, die von einer statischen Trennung dieser verschiedenen Umgangsweisen mit der Realität ausgehen, nicht haltbar.[80] Vielmehr muß gerade das Spannungsfeld der Zusammenhänge und Übergänge zwischen real-weltlichen und poetisch-transzendentalen Bereichen berücksichtigt werden. Dies gilt insbesondere im Hinblick auf die Utopie einer zukünftigen Welt und die Vorstellung vom 'goldenen Zeitalter' bei Novalis[81], auf die noch eingegangen werden soll.

---

78 Selbst an der einzigen Stelle, wo sie den Erkenntniswert der Kunst zu ahnen scheinen und auch ästhetischer Erfahrung nahe sind, geht es letztlich nur um die Flucht in eine imaginierte Welt ("entreißen"), nicht um die Integration zweckfreier Gedanken: "Wie aus tiefen Höhlen steigen alte und künftige Zeiten, unzählige Menschen, *wunderbare* Gegenden, und die seltsamsten Begebenheiten in uns herauf, und entreißen uns der bekannten Gegenwart." (HvO, Schr. I, S. 210).

79 Ulrich Stadler (Die theuren Dinge, a.a.O., S. 202f) sieht hier keine Wertung von Novalis. Durch das Lob jeweils nur der eigenen "Daseinsform" relativierten sich seiner Meinung nach der Kaufleute wie Heinrichs Werturteile. Stadler übersieht dabei m.E., daß durch Heinrich sehr wohl die Argumentation der Kaufleute relativiert wird, aber umgekehrt die Kaufleute seinen Gedanken ja "nicht zu folgen vermögen", sich also schon durch ihr mangelndes Verständnis disqualifizieren.

80 Vgl. neben älteren Arbeiten z.B. auch Ursula Heukenkamp: Die Wiederentdeckung des 'Weg nach innen'. Über die Ursachen der Novalis-Renaissance in der gegenwärtigen bürgerlichen Literaturwissenschaft. In: Weimarer Beiträge, Heft 12, Jg. 19, 1973, S. 105ff.

81 Vgl. dazu Hans Joachim Mähl: Die Idee des goldenen Zeitalters im Werk des Novalis. Studien zur Wesensbestimmung der frühromantischen Utopie und zu ihren ideenge-

An dieser Stelle kann zunächst die stete Anbindung solch anderer oder zukünftiger Welten an die reale als konstitutives Element im Roman festgehalten werden. So wie der Roman selbst "allmälich in Märchen übergehn" soll[82] und die Welt in Traum[83], geht bei Novalis die "höhere" Welt aus der bestehenden hervor. Man kann dazu seine vielzitierten Ausführungen über das 'Romantisieren' bemühen[84], man kann aber auch auf Äußerungen im 'Ofterdingen' verweisen:

> "Ja, Mathilde, die höhere Welt ist uns näher, als wir gewöhnlich denken. Schon hier leben wir in ihr, und wir erblicken sie auf das Innigste mit der Natur verwebt."[85]

Auch der von der Welt zurückgezogen lebende Einsiedler wird ebenso wie später der Dichter Klingsohr Heinrich darauf hinweisen, daß zum Leben der inneren Betrachtung eine "Fülle von Erfahrungen" mitgebracht werden muß, daß man sich auskennen muß in der Welt, und "Einsicht haben in die Natur jedes Geschäfts, und Bekanntschaft mit den Mitteln jeden Zweck zu erreichen".[86] Heinrich verschließt sich denn auch keineswegs dem Weltlauf, nur wird er seine

---

schichtlichen Voraussetzungen. Heidelberg 1965 und Hans Joachim Heiner: Das goldene Zeitalter in der deutschen Romantik. Zur sozialpsychologischen Funktion eines Topos <1972>. In: Romantikforschung seit 1945. Hrsg. von Klaus Peter. Königstein/Ts. 1980, S. 280ff.

82 Brief an Friedrich Schlegel vom 5. April 1800. In: Schr. IV, S. 330.

83 So heißt es zu Beginn des zweiten Teils im HvO: "Es bricht die neue Welt herein / Und verdunkelt den hellsten Sonnenschein(,)/ Man sieht nun aus bemooßten Trümmern/ Eine wunderseltsame Zukunft schimmern (...) Alles muß in einander greifen/ Eins durch das Andre gedeihn und reifen;/ Jedes in Allen dar sich stellt/ Indem es sich mit ihnen vermischet/ Und gierig in ihre Tiefen fällt/ Sein eigenthümliches Wesen erfrischet/ Und tausend neue Gedanken erhält/ Die Welt wird Traum, der Traum wird Welt..." (Schr. I, S. 318f).

84 Schr. II, S. 545 (Nr. 105): "Die Welt muß romantisirt werden. (...) Romantisiren ist nichts, als eine qualit(ative) Potenzirung."

85 HvO, Schr. I, S. 289.

86 HvO, Schr. I, S. 256 bzw. S. 281.

Erfahrung durch Betrachtung gewinnen, aus einer Sekuritätsposition. Das Bild vom Wohnzimmer ist eines dafür. Letztlich ist es auch eines für den Leser, weil er durch den Roman nicht zu einem in die Handlung Verstrickten, Identifizierten gemacht wird. Er wird wie Heinrich zum Betrachter. Wie dieser kann er die "Verhältnisse mit der weiten Welt" überblicken - von seinem Wohnzimmer aus. Damit bleibt ihm ebensowenig wie Heinrich ein bloß passives Verhalten.[87] So wie der Dichter die "große Welt verjüngt" darstellen, also produktiv gestaltend tätig wird - ähnlich heißt es in den 'Hemsterhuis-Studien': "Wir *wissen nur*, insoweit *wir machen*"[88] - so ist dieser produktive Prozeß einer, der nicht nur auf der Handlungsebene des Romans beschränkt bleibt, sondern einen Leser verlangt, der "recht ließt":

> "Wenn man recht ließt, so entfaltet sich in unserm Innern eine wirckliche, sichtbare Welt nach Worten."[89]

---

87 Auch Ulrich Stadler hat mehrfach darauf hingewiesen, daß die schlichte Charakterisierung von 'actio' und 'contemplatio' für den tätigen bzw. den betrachtenden Weg zu undifferenziert ist. Vgl. U. S.: Die theuren Dinge, a.a.O., S. 202ff, 215f, 221f. In dieser Arbeit wird sich das vor allem an der Figur des Bergmanns zeigen, der Elemente beider Traditionen zu vereinigen vermag.

88 Schr. II, S. 378 (Nr. 39). Vgl. auch in den 'Lehrlingen zu Sais' den Begriff der "schaffenden Betrachtung" als Einheit von Wissen und Machen. (Schr. I, S. 101).

89 Schr. III, S. 377 (Nr. 618).
Friedrich A. Kittler (Literatur und Literaturwissenschaft als Word Processing. In: Germanistik - Forschungsstand und Perspektiven. Hrsg. von Georg Stötzel. Bd. 2. Berlin/New York 1985, S. 410ff) sieht in diesem "halluzinatorischen Lesen" die Funktion romantischer Ästhetik im allgemeinen und die des 'Ofterdingen' im besonderen. In seiner anregenden Betrachtung des Romans erscheint im Rückgang auf die Materialität und Medialität von Literatur HvO als Paradigma eines Diskurses über Datenverarbeitung: "Um 1800 (...) etablierte sich (Dichtung/H.G.) als ein Medium, das Worte in Blumen und Blumen in Frauen verwandeln konnte - nicht technisch, aber psychologisch, nicht durch Maschinen, aber durch menschliche Interfaces. (...) Der Roman (=HvO/ H.G.) hat bekanntlich kaum Handlung. Statt dessen führt jedes Kapitel, zumal im ersten und vollendeten Teil, Nachrichtenquellen der Zeit vor. Historie spricht, Archäologie spricht, Bergbau, Politik und Ökonomie sprechen, Poetik und Romantik nicht zu vergessen.(...) Wissensformen, die vor der allgemeinen Alphabetisierung entweder auswendig gelernt oder von Spezialisten aus Folianten entziffert werden mußten, geben sich einem historisch neuen Verstehen hin, dessen Sinn (nach der Generalthese des Romans) im Verstehenden selber liegt. (...) Ver-

"Der wahre Leser muß der erweiterte Autor seyn. Er ist die höhere Instanz, die die Sache von der niedern Instanz schon vorgearbeitet erhält."[90]

"Heinrich von Ofterdingen. ... Das Ganze soll eine Apotheose der Poesie seyn, es sind indessen vor der Hand herrliche Bergmannsträume..." (F. Schlegel an F. Schleiermacher.(Schr. IV, S. 655)

2. Der Bergmann: Versuch einer Einordnung

Eine wichtige Station in Heinrichs Reise, ja die zentrale im ersten Teil[91], stellt im fünften Kapitel die Begegnung mit dem Bergmann dar. Zur Analyse dieses Abschnitts sind mit dem ausführlichen Eingehen auf die Kaufleute im voranstehenden Kapitel bereits wichtige Voraussetzungen geschaffen. Die Themen Ökonomie ('Bastard-Handelsgeist') und Kunst, die dort zentral thematisiert wurden, werden uns auch im Zusammenhang mit dem Bergmann beschäftigen. Als unmittelbare Anknüpfung bieten sich dabei zwei Fragestellungen an, die zugleich Versuche einer Charakterisierung und Einordnung der Bergmannsfigur im 'Ofterdingen' sind:

a) Zum einen ist das die Frage nach dem historischen Standort dieser Figur, d.h. nach den ökonomischen Verhältnissen und bewußtseinsgeschichtlichen Positionen, die er repräsentiert. Die Frage danach, welche Stellung der Bergmann in diesem Roman der "produktiven Ungleichzeitigkeiten" einnimmt im Span-

---

walten und Umschreiben, was Wissenschaften geschrieben haben, ist das Geschäft von Dichtung bei Novalis."(S. 414ff) "Wie um diese Innovation der Lektüretechniken zu beweisen, hat der *Ofterdingen* lauter Interpretationen erfahren; sein Plot aber bleibt schlicht und einfach Datenverarbeitung."(S. 415).

90 Schr. II, S. 470 (Nr. 125).

91 Vgl. Erläuterungen der Hrsg. In: Schr. I, S. 629.

nungsfeld zwischen den avancierten Kaufleuten und dem mittelalterlichen Hofkaplan. Das Problem Mittelalter oder Moderne als Romanzeit wird hier erneut zu diskutieren sein.

b) Zum anderen soll hier die Unterscheidung der 'Zwei Welten / Wege / Menschentypen zugrundegelegt und gefragt werden, inwieweit der Bergmann mehr den geschäftigen oder eher den betrachtenden Menschen zuzuordnen ist, und wie er zu den Bereichen Kunst/Traum auf der einen und zum "Bastard des ächten, schaffenden Handelsgeistes" auf der anderen steht.

Beidesmal verbietet eine sorgfältige Analyse des Textes eine rasche und eindeutige Zuordnung, beidesmal ergeben die Fragen aber, wie ich meine, den entscheidenden Schlüssel zum Verständnis dieses Kapitels und der Bergbaumotive im Roman.

2.1 Der Bergmann zwischen Tradition und Aufklärung/Moderne

Der Bergmann im 'Ofterdingen' taucht in einer Gegend auf, wo man offenbar mit seinem Gewerbe wenig vertraut ist. Er fällt auf: In fremder Tracht, aus "fremden Landen" stammend, erscheint er den Ansässigen seltsam und erweckt ihre Neugierde. Er erinnert damit in mancher Hinsicht an den geheimnisvollen Fremden, der Heinrich und zuvor seinem Vater begegnet war.[92]

---

92 Vgl. HvO, Schr. I, S. 195ff und Abschnitt III, Kap. 1.2. dieser Arbeit. Die Figur des geheimnisvollen Fremden taucht in Novalis' Werk bereits in den 'Lehrlingen zu Sais' auf. Dort erscheint im Märchen von Hyacinth und Rosenblüte ein Mann "aus fremden Landen gegangen, der war erstaunlich weit gereist, hatte einen langen Bart, tiefe Augen, entsetzliche Augenbrauen, ein wunderliches Kleid mit vielen Falten und seltsame Figuren hineingewebt. (...) So viel man nachher vernahm, so hat er viel von fremden Ländern, unbekannten Gegegenden, von erstaunlich wunderbaren Sachen erzählt, und ist drey Tage dageblieben, und mit Hyancinth in tiefe Schachten hinuntergekrochen."(Schr. I, S. 93).

"Die Leute nannten ihn einen Schatzgräber. Er sprach aber sehr bescheiden von seinen Kenntnissen und seiner Macht, doch trugen seine Erzählungen das Gepräge der Seltsamheit und Neuheit."[93]

Diese Erzählungen haben seine Lebensgeschichte zum Inhalt und dabei vor allem seinen Weg zum Beruf des Bergmanns. "Neugierde" und "unaussprechliches Vergnügen" hätten ihn schon von Jugend an getrieben, das unterirdische Reich zu erforschen; die Befriedigung dieses Wunsches habe er dann endlich im Gewerbe des Bergbaus gefunden, das er in Eula kennenlernte.[94] Die zunehmende Konkretisierung und Bewußtwerdung seiner eigentlichen Bestimmung schlägt sich in der sprachlichen Gestaltung des Kapitels nieder - die Erzählungen des Bergmanns gehen nach dessen Bericht über den Aufbruch nach Eula von der indirekten in die direkte Rede über.[95] Mit großer Euphorie schildert er im weiteren, wie er zusammen mit seinen Kollegen, die ihm "wie unterirdische Helden vorkamen", in die "verborgenen Schatzkammern der Natur" absteigt, um den "König der Metalle", das Gold, aus seinen "festen Gefängnissen" zu befreien.[96] Dabei leiten ihn keine wirtschaftlichen Interessen, der Bergmann arbeitet für den Landesherrn.[97]

---

93 HvO, Schr. I, S. 239.

94 Vgl. HvO, Schr. I, S. 242: "Es läßt sich auch diese volle Befriedigung eines angebornen Wunsches, diese wundersame Freude an Dingen, die ein näheres Verhältniß zu unserm geheimen Daseyn haben mögen, für Beschäftigungen, für die man von der Wiege an bestimmt und ausgerüstet ist, nicht erklären und beschreiben. Vielleicht daß sie jedem Andern gemein, unbedeutend und abschreckend vorgekommen wären; aber mir scheinen sie so unentbehrlich zu seyn, wie die Luft der Brust und die Speise im Magen."

95 Vgl. HvO, Schr. I, S. 240 und vgl. Johannes Mahr: Übergang zum Endlichen. Der Weg des Dichters in Novalis' 'Heinrich von Ofterdingen'. Diss. Würzburg 1968, S. 128.

96 HvO, Schr. I, S. 241ff.

97 Anthony Phelan weist in seinem Aufsatz ('Das Centrum das Symbol des Goldes': Analogy and money in *Heinrich von Ofterdingen*. In: German Life and Letters. Heft 4, Jg. 37, Juli 1984, S. 307ff) darauf hin, daß der Bergmann das Gold für eine symbolische Verwendung fördern will: um Schmuck an "königlichen Kronen und Gefäßen" und "an heiligen Reliquien" herzustellen und Münzen, die "die Welt beherrschen und leiten" mögen (HvO, Schr. I, S. 242). Bei der Nutzung des Goldes für Münzen ist jedoch eine wichtige Unter-

"Arm wird der Bergmann geboren, und arm gehet er wieder dahin. (...) er genießt seinen kärglichen Lohn mit inniglichem Danke, und steigt jeden Tag mit verjüngter Lebensfreude aus den dunkeln Grüften seines Berufs."[98]

So wie dem Herzog ist der Bergmann auch der Kirche und dem Glauben verpflichtet, und er wird nicht müde zu betonen, wie hervorragend gerade sein Berufsstand der Offenbarung "himmlische(r) Weisheit und Fügung" nahe sei.[99]

Mit diesen Selbstbeschreibungen scheint geradezu der Prototyp eines traditionellen Bergmanns charakterisiert. Das enorme Standesbewußtsein, das in vorgestellten Liedern und der eigenen bergmännischen Sprache zum Ausdruck gebracht wird, und sein hohes Ansehen bei den anderen können - eingedenk des Kapitels zur Bergbaugeschichte - als Kennzeichen vorindustrieller bergbaulicher Blütezeit gelten. Dem entspricht auch die Vorstellung des Berufs im Sinne von Berufung, Prädestination, die der Bergmann im Roman für sich in Anspruch nimmt. So steht zwar die Anwendung der 'vocatio' auf weltliche Arbeit schon in der neuzeitlichen Tradition Luthers und Calvins, aber ist in seinem Falle noch weit entfernt von der protestantisch kapitalistischen Berufsethik, wie sie Max Weber kennzeichnete, in der 'innere Berufung' zugunsten weltlicher Pflichterfüllung und innerweltlicher Askese zurückgedrängt wird.[100] Die asketisch genügsame Haltung des Bergmanns im 'Ofterdingen' ist von anderer Art als die "wache rational beherrschte Lebensführung und Vermeidung aller Hin-

---

scheidung zu beachten: "These coins, we may note, are not alloyed, they are respected and, the suggestion seems to be stable in the sense that their face value corresponds to their value by weight. In this quality they rule and lead the world, as instruments of the one whose image they bear. (...) At the moment when gold in any form is perceived in relation to an individual as a *possession*, it becomes the source of false appearances..."(Ebd., S. 308f).

98 HvO, Schr. I, S. 244f.

99 HvO, Schr. I, S. 244.

100 Vgl. C. Rendtorff: Artikel 'Beruf'. In: HistWbPhil, Bd. 1, S. 1971, Sp. 833ff.

gabe an die Schönheit der Welt oder die Kunst"[101], denn beides weiß er sehr wohl zu schätzen. Sie knüpft vielmehr an die - bei Novalis christlich gewendete - archaische und alchimistische Vorstellung vom Bergbau als 'Geburtshilfe' an, was eine besondere Verantwortung und Reinheit der Arbeitenden verlange.[102] Diese alte Vorstellung findet im Roman nun interessanterweise besonders in Hinsicht auf die Ökonomie - und zwar auf eine sehr fortgeschrittene - ihre Anwendung, und Heinrich hört so aus dem Munde des Bergmanns ein gehöriges Maß an Kapitalismuskritik:

> "Er (der Bergmann/ H.G.) begnügt sich zu wissen, wo die metallischen Mächte gefunden werden, und sie zu Tage zu fördern; aber ihr blendender Glanz vermag nichts über sein lautres Herz. Unentzündet von gefährlichem Wahnsinn, freut er sich mehr über ihre wunderlichen Bildungen, und die Seltsamkeiten ihrer Herkunft und ihrer Wohnungen, als über ihren alles verheißenden Besitz. Sie haben für ihn keinen Reiz mehr, wenn sie Waaren geworden sind, und er sucht sie lieber unter tausend Gefahren und Mühseligkeiten in den Vesten der Erde, als daß er ihrem Rufe in die Welt folgen, und auf der Oberfläche des Bodens durch täuschende, hinterlistige Künste nach ihnen trachten sollte.(...) Die Natur will nicht der ausschließliche Besitz eines Einzigen seyn. Als Eigenthum verwandelt sie sich in böses Gift, was die Ruhe verscheucht, und die verderbliche Lust, alles in diesen Kreis des Besitzers zu ziehn, mit einem

---

101 Max Weber: Wirtschaft und Gesellschaft. Grundriß der verstehenden Soziologie <1956>. Hrsg. von Johannes Winkelmann. Bd. 1, Köln/ Berlin 1964, S. 433.

102 Vgl. dazu vor allem die Arbeit von Mircea Eliade: Schmiede und Alchemisten. Stuttgart ^{2}1980, S. 60f. Die Vorstellung vom Bergbau als Geburtshilfe ergibt sich aus dem Glauben an eine belebte 'Mutter Natur'. Ihre Schätze zu bergen, kommt der Beschleunigung eines organischen Wachstums gleich und erfordert darum größte Vorsicht und Verantwortung bei den Beteiligten (Metallurg, Schmied, Bergmann). Rituelle Vorgänge im Zusammenhang mit deren Arbeit, wie Gebet, Meditation und Askese deutet Eliade entsprechend als Tribut an diese Verantwortung. Vgl. dazu ausführlicher auch den Schlußabschnitt dieser Arbeit (VI, Kap. 4).
Von Novalis ist bekannt, daß er sich in der Zeit vor Abfassung des HvO ausführlich mit Alchimie beschäftigte. Vgl. etwa seine diesbezüglichen Äußerungen im Brief an Friedrich Schlegel vom 26.12.1797: "Daß wir uns sehn könnten! Meine und Deine Papiere gegen einander auswechseln! Du würdest viel Theosophie und Alchymie finden."(Schr. IV, S. 242) Vgl. auch die Liste der von ihm in Freiberg entliehenen einschlägigen Bücher im 'Ersten Chymischen Heft' vom Juni 1798. (Schr. III, S. 34f).

Gefolge von unendlichen Sorgen und wilden Leidenschaften herbeylockt."[103]

Diese Ausführungen des Bergmanns gehören - zusammen mit dem Blütenstaubfragment Nr. 13[104] - zu den meist diskutierten der Forschung. Allzuleicht werden sie jedoch mit Novalis' 'Auffassung vom Gelde' unmittelbar identifiziert[105] und der Autor, wie Bloch einmal schrieb, "einer Art vorkapitalistischem Antikapitalismus"[106] zugeordnet oder, noch forcierter, als direkter Vorläufer von Marx, Bloch oder Marcuse gekennzeichnet.[107] Tatsächlich hat Novalis, wie Jochen Hörisch es formulierte, die "Verschränkung von Waren-, Geld- und Erkenntnislogik (...) präziser als irgendeiner seiner Zeitgenossen vermerkt".[108]

---

103 HvO, Schr. I, S. 244f.

104 Vgl. Schr. II, S. 417: "Die Natur ist Feindin ewiger Besitzungen. Sie zerstört nach festen Gesetzen alle Zeichen des Eigenthums, vertilgt alle Merkmale der Formazion."

105 Vgl. etwa Renate Vonessen: Natur und Entfremdung. Der Eigentumsbegriff bei Novalis im Anschluß an das "Blütenstaub"-Fragment Nr. 13. Diss. Freiberg. i. Br. 1974, S. 90: "In seinen (des Bergmanns/ H.G.) Reden finden sich Novalis tiefste Gedanken zum Eigentum, ja vielleicht darf man sagen, daß Novalis' Idee des Eigentums in der dichterischen Gestalt des Bergmanns, zur vollkommenen Anschauung kommt."

106 Ernst Bloch nennt Novalis dabei im Zusammenhang mit seiner Interpretation von Fichtes geschlossenem Handelsstaat. Vgl. E. B.: Das Prinzip Hoffnung <1959>. Bd. II, Frankfurt/ M. [5]1978, S. 642.

107 Vgl. vor allem Richard Faber: Die Phantasie an die Macht, a.a.O. und Wolfgang Kloppmann: Eine materialistische Lektüre, a.a.O., S. 222ff.

108 J. H.: Übergang zum Endlichen, a.a.O., S. 230. Vgl. auch Schr. III, S. 378ff zum Geld und "geltenden Sätzen":
"Die W<issenschafts>L<ehre> oder die reine Phil<osophie> ist das Relationsschema der W<issenschaften> überhaupt. Sie entsteht aus dem Einfall statt würcklicher nahmhafter, individ<ueller>Dinge - *allg<emeine> Dinge, denen jedes Ding substituirt werden kann* (vid. Begr.<iff> v<on> Geld) (...) Constructions oder *Verhältnißformeln wurden - allg<gemein> Geltende Sätze*. (Der Streit zwischen Id<ealism> und dogm<atism> ist wie das Steigen und Fallen von Gold und Silber.) Mit der Anhäufung d<es> Einen fängt d<as> Andre an seltner zu werden und wird gesucht - allmälich ist d<as> Gleichgewicht wieder da - neu häuft sich dies wieder an, und der umgek<ehrte> Process beginnt und so fort. *Diese Erscheinung entsteht aus der Behandlung dieser Gegenstände, als Waaren*. Der

Seine Kritik an Zirkulation und Tausch (nicht der Produktion) im 'Heinrich von Ofterdingen' ist durchaus mit Referenztheorien etwa von Alfred Sohn-Rethel oder Georg Simmel in Verbindung zu bringen.[109] Übersehen werden darf bei all dem jedoch nicht, wie schon im vorangegangen Kapitel über die Kaufleute deutlich geworden ist, daß Novalis' Haltung zum Geld- und Warenverkehr keineswegs nur ablehnend und widerspruchsfrei ist. So wie er gegen den Handelsgeist und die Kaufleute nicht nur polemisierte, sondern ihnen auch wichtige positive Funktionen zuschrieb, so erkannte er an anderer Stelle auch dem Gelde eine "belebende" Wirkung als reines Mittel zu.[110]

Eine solche Uneinheitlichkeit, wie sie anhand von verschiedenen Positionen zum Gelde in Novalis' theoretischen Ausführungen und innerhalb des Romans ausgemacht wurde, ist auch bezüglich der Charakterisierung des Bergmanns zu konstatieren[111]: Denn jenseits aller Diskussionen um Novalis' Geldtheorie im

---

gewinnt an Geld oder Ruhm, der diese Ebbe und Fluth und ihre Gesetze am besten kennt (...)."(Hervorhebungen H. G.).

109 Vgl. J. H.: Übergang zum Endlichen, a.a.O., S. 230f und Ulrich Stadler: Die theuren Dinge, a.a.O., S. 198ff und siehe dazu Georg Simmel: Philosophie des Geldes. Leipzig 1900 und Alfred Sohn-Rethel: Warenform und Denkform. Aufsätze. Frankfurt/M. / Wien 1971, S. 101ff.

110 Vgl. vor allem den 1. Dialog von 1798/99 über den Buchmarkt, z.B.:"Lieber - ist nicht das Geld zum Beleben da-? Warum soll es nun nicht auch diesem Bedürfniß unsrer Natur dienen, den Sinn für Gedanken beseelen und befriedigen?" (Schr. II, S. 662). Vgl. auch Ulrich Stadler: Die Auffassung vom Gelde bei Friedrich von Hardenberg. In: Romantik in Deutschland. Hrsg. von Richard Brinkmann. Stuttgart 1978, S. 148: "Angesichts dieser uneinheitlichen, widersprüchlichen Haltung Hardenbergs gegenüber dem Gelde - lassen sich verschiedene Positionen einnehmen. Man kann eine einzige Einstellung zum Gelde - die positive oder die negative - zur 'eigentlichen' Auffassung des Autors deklarieren und alles einer solchen Einschätzung Widerstrebende als unerheblich übergehen oder als Unklarheit, Unausgereiftheit der Ansichten eines Frühverstorbenen einstufen. Man kann aber auch - und das soll hier geschehen - den Widerspruch als notwendigen Ausdruck begreifen, in welchem die Hardenbergsche Reflexion über das Geld ihre Form gefunden hat."

111 Ulrich Stadler hat in seiner Analyse eine genaue Betrachtung des Bergmanns ausgespart, weil er meinte, daß sich dabei keine neuen Gesichtspunkte ergäben (Die theuren Dinge,

Einzelnen kann festgestellt werden, daß die oben zitierten kritischen Äußerungen des 'Ofterdingen'-Bergmanns dessen Einordnung als 'mittelalterlich' nicht länger zulassen. Eine solche Analyse nämlich, wie sie der Bergmann dort von der Tauschwertabstraktion und dem Warenfetischismus liefert, kann - auch wenn sie aus einer scheinbar rückständigen Position entwickelt wurde - nur in Kenntnis und Abarbeitung fortgeschrittener kapitalistischer Verhältnisse (soweit man um 1800 davon sprechen kann) gewonnen werden. Sie setzt modernes Bewußtsein voraus.[112]

Es erweist sich vor diesem Hintergrund nachgerade als falsch, im Bergmann des Romans den "mittelalterliche(n) Menschen", den "Menschen alten Schlages, noch unangegriffen von *gefährlichem Wahnsinn*", zu sehen, wie Gerhard Schulz dies tut[113], der ferner behauptet, damit würde "die geistige Einengung der unteren Klassen im damaligen Deutschland" zum Ausdruck gebracht.[114] Daß eine solche "geistige Einengung" und gewisse Rückständigkeit sich gerade im Bergbau noch bis weit ins 19. Jahrhundert hinein verfolgen läßt, ist nicht zu bestreiten und deckt sich mit meinen Ausführungen im voranstehenden Abschnitt über die Montangeschichte. Noch 1826 reagierte Heinrich Heine in seiner Beschreibung der Klausthaler Bewohner auf solche Verhältnisse und zeichnete ein satirisch-treffendes Bild von dem "stillstehend ruhig(en)" aber "wahrhaften" Leben der ansässigen Bergleute und ihrer politischen Naivität und Unmündigkeit:

---

a.a.O., S. 146). Dagegen versuche ich im folgenden zu zeigen, daß sich gerade an dieser Figur die Logik von Novalis' uneinheitlichen Konstruktionen nachweisen läßt.

112 Vgl. in diesem Sinne auch Hans Joachim Beck, der in anderem Zusammenhang gegen die Kennzeichnung der Mittelalterlichkeit einwendet, "...daß die (...) das Mittelalter charakterisierenden Momente (...) Projektionen aus der Perspektive des modernen Erzählers darstellen." (H. J. B.: Oeconomie des Stils, a.a.O., S. 171).

113 G. S.: Novalis und der Bergbau, a.a.O., S. 251. Auch Wolfgang Kloppmann geht letzlich von einer *einheitlichen* mittelalterlichen Bergmannsfigur aus, auch wenn er darin eine Zukunftsprojektion sieht: "Der mittelalterliche Mensch und seine gesellschaftlichen Verhältnisse sind Verheißungen einer Zukunft, die nicht Reproduktion der Vergangenheit ist." (W. K.: Eine materialistische Lektüre, a.a.O., S. 234).

114 Ebd., S. 252.

"Mein Cicerone (ein Bergmann/ H.G.) selbst war eine kreuzehrliche, pudeldeutsche Natur. Mit innerer Freudigkeit zeigte er mir jene Stolle, wo der Herzog von Cambridge, als er die Grube befahren, mit seinem ganzen Gefolge gespeist hat, und wo noch der lange hölzerne Speisetisch steht, so wie auch der große Stuhl von Erz, worauf der Herzog gegessen. Dieser bleibe zum ewigen Andenken stehen, sagte der gute Bergmann, und mit Feuer erzählte er: wie viele Festlichkeiten damals statt gefunden, (...) wie der vergnügte, liebe, dicke Herzog sehr viele Gesundheiten ausgetrunken habe, und wie viele Bergleute, und er selbst ganz besonders, sich gern würden tot schlagen lassen für den lieben, dicken Herzog und das ganze Haus Hannover. - Innig rührt es mich jedesmal, wenn ich sehe, wie sich dieses Gefühl der Untertanstreue in seinen einfachen Naturlauten ausspricht. Es ist ein so schönes Gefühl! Und es ist ein so wahrhaft deutsches Gefühl!"[115]

Ein Vergleich dieser Heine-Charakterisierung mit der Gestalt des Bergmanns, wie Novalis sie im Roman entwirft, macht schlagend deutlich, wie modern jener ist. Die Fortschrittlichkeit des 'Ofterdingen'-Bergmanns offenbart sich dabei nicht nur an seinen Analysen moderner ökonomischer Phänomene, sondern vor allem auch in seinem Umgang mit der Natur:

Im Roman erscheint der Bergmann gegenüber den ortsansässigen Handwerkern und Bauern als souverän aufgeklärt. Er kennt keine Angst, die Höhlen zu betreten, die für die Bewohner der Gegend bislang Tabu waren - "fürchterliche Sagen von Drachen und andern Unthieren, die darinn hausen sollten", hielten sie zurück. Er dagegen "schien ihnen keinen großen Glauben beyzumessen"[116]

115 H. H.: Die Harzreise. In: Gesamtausgabe, a.a.O., Bd. 6, S. 95. Vgl. dazu Norbert Altenhofer: Harzreise in die Zeit. Zum Funktionszusammenhang von Traum, Witz und Zensur in Heines früher Prosa. (=Schriften der Heinrich-Heine Gesellschaft 5) Düsseldorf 1972. N. A. wendet sich in seiner Interpretation der 'Harzreise' gegen Deutungen, die diese frühe Prosa als Flucht "aus der konventionellen Gesellschaft in die Ursprünglichkeit der Natur" werten, und zeigt, daß dies die höchst artifizielle rhetorische Struktur der Natur- und Milieubeschreibungen übersieht. So schreibt z.B. mit Bezug auf den Bergbau Hans Jürgen Geerdts: "Echtes menschliches Empfinden fand er (Heine / H.G.) dagegen bei den einfachen Menschen der Harzbevölkerung, bei den Bergleuten und Hirten, zu deren schlichtem Leben er sich hingezogen fühlte."(Zitiert nach N. A., S. 10).

116 HvO, Schr. I, S. 251.

und weiß alle Mythen mit Vernunft aufzuklären: Die Knochen am Höhleneingang deutet er als Zeichen praehistorischen Lebens und die Schauergeschichten über eine angeblich geisterhafte Gestalt und deren Gesänge werden von ihm mit der Entdeckung des Einsiedlers ad absurdum geführt.[117] Daß sich die Bauern trotz aller Plausibilität seiner Erklärungen nicht überzeugen lassen[118], zeigt, wie fremd, wie *modern* ihnen solches Denken ist. Die Fremdheit seiner Erscheinung, die gleich zu Anfang beschrieben wurde, erhält hier einen neuen Aspekt: Fremd ist den Bewohnern die weitreichende Aufgeklärtheit des Bergmanns und nicht seine (nur scheinbar geheimnisvolle) Undurchschaubarkeit. Denn dies wird, wie Johannes Mahr richtig feststellt, im Laufe der Erzählung "genau und restlos erklärt"[119]: Die fremde Kleidung erklärt sich aus seinem Beruf, die fremde Gegend erweist sich als das Nachbarland Böhmen, sein Alter läßt sich bestimmen, er nennt seinen Namen, schildert seine Familienverhältnisse und sogar der Ort, in dem er lebt, Eula, wird genannt.[120] Damit bekommt der Bergmann, das sei nebenbei erwähnt, einen Grad von Bestimmtheit, der im Roman nur wenigen Personen vergönnt ist, und der ihn z.B. von dem anonymen 'Kollektiv Kaufleute' deutlich abhebt.

---

117 HvO, Schr. I, S. 253ff.

118 Vgl.: "...den Bauern war nicht wohl dabey zu Muthe, (...) so überzeugend ihnen auch der Alte die Zeichen (...) aufwies, und sie fragte, ob sie je etwas von Verwüstungen unter ihren Heerden und vom Raube benachbarter Menschen gespürt hätten (...)? Der Alte wollte nun weiter in den Berg, aber die Bauern fanden für rathsam sich vor die Höhle zurückzuziehn, und dort seine Rückkunft abzuwarten." (HvO, Schr. I, S. 253). Bezeichnenderweise gehen die Kaufleute als Repräsentanten der 'neuen Zeit' ohne Furcht mit in die Höhle.

119 J. M.: Übergang zum Endlichen, a.a.O., S. 123. Etwas unbestimmt sieht J. M. die Fremdheit und Seltsamkeit der Bergmannserzählungen "nur in ihrer 'Neuheit'" begründet. 'Neuheit' muß hier vor allem Aufgeklärtheit heißen. Während der Bergmann auf die Einheimischen fremd und neuartig wirkt, erscheint er Heinrich fremd und zugleich *vertraut*. Vgl. dazu im weiteren Kap. 3 in diesem Abschnitt..

120 Vgl. HvO, Schr. I, S. 239ff.

Das Bild des Bergmanns im 'Heinrich von Ofterdingen', so ergab sich in unseren Betrachtungen, geriet zusehens disparater, es enthält mittelalterliche Züge sowohl wie aufgeklärt-moderne. Angesichts der im voranstehenden Abschnitt dargelegten Ungleichzeitigkeiten und regionalen Differenzen in der Montangeschichte, dem Nebeneinander traditioneller und moderner Elemente im Bergbau des frühen 19. Jahrhunderts, lagen die Anknüpfungsmöglichkeiten einer solchen *Konstruktion* nahe. Novalis' literarischer Bergmann geht in seiner Vielschichtigkeit aber noch über jede real bestehende Disparatheit hinaus. Ein solcher Einordnungsversuch will damit nicht nachweisen, daß das Montanwesen im Roman unrealistisch dargestellt wird - das ist Konsens in der Forschung und schon beinahe banal. Meist wird hervorgehoben, daß das ganze Bergbaukapitel ohnehin nur allegorisch und symbolisch zu deuten sei[121], die Natur sei es ja, der Heinrich in Gestalt des Bergmanns begegne.[122] Gerade wenn dem so ist, lohnt aber der genaue Blick auf die verschiedenen und widersprüchlichen Momente der Konstruktion des 'Ofterdingen'-Bergmanns. Eine Konstruktion, die angesichts Novalis' hervorragender Kenntnis auf dem Gebiet des Montanwesens weder aus Zufall noch in Verklärungsabsicht entstand. Novalis hat vielmehr mit Kalkül einen Bergmann geschaffen, der "mehr als einen gemeinen Bergmann vorstellt"[123]: Modern, d.h. aus der Gegenwart um 1800, erscheint er immer dann, wenn es um Einsichten in die Gesetzmäßigkeiten der Natur und die Ökonomie geht, traditionell, wenn es um sein Verhältnis zur Arbeit, zur Religion und um die Praxis seiner Naturnutzung geht. Durch diese Konstruktion wird eine Distanz zur alten wie neuen Zeit gleichermaßen geschaffen, die

121 Vgl. etwa Richard Samuel: Novalis Heinrich von Ofterdingen. In: Der deutsche Roman. Vom Barock bis zur Gegenwart. Struktur und Geschichte. Hrsg. von Benno v. Wiese. Düsseldorf 1963, S. 268: "Was in Heinrich aufgeschlossen wird, ist niemals die Sache selbst, sondern ihr Geist (...)". Vgl. ähnlich auch Armand Nivelle: Der symbolische Gehalt des 'Heinrich von Ofterdingen'. In: Revue les langues vivantes. Bd. 16, 1950, S. 412.

122 Klingsohr wird dies für Heinrich später zusammenfassen: "... die Natur und Geschichte sind Euch unter der Gestalt eines Bergmanns und eines Einsiedlers begegnet."(HvO, Schr. I, S. 283).

123 HvO, Schr. I, S. 243.

weitreichende Kritik ermöglicht: an unaufgeklärtem Denken einerseits, an ungehemmter Naturaneignung andererseits.

Damit wird einmal mehr die 'produktive Ungleichzeitigkeit' des Romans als Struktur bestätigt. Das Entstehen eines Neuen - hier des besonderen Bergmanns - aus verschiedenen Elementen korrespondiert zudem eng mit der zeitgenössischen dynamistischen Wissenschaftsauffassung, vor allem der Chemie. Peter Kapitza hat in seiner aufschlußreichen Studie über die frühromantische Theorie der Mischung gezeigt, wie diese Vorstellung für die Künste und Wissenschaften adaptiert wurde.[124] Das Hervorbringen einer neuen Welt durch Mischung und Neuorganisation schon vorhandener Elemente scheint mir als Struktur nicht nur für die Utopie des 'goldenen Zeitalters' (vgl. III, Kap. 1.3), sondern gerade auch für die Konstruktion des Bergmanns grundlegend. Insofern können alle Versuche, den Bergmann als einheitlich - ob modern oder mittelalterlich - zu charakterisieren, nicht überzeugen: der Schlüssel liegt in der "Mixtur" aus beiden Aspekten, was freilich nur vom Standpunkt eines echten "Chymisten" aus erkannt werden kann:

> "A: Am Ende ist Ihr Recept doch nicht das, was ich suche. Sie verordnen eine Mixtur durch *Verdünnung* (...)
>
> B: Lieber, sie sind kein Chymist, sonst würden sie wissen, daß durch ächte Mischung ein *Drittes* entsteht, was beydes zugleich, und mehr, als Beydes einzeln ist."[125]

---

124 Vgl. P. K.: Die frühromantische Theorie der Mischung. Über den Zusammenhang von romantischer Dichtungstheorie und zeitgenössischer Chemie. (=Münchner Germanistische Beiträge Bd. 4) München 1968.

125 Schr. II, S. 666f (3. Dialog).

Eine differenzierte Sichtweise ist auch bei dem zweiten Charakterisierungsversuch angezeigt - der Zuordnung des Bergmanns zu den ruhig Betrachtenden oder den geschäftig Handelnden - denn auch in dieser Hinsicht haben wir es mit einer eigentümlichen 'Mischung' zu tun: Obgleich kein Dichter, und schon von Berufswegen auf mühevolle Arbeit, Ausdauer und Fleiß angewiesen[126], ist er deshalb doch nicht einfach den Kaufleuten, den Menschen, "die zur Geschäftigkeit geboren sind"[127], zu subsumieren.[128] Von ihnen unterscheidet sich der Bergmann nämlich nicht nur durch sein engagiertes Plädoyer gegen die Verdinglichung (s.o), sondern auch durch ein grundlegend anderes Kunstverständnis und die Möglichkeit ästhetischer Erfahrung. Eine erste Differenz zeigt sich schon bei seinen Ausführungen zur Bedeutung des Liedguts für den Bergmannsstand:

> "...Gesang und Zitherspiel gehört zum Leben des Bergmanns, und kein Stand kann mit mehr Vergnügen die Reize derselben genießen, als der unsrige. Musik und Tanz sind eigentliche Freuden des Bergmanns; sie sind wie ein fröliches Gebet, und die Erinnerungen und Hofnungen desselben helfen die mühsame Arbeit erleichtern und die lange Einsamkeit verkürzen."[129]

Nicht rauschhaftes Erleben und kompensatorische Feierabendunterhaltung wie bei den Kaufleuten kennzeichnen hier den Umgang mit der Musik, sondern

126 Mehrfach wird im Roman auf "unermüdliche Geduld", "hartnäckigen Fleiß", "beständige Wachsamkeit", "Aufmerksamkeit", "Eifer und Beständigkeit" usw. als Voraussetzung für den Bergmannsberuf hingewiesen.(Vgl. HvO, Schr. I, S. 245ff).

127 HvO, Schr. I, S. 266.

128 Wie dies etwa Johannes Mahr (Übergang zum Endlichen, a.a.O., S. 141f) vorschlägt: "Wie schon das Leben beider Männer (des Einsiedlers und des Bergmanns / H.G.) einen Ausgleich getrennter Positionen darstellt, (...), so sind auch die Einsichten des Textes im Zusammenwirken beider gewonnen, im Gepräch zwischen dem Mann, dessen 'Tätigkeit die Betrachtung' und jenem, der 'zur Geschäftigkeit geboren' ist."

129 HvO, Schr. I, S. 246f.

eine enge Verbindung mit einem handwerklichen Arbeitsablauf und der Vermittlung von Erfahrungen, wie es Walter Benjamin für die Tradition des Erzählers beschrieben hat.[130] Musik und Tanz werden "wie ein fröhliches Gebet" erlebt und sind damit Teil ritueller Vorgänge, wie sie bei der täglichen Einfahrt praktiziert wurden.[131] Daß sie daneben "helfen die mühsame Arbeit erleichtern", ist eine schon in Agricolas 'De re metallica' von 1556 beschriebene Praxis, durch Gesang während der langen unterirdischen Aufenthalte die Müdigkeit zu bekämpfen.[132] Auch inhaltlich nehmen die Lieder, wie etwa die im Roman vorgestellten, belehrend oder preisend auf das Berufsfeld der Bergleute Bezug.[133] Ihre eingängige Machart - 'Bergmanns-Leben' wurde zu einem der populärsten Bergmannslieder[134] - rückt sie in die Nähe der Volkslieder und soll

---

130 Vgl. W. B.: Der Erzähler. Betrachtungen zum Werk Nikolai Lesskows <1936>. In: W. B.: Über Literatur. Frankfurt/M. 1975, S. 33ff. Für die Interpretation der Bergmannslieder im Spannungsfeld zwischen Mittelalter und Aufklärung scheinen mir einige Kriterien Benjamins durchaus übertragbar: "Seele, Auge und Hand sind (...) in einen und denselben Zusammenhang eingebracht. Ineinanderwirkend bestimmen sie eine Praxis (...) Jene alte Koordination von Seele, Auge und Hand (...) ist die handwerkliche, auf die wir stoßen, wo die Kunst des Erzählens zu Hause ist."(S. 60) Und vgl. S. 53: "Dabei ist allen großen Erzählern die Unbeschwertheit gemein, mit der sie auf den Sprossen ihrer Erfahrung wie auf einer Leiter sich auf- und abbewegen. Eine Leiter, die bis ins Erdinnere reicht und sich in den Wolken verliert, ist das Bild einer Kollektiverfahrung..." Benjamin hat den zunehmenden Verlust der Erzählkunst ja als Erfahrungsverlust begriffen, der vor allem mit dem Erleben des Ersten Weltkriegs beschleunigt wurde. Erste Anzeichen des Prozesses sah er jedoch bereits im Übergang zur Neuzeit mit dem Aufkommen des Romans.

131 Vgl. Gerhard Heilfurth: Das Bergmannslied. Eigenbesitz einer Berufsgemeinschaft. In: Der Anschnitt. Heft 3, Jg. 6, 1954, S. 10.

132 Vgl. die dtsch. Übersetzung von 1928. In: G. A.: Vom Berg- und Hüttenwesen. Ausgabe nach dem Orginal von 1556. München ^{2}1980 und vgl. Gerhard Heilfurth (Das Bergmannslied, a.a.O.), der Belege für diese Praxis noch im (verhältnismäßig späten) Kohlebergbau des Ruhrgebiets gefunden hat. "Selbstverständlich gehören diese Zeugnisse in die Zeit einer patriarchalischen Betriebsordnung. Jetzt läßt der durchrationalisierte Massenbetrieb keinen Raum mehr für eine solche Entfaltung gemüthafter und gemütlicher Äußerungen."(S. 10)

133 Vgl. HvO, Schr. I, S. 247ff.

134 A.W. Schlegel wählte die Überschrift für die Einzelveröffentlichung des ersten Bergmannsliedes im 'Musen-Almanach für 1802'. Das Gedicht ist später in mindestens 32

wohl der ursprünglichen, "kindlichen Stimmung", die den Bergleuten eigen sei[135], Ausdruck verleihen.

Mit all dem wird wieder an traditionelle Montanverhältnisse angeknüpft und schon dadurch eine Abgrenzung zu den Kaufleuten als Vertretern der 'neuen einförmigen' Zeit geschaffen. Noch deutlicher erscheint die Differenz zu diesen, wenn der Bergmann von seinen Erfahrungen mit den Dichtern spricht. Galten seine bisherigen Ausführungen zum Liedgut und zu den Gefahren der Naturaneignung dem ganzen Berufsstand[136], so profiliert er sich mit seinem Kunstverständnis einmal mehr als Bergmann, der "mehr als einen gemeinen Bergmann vorstellt"[137]. Er spricht nämlich, ebenso wie Heinrich, den Künsten einen bedeutenden Erkenntniswert zu:

> "Auch ich bin den Dichtern, sagte der Alte, von jeher deshalb zugethan gewesen. Das Leben und die Welt ist mir klarer und anschaulicher durch sie geworden. Es dünkte mich, sie müßten befreundet mit den scharfen Geistern des Lichtes seyn, die alle Naturen durchdringen und sondern, und einen eigenthümlichen, zartgefärbten Schleyer über jede verbreiten. Meine eigene Natur fühlte ich bey ihren Liedern leicht entfaltet, und es

---

Sammlungen bergmännischer Lieder eingegangen. Vgl. Erläuterungen der Herausgeber, Schr. I, S. 630 und Rolf Bongs: Novalis. Bergmannsleben. In: Der Anschnitt. Heft 1, Jg. 5, 1953, S. 4f.

135 HvO, Schr. I, S. 245 und vgl. ebenso S. 244: "...es giebt keine Kunst, die (...) die Unschuld und Kindlichkeit des Herzens reiner erhielte, als der Bergbau." Die scheinbare Schlichtheit der poetischen Einlagen im HvO schließt nicht aus, daß sie innerhalb des Romans höchst bedeutsame Funktionen im Sinne einer "Konzentrierung des Gehalts" einzelner Kapitelabschnitte haben. Vgl. Paul Kluckhohn zit. nach Gerhard Schulz: Die Berufstätigkeit Friedrich von Hardenbergs (Novalis) und ihre Bedeutung für seine Dichtung und seine Gedankenwelt. Diss. Leipzig 1958, S. 123f.

136 Diese Differenzierung ist aufschlußreich zu beobachten: Während sich der Kunstumgang der Bergleute offenbar nie aus der Einbindung in berufsbezogene Rituale löst, geht der Alte von der Erfahrung autonomer Kunst aus.

137 HvO, Schr. I, S. 244.

war, als könnte sie sich nun freyer bewegen (...) und tausenderley anmuthige Wirkungen hervorrufen."[138]

Die Möglichkeit, die Welt "klarer und anschaulicher" wahrzunehmen und die "eigene Natur" besser zu erkennen, ist dem Bergmann vertraut, denn er sieht in seinem Beruf diesselben Chancen gegeben: Durch die bewahrte "Kindlichkeit des Herzens" - ähnlich jener "kindlich unbefangenen Einfalt", die Heinrich so emphatisch vor den Kaufleuten verteidigt hatte (vgl. III., Kap. 1.3) - läßt sich ein Bergmann nicht von den oberflächlichlichen Weltgeschäften vereinnahmen. Die Kenntnis des Montankünste rüstet ihn zur "freudigen Erhebung über die Welt und ihre Bedrängnisse".[139] Hier nun liegt die Parallele zwischen diesem Beruf und der Kunst, dem Traum und der nichtempirischen Wissenschaft: Gemeinsam ist, daß von einer Position, die in gewisser Weise außerhalb des Weltlaufs steht, dieser gerade dadurch besser erkannt werden kann.[140] Diese Affinität in der Struktur der Erkenntnismöglichkeiten zwischen Kunst und Bergbau ist es, die den Alten so begeistert vom Zauber seiner Bergbauarbeit als "ernste(m) Sinnbild des menschlichen Lebens", sprechen läßt.[141] Bei seinen Zuhörern - mit Ausnahme Heinrichs und später des Einsiedlers[142] - stößt das auf ähnliches Unverständnis wie zuvor Heinrichs Rede für die "kindliche unbefangene Einfalt", die sicherer leite, "als die durch Rücksicht auf eigenen Vortheil irregeleitete (...) Klugheit".[143] Der Grund ist beidesmal derselbe: Die

138 HvO, Schr. I, S. 259f.

139 HvO, Schr. I, S. 241.

140 Gemeinsam ist dem Bergmann und dem Dichter bei solch besonderer Erkenntnis das Bekenntnis zu bescheidenen Lebensumständen, zu einem nach innen gerichteten Leben sowie einem unschuldig 'kindlichen Gemüt'- unterschieden sind sie beide durch die verschiedenen Wege dahin: dem Poeten erschließt sie sich unmittelbar, dem Bergmann durch Arbeit.

141 HvO, Schr. I, S. 246.

142 Dieser erkennt in den Bergleuten "beynah verkehrte Astrologen" (HvO, Schr. I, S. 260).

143 HvO, Schr. I, S. 208.

Kaufleute wie die Handwerker und Bauern kennen nur dieses instrumentelle Denken. Wie um das zu beweisen, wollen sie allesamt den Bergmann in ihre Nützlichkeitserwägungen einbeziehen:

> "Einer sagte: der Alte ist gewiß nicht umsonst hier. Er ist heute zwischen den Hügeln umhergeklettert und hat gewiß gut Anzeichen gefunden.(...) Wißt ihr wohl, sagte ein Andrer, daß wir ihn bitten könnten, eine Quelle für unser Dorf zu suchen? (...) Mir fällt ein, sagte ein dritter, daß ich ihn fragen möchte, ob er einen von meinen Söhnen mit sich nehmen will (...). Die Kaufleute redeten, ob sie vielleicht durch den Bergmann ein vortheilhaftes Verkehr mit Böhmen anspinnen und Metalle daher zu guten Preisen erhalten möchten."[144]

Solchem Ansinnen erteilt der Bergmann eine knappe aber deutliche Absage: "Dumpf und ängstlich" sei es in der "engen (!) Stube" geworden, wo alles Denken sich in beschränkten, vom eigenen Vorteil bestimmten Bahnen bewegt.[145] Der Bergmann leugnet dabei keineswegs die praktisch-nützlichen Funktionen seines Berufs, nur sollen diese eine untergeordnete Rolle einnehmen und vor allem nicht der privaten Aneignung dienen.[146] Zentral müsse die Erkenntnis an

144 HvO, Schr. I, S. 250f.

145 HvO, Schr. I, S. 251 / Hervorhebungen H.G. Vgl. dazu auch Schr. II, S. 449 (Nr. 77): "Grober Eigennutz ist das nothwendige Resultat armseliger Beschränktheit. Die gegenwärtige Sensazion ist die lebhafteste, die höchste eines Jämmerlings. Über diese kennt er nichts höheres. Kein Wunder, daß der durch die äußern Verhältnisse par force dressirte Verstand nur der listige Sklav eines solchen stumpfen Herrn ist, und nur für dessen Lüste sinnt und sorgt."

146 Positiv schildert der Bergmann das Heben der Schätze, wenn sie 'belebend' für die Gemeinschaft sind, als Werkzeug dienen: Zu symbolischen Zwecken für den Landesherrn und die Kirche oder als Geld, um ganze Gegenden in ein "blühendes Land" zu verwandeln.(HvO, Schr I, S. 243) Vgl. ähnlich S. 260: "... so kann der Bergmann überall seine Einsichten und seine Geschicklichkeit vermehren und mit nützlichen Erfahrungen seine Heymath bereichern."
Eine Vorstellung, die für Novalis offenbar auch in seinem Beruf als Salinenassesor maßgeblich war. So plädierte er für staatl. Salinennutzung, die intensiver als die private sei, "da sie gemeiniglich in den Händen der Privatleute unverantwortlich bewirthschaftet" werde (Schr. IV, S. 302) Hinweis bei Ulrich Stadler: Die theuren Dinge, a.a.O., S. 328.

den Dingen, "die ein näheres Verhältniß zu unserm geheimen Daseyn haben mögen", und ein von "Wißbegier und Liebe zur Eintracht" beseelter Umgang mit der Natur bleiben.[147] Dies ist dem Bergmann durch geduldige Arbeit - oder besser: *trotz* dieser profanen Arbeit - möglich. Arbeit und Erkenntnis, Mühsal und ruhige Betrachtung, vita activa und vita contemplativa - wieder disparate Bilder - werden von ihm vereinbar gedacht und damit wird letztlich auch eine Brücke zwischen den zwei Wegen/ Welten/ Menschentypen geschlagen. Im Novalis'schen Entwurf des Bergbaus treffen sie zusammen.[148]

Wieder handelt es sich bei diesem Entwurf um eine Konstruktion ('Mischung') aus einander widerstrebenden Elementen. Wie deren Verbindung zu einer Einheit gedacht wird, soll im folgenden am Verhältnis des Bergmanns zur Natur näher beleuchtet werden. Zuvor bleibt festzuhalten, daß als *Funktion* des konstruierten Bergbaus/Bergmanns neben die besondere Möglichkeit der *Kritik* (an Naturausbeutung und unaufgeklärtem Denken gleichermaßen) hier die eines *Utopieentwurfs* (Verbindung von Arbeit und künstlerischer Betrachtung) tritt.

---

147 HvO, Schr. I, S. 242 bzw. S. 245.

148 Roland Heine scheint mir darum zu undifferenziert zu urteilen, wenn er den Bergmann ausschließlich dem 'Weg der inneren Betrachtung' zuordnet und grundsätzlich keine Vereinbarkeit zwischen ökonomischer Bestimmung und künstlerischem Streben sieht. (R. H.: Transzendentalpoesie, a.a.O., S. 34 bzw. 134).
Vgl. auch Kap. 1.3, Anmerk. 87 dieses Abschnitts. Wie dort bereits erwähnt, hat Ulrich Stadler zurecht auf die Tendenz der Verbindung von 'Besonnenheit' und 'Produktivität' im Roman hingewiesen. (Vgl. U. S.: Die theuren Dinge, a.a.O., S. 215f). Er entwickelt seine These vor allem an der Interpretation des 'Kreuzfahrerkapitels'. Der Bergmann, der m.E. weit mehr noch diese Tendenz verkörpert, bleibt in diesem Zusammenhang unerwähnt.

"Erwerbsbergbau - wissenschaftlicher, geognostischer Bergbau - Kann es auch einen schönen Bergbau geben?" (Schr. II, S. 543)

3. Natur und Geschichte

In den Erzählungen des Alten im fünften Kapitel des Romans erscheint die über- wie unterirdische Landschaft durchweg faszinierend und anregend. "Herrlich", so berichtet der Bergmann, sei es ihm zumute gewesen, als er in Eula das erste Mal die dortigen Halden - imgrunde nichts als große Schutthaufen[149] - sah. Von einem ähnlichen Glücksgefühl weiß er bezüglich seiner Aufenthalte unter tage zu erzählen, deren Schilderung eher Assoziationen zu einer Ausflugsfahrt, denn zu anstrengender Arbeit nahelegen:

> "Mir war seltsam feyerlich zu Muthe (...) Wir kamen unten in einen Irrgarten von Gängen (...) Das Rauschen des Wassers, die Entfernung von der bewohnten Oberfläche, die Dunkelheit und Verschlungenheit der Gänge, und das entfernte Geräusch der arbeitenden Bergleute ergötzte mich ungemein (...)."[150]

Der Bergmann bemerkt dabei selbst die Diskrepanz zwischen seiner so positiven Wahrnehmung und dem abschreckenden Äußeren einer solchen Szenerie und meint, daß solch bedrohliche Natur "vielleicht (...) jedem Andern gemein, unbedeutend und abschreckend vorgekommen", ihm aber "innige Lust" bereitet habe.[151] Traditionell unheimlichen Orten begegnet er ohne Angst, sie verstärken vielmehr noch seine Neugierde, denn: "Die Berge seyen doch nicht umsonst so weit im Umfange und erhaben und fest verwahrt"[152]. Mit diesen Worten

149 Halden sind im Bergbau Aufschüttungen von taubem Gestein und von Abfallmaterialien aus den Aufbereitungsanlagen (Asche und Schlacken).

150 HvO, Schr. I, S. 242.

151 HvO, Schr. I, S. 242.

152 HvO, Schr. I, S. 240.

versucht er, seine innere Berufung zum Bergbau zu erklären, und gibt zugleich ein Stichwort zur Einordnung seiner Ausführungen: Die Berglandschaft wird von ihm als 'erhaben' erfahren. Kant beschrieb solche Wahrnehmung wie folgt:

> "Wer sich fürchtet, kann über das Erhabene der Natur gar nicht urteilen, so wenig als der, welcher durch Neigung und Appetit eingenommen ist, über das Schöne. (...) es ist unmöglich, an einem Schrecken, der ernstlich gemeint wäre, Wohlgefallen zu finden.(...) Kühne überhangende gleichsam drohende Felsen, am Himmel sich auftürmende Donnerwolken, mit Blitzen und Krachen einherziehend, Vulkane in ihrer ganzen zerstörenden Gewalt (...) ein hoher Wasserfall eines mächtigen Flusses u.d.gl. machen unser Vermögen zu widerstehen, in Vergleichung mit ihrer Macht, zur unbedeutenden Kleinigkeit. Aber ihr Anblick wird nur um desto anziehender, je furchtbarer er ist, wenn wir uns nur in Sicherheit befinden; und wir nennen diese Gegenstände gern erhaben, weil sie (...) ein Vermögen zu widerstehen von ganz anderer Art in uns entdecken lassen (...)."[153]

Erhabene Naturgegenstände seien der Form nach 'zweckwidrig', erst durch eine besondere Leistung des Subjekts werden sie als erhaben erfahren, während das Schöne zweckmäßig an sich sei.[154] Hier kommt es weniger auf diese Unterscheidung an - zumal an anderen Stellen die Naturerfahrung des Bergmanns unter die Kategorie des Schönen fällt[155] - als vielmehr darauf, daß beides Kategorien *ästhetischer Wahrnehmung* von Natur sind. Eine solche ästhetische Hinwendung zur Natur setzt ein bestimmtes Verhältnis zu ihr voraus: nämlich eine Sekuritätsposition und d.h. Entzweiung. Auch wenn auf das eindringlichste die Einheit mit der Natur beschworen wird, der Gestus des Hinaustretens in die Natur zum ästhetischen Genuß bedingt - darin sind so verschiedene Positionen wie die Ritters und Adornos eins - daß man gerade nicht in ihr eingebunden

---

153 Immanuel Kant: Kritik der Urteilskraft, a.a.O., S. 185 (§ 28).

154 Vgl. ebd., S. 166ff.

155 Vgl. HvO, Schr. I, S. 261f.

ist.[156] So sehr die ästhetische Hinwendung zur Natur als Landschaft getrennt ist von praktischer Naturbeherrschung, so setzt sie diese gleichwohl voraus: Übermächtige Natur und solche, zu der man in einem Arbeitszusammenhang steht, kann nicht ästhetisch wahrgenommen werden, weder als erhaben noch als schön.

> "Nicht die Felder vor der Stadt, der Strom als 'Grenze', 'Handelsweg' und 'Problem für Brückenbauer', nicht die Gebirge und Steppen der Hirten und Karawanen (oder der Ölsucher) sind als solche schon 'Landschaft'. Sie werden dies erst, wenn sich der Mensch ihnen *ohne praktischen Zweck* in 'freier' genießender Anschauung zuwendet (...) Mit seinem *Hinausgehen* verändert die Natur ihr Gesicht. Was sonst das Genutzte oder als Ödland das Nutzlose ist (...) wird zum *Großen, Erhabenen und Schönen*: es wird ästhetisch zur Landschaft."[157]

Der Bergmann des 'Ofterdingen' reiht sich nun - wie wir bereits gesehen hatten - nicht unter die ein, die die Natur nur unter praktischen Zweckmäßigkeiten sehen. Er sucht, was sein Beruf nicht erwarten läßt[158], die Natur gerade jenseits von "Not und Nutzen", er nähert sich ihr mit "Liebe" und "Wißbegierde" und will

---

156 Vgl. Th. W. Adorno: Ästhetische Theorie, a.a.O., bes. S. 97ff und Joachim Ritter: Landschaft. Zur Funktion des Ästhetischen in der modernen Gesellschaft <1963>. In: J. R.: Subjektivität. Frankfurt/M. 1980, S. 141ff. Die Differenz zwischen beiden liegt in der Bewertung: geglückte Kompensation vs. "Allegorie eines Jenseitigen":
"Wo die Entzweiung der Gesellschaft und ihrer 'objektiven' Natur von der 'umruhenden' Natur die Bedingung der Freiheit ist, da hat ästhetische Einholung und Vergegenwärtigung der Natur als Landschaft die positive Funktion, den Zusammenhang des Menschen mit der umruhenden Natur offen zu halten (...)." (J. R.: ebd., S. 161). Mit Adorno ist dagegen kritisch einzuwenden (ebd., S. 108): "Das Naturschöne bleibt Allegorie dieses Jenseitigen (was jenseits der bürgerlichen Gesellschaft, ihrer Arbeit und ihrer Waren wäre / H.G.) trotz seiner Vermittlung durch die gesellschaftliche Immanenz. Wird aber diese Allegorie als der erreichte Stand der Versöhnung unterschoben, so erniedrigt sie sich zum Behelfsmittel, den unversöhnten zu verschleiern und zu rechtfertigen (...)."

157 Joachim Ritter: Landschaft, a.a.O., S. 150f / Hervorhebungen H.G.

158 Wieder einmal erweist er sich hier nicht als unbedarft- naiver Bergmann, der in die Natur eingebunden ist. Seine 'Kindlichkeit des Herzens' ist das Produkt eines imgrunde höchst reflektierten Bewußtseins.

sich an ihr "ergötzen" - sie ästhetisch genießen.[159] Er geht also in die Natur hinaus - oder hier muß es besser heißen: hinunter - um den Not- und Nutzenverhältnissen der oberflächlichen Welthändel zu entgehen. Ganz in dieser Tradition war bereits sein Vorschlag, als ihm die Stube zu "dumpf und "eng" erschienen war (vgl. Kap 2.b): man möge doch einen Spaziergang unternehmen. "(...) endlich entflohn des Zimmers Gefängnis/ Und dem engen Gespräch freudig sich rettet zu Dir" - so hatte schon Friedrich Schiller 1795 in seinem Gedicht 'Der Spaziergang'[160] in paradigmatischer Weise das Hinaustreten in die freie Natur gewürdigt.[161] Anders jedoch als bei Schiller *kompensiert* nun aber der Bergmann im 'Ofterdingen' nicht die Entzweiung von der Natur durch ästhetische Anschauung, sondern vertritt eine Form des Umgangs, die Ästhetisierung und Arbeit miteinander *verschmilzt*.[162] Der Alte im Roman vertritt einen

---

159 "An manchen Orten sah ich mich, wie in einem Zaubergarten. Was ich ansah, war von köstlichen Metallen und auf das kunstreichste gebildet. (...) Man traute kaum seinen Sinnen an diesen wunderbaren Orten, und ward nicht müde diese reizendene Wildnisse zu durchstreifen und sich an ihren Kleinodien zu ergötzen."(HvO, Schr. I, S. 262).

160 In: Schillers Werke. Bd. III (Gedichte und Erzählungen) Hrsg. von Dieter Schmidt. Frankfurt/M. 1966, S. 112f.

161 Vgl. dazu die wegweisende Interpretation von Jürgen Stenzel: Zum Erhabenen tauglich - Spaziergang durch Schillers 'Elegie'. In: Jahrbuch der deutschen Schillergesellschaft. Bd. XIX, 1975, S. 167ff.

162 Wolfgang Kloppmanns Deutung greift hier zu kurz, weil sie das Verhältnis als kompensatorisches beschreibt: "Der Beruf inspiriert zu dichterischer Produktivität; die Dichtung kommt der Arbeitsproduktivität zugute." (W. K.: Eine materialistische Lektüre, a.a.O., S. 227).
Bedenkenswert scheint mir in diesem Zusammenhang der Vorschlag Ulrich Stadlers, den isoliert stehenden und Verwirrung stiftenden Satz aus den Paralipomena zu HvO: "Man kann die Poësie nicht gering genug schätzen."(Schr. I, 335) in Zusammenhang mit Klingsohrs Ausführungen zur Poesie zu interpretieren. Es würde damit zum einen ein Praxisbezug der Poesie (Vgl. U. S.: Die theuren Dinge, a.a.O., S. 224), aber auch ein poetischer (ästhetischer) Praxisumgang begründet:
"Es ist recht übel, sagte Klingsohr, daß die Poesie einen besondern Namen hat, und die Dichter eine besondere Zunft ausmachen. Es ist gar nichts besonderes. Es ist die *eigenthümliche Handlungsweise des menschlichen Geistes*. Dichtet und trachtet nicht jeder Mensch in jeder Minute? -" (HvO, Schr. I, S. 287 / Hervorhebungen H.G.).

"schönen Bergbau"[163], in dem Emanzipation von der Natur und zugleich Einheit mit ihr als möglich gedacht wird, ebenso Arbeit, Naturwissenschaft und Naturbeherrschung ohne Verdinglichung und Aufklärung ohne deren dialektischen Umschlag. Im "schönen Bergbau" wird die Natur poetisiert[164] und zum Partner (Subjekt) der Kommunikation mit dem Menschen:

> "Es ist erfreulich, sagte der Alte, jene allmähliche Beruhigung der Natur zu bemerken. Ein immer innigeres Einverständniß, eine friedlichere Gemeinschaft, eine gegenseitige Unterstützung und Belebung, scheint sich allmählich gebildet zu haben, und wir können immer besseren Zeiten entgegensehn.(...) Sie (die Natur / H.G.) nähert sich dem Menschen, und wenn sie ehmals ein wildgebährender Fels war, so ist sie jetzt eine stille, treibende Pflanze, eine stumme menschliche Künstlerinn."[165]

Diesem Prozeß gegenseitiger Annäherung - durch Entwilderung und "Moralisierung der Natur" einerseits[166], durch Verzicht des Menschen auf selbstherrli-

163 Vgl. Schr. II, S. 543 (Nr. 96). Auch wenn Novalis niemals das Konzept eines "schönen Bergbaus" explizit dargelegt hat, scheint er mir berechtigt, diese eingestreute Klassifizierung aus den 'Vermischten Fragmenten' von 1798 im Sinne des 'Ofterdingen-Bergmanns' zu interpretieren.

164 Die Poetisierung der Natur und der Wissenschaften ist - nicht nur beim Bergbau - für Novalis' Werk grundlegend: "Künftig treib ich nichts als Poësie - die Wissenschaften müssen alle poëtisiert werden." (Brief an A.W. Schlegel v. 24.2.1798. In: Schr. IV, S. 252). Zur Poetisierung siehe vor allem die Arbeiten von Dennis F. Mahoney (Die Poetisierung der Natur bei Novalis Beweggründe, Gestalten, Folgen. Bonn 1980) und Johannes Hegener (Die Poetisierung der Wissenschaften. Bonn 1975). Bei beiden Autoren wird deutlich, daß Novalis seine ästhetisierte Naturphilosophie nicht als subjektivistische Träumerei verstand, sondern als wissenschaftliche Hypothese und daß der Naturwissenschaftler und Salinenbeamte Hardenberg nicht vom Dichter und Philosophen zu trennen ist - schon gar nicht im Widerspruch zu ihm steht, wie etwa das Bild vom progressiven Praktiker aber reaktionären Literaten Glauben machen will. (So bei Hans Mayer: Von Lessing bis Thomas Mann. Pfullingen 1959, S. 24ff).

165 HvO, Schr. I, S. 261f.

166 Schr. III, S. 247 und vgl. Schr. III, S. 252: "Die Natur soll moralisch werden. Wir sind ihre *Erzieher* - ihre moralischen *Tungenten* - ihre moralischen Reitze." Siehe dazu auch Johannes Hegener, Die Poetisierung, a.a.O., S. 275ff und Christel Gallant: Der Raum in Novalis' dichterischem Werk. Bern/ Frankfurt/M./ Las Vegas 1978, S. 61f.

che Unterwerfung des Natürlichen andererseits[167] - liegt die Vorstellung eines gemeinsamen, allumfassenden Zusammenhangs der Liebe und der Sympathie zugrunde.[168] Es gilt darum für den Menschen, sich diesen Zusammenhang gegenwärtig zu machen, um wieder in Kommunikation mit der Natur einzutreten.[169] Der Bergmann hat dies durch Geduld und Ausdauer verstehen gelernt und Heinrich bekommt es durch ihn unmittelbar 'aufgeschlossen':

> "Es war ihm, als ruhte die Welt aufgeschlossen in ihm, und zeigte ihm, wie einem Gastfreunde, alle ihre Schätze und verborgenen Lieblichkeiten. Ihm dünkte die große einfache Erscheinung um ihn so verständlich. Die Natur schien ihm nur deswegen so unbegreiflich, weil sie das Nächste und Traulichste mit einer solchen Verschwendung von mannichfa-

---

167 Die Einsicht in die Dialektik, daß eine solche Unterwerfung unter das "selbstherrliche Subjekt zuletzt gerade in der Herrschaft des blind Objektiven, Natürlichen gipfelt" (Max Horkheimer/ Th.W. Adorno: Dialektik der Aufklärung <1947>. Frankfurt/M. 1981, S. 5), hatte der Bergmann bereits formuliert, als er sich gegen die Aneignung der Natur wandte: "Als Eigenthum verwandelt sie sich in böses Gift (...) "So untergräbt sie heimlich heimlich den Grund des Eigentümers und begräbt ihn bald in den einbrechenden Abgrund (...)." (HvO, Schr. I, S. 245).

168 Vgl. dazu auch die Erzählung der Arionssage im zweiten Kapitel. Dort gibt es einen Dichter, der im Einklang und in unmittelbarem Zusammenhang mit der Natur steht. Seinen "Zaubergesang", Mahoney spricht treffend vom "Lied von der Sympathie aller Kreaturen" (D. F. M.: Die Poetisierung, a.a.O., S. 74) fürchten selbst die Seeräuber, sie stopfen sich die Ohren zu, um nicht "von Reue ergriffen zu werden". Damit können sie freilich dem allumfassenden Sympathie-Zusammenhang nicht entgehen, sie gehen unter, und dem Dichter kommt die wilde Natur, "ein dankbares Unthier", zu Hilfe und rettet ihn und seine Schätze. (HvO, Schr. I, S. 211ff). Siehe dazu die ausführliche Interpretation Ulrich Stadlers: Die theuren Dinge, a.a.O., S. 130ff.

169 Vgl. auch in den 'Vermischten Fragmenten III': "Aus einem Menschen spricht für dieses Zeitalter Vernunft und Gottheit nicht vernehmlich genug - Steine, Bäume, Thiere müssen sprechen, um den Menschen sich selbst fühlen, sich selbst besinnen zu machen."(Schr. II, S. 571 (Nr. 214). Zum Subjekt/ Objekt Verhältnis vgl. die Aufsätze von Norbert W. Bolz (Die Öffnung der Geschichte. Zur Subjekt-Objekt Beziehung in der Frühromantik) und Gisela Dischner (Gedankenspiele zum orphischen Narzißmus), beide in: Romantische Utopie. Utopische Romantik. Hrsg. von Gisela Dischner und Richard Faber. Hildesheim 1979, S. 119ff bzw. 270ff.

chen Ausdrücken um den Menschen her thürmte. Die Worte des Alten hatten eine versteckte Tapetenthür in ihm geöffnet."[170]

Zwei wesentliche Bedingungen sind dabei der Erkenntnis des allumfassenden Natur-Mensch Zusammenhangs mitgegeben, die Heinrich ebenfalls auf dieser Station seiner Reise erfährt: Zum einen ist es die Notwendigkeit, den Zusammenhang von Natur und Geschichte zu begreifen (a), zum anderen die Einsicht, als Methode der Erkenntnis auf ein anamnetisches Verfahren zu vertrauen (b).

(a) Die Natur, die der Bergmann Heinrich erschließt, wird im Roman und durchgehend im ganzen Oeuvre von Novalis stets geschichtlich gedacht. Dies ist bereits in der Vorstellung einer triadischen Entwicklung enthalten, bei der ein Progress angenommen wird von ursprünglicher Einheit über die Zerstreuung hin zur Rückkehr einer (höheren) Einheit[171], für die Novalis ja in seiner Gegenwart erste Anzeichen sah (s.o.). Ein Weg, ähnlich der Kleist'schen Reise um die Welt, um gleichsam zum zweiten Mal vom Baum der Erkenntnis zu essen.[172] Zur Geschichtlichkeit der Natur äußert sich explizit auch einer der Reisenden in den 'Lehrlingen zu Sais':

> "Alles Göttliche hat eine Geschichte und die Natur, dieses einzige Ganze, womit der Mensch sich vergleichen kann, sollte nicht so gut wie der Mensch in einer Geschichte begriffen seyn oder welches eins ist, einen Geist haben?"[173]

---

170 HvO, Schr. I, S. 252.

171 Vgl. das 'Blütenstaub'-Fragment Nr. 95: "Vor der Abstrakzion ist alles eins, aber eins wie Chaos; nach der Abstrakzion ist wieder alles vereinigt, aber diese Vereinigung ist eine freye Verbündung selbständiger, selbstbestimmter Wesen." (Schr. II, S. 455ff). Die Annahme einer dergestaltigen Geschichtsentwicklung ist natürlich nicht nur bei Novalis zu finden. Vgl. Dazu Wilhelm Emrich: Begriff und Symbolik der 'Urgeschichte' in der romantischen Dichtung <1942>. In: W. E.: Protest und Verheißung. Frankfurt/M. 1960, S. 34ff.

172 Vgl. Heinrich von Kleist: Über das Marionettentheater <1810>. In: Werke. Kritisch durchgesehene und erläuterte Gesamtausgabe. Hrsg von Erich Schmidt. Bd. 4. Leipzig /Wien 1904/05, S. 133f.

173 Schr. I, S. 99.

So wie die Natur einen "Geist" hat, erscheint die Geschichte als Naturgeschichte: "Die Natur ist nichts, als lauter *Vergangenheit* - ehmalige Freyheit - daher durchaus Boden der Geschichte[174]" Auch in der Gestaltung des 'Heinrich von Ofterdingen' wird diesem Denken Ausdruck verliehen: So treten ja der Bergmann und der Einsiedler als Vermittler von Natur und Geschichte zusammen in einem Kapitel auf, sind wechselseitig kompetent für das 'Gebiet' des jeweils anderen und ergänzen sich in ihren Ausführungen in harmonischer Weise. Im Berginnern, der Höhle des Einsiedlers, treffen Zeichen der Natur und der Geschichte zusammen - der Weg dorthin, vom Mondschein begleitet[175], ließ schon die Übergänge verfließen; er "führte die in unzählige Grenzen getheilte Natur in jene fabelhafte Urzeit zurück"[176]. Verbindend zwischen Natur und Geschichte ist dann vor allem die Poesie, die zu beiden in enger Beziehung steht. So wie die Natur sich dem Dichter erschließt, so befindet der Einsiedler, es scheine ihm, "als wenn ein Geschichtsschreiber nothwendig auch ein Dichter seyn müßte"[177]. Die Poesie vermag gleichermaßen zum inneren Gehalt von Natur und Geschichte vorzudringen.

(b) Die Annahme, daß solche Erkenntnis als *Bewegung nach Innen* gedacht wird, belegt nicht nur das vielzitierte 'Blütenstaub'-Fragment Nr. 16 <"Nach Innen geht der geheimnißvolle Weg. In uns, oder nirgends ist die Ewigkeit mit ihren Welten..."[178]> , sie wird auch im Roman vielfach zum Ausdruck gebracht.

---

174 Schr. III, S. 580 (Nr. 197).

175 Vgl. Johannes Mahr (Übergang zum Endlichen, a.a.O., S. 134), der auf die nivellierende Tendenz des Mondes hinweist.

176 HvO, Schr. I, S. 252.

177 HvO, Schr. I, S. 259, ebd: "Es ist mehr Wahrheit in ihren Mährchen, als in gelehrten Chroniken."

178 Schr. II, S. 419 (Nr. 16). Diese Stelle wird oft vorschnell als wirklichkeitsferne Flucht oder Kompensation interpretiert, ohne ihre Relativierung und Differenzierung durch Novalis zu beachten; am deutlichsten im 26. Fragment derselben Sammlung: "Selbstentäußerung ist die Quelle aller Erniedrigung, so wie im Gegentheil der Grund aller ächten Erhebung. Der erste Schritt wird Blick nach Innen, absondernde Beschauung unsers Selbst. *Wer hier*

Als durchgängiges Merkmal ist dabei die Erscheinung *fremd und doch zugleich bekannt* dünkender Personen oder Gedanken zu konstatieren: Da sind zunächst die merkwürdigen Fremden, meist Reisende, zu nennen, die so vertraut erscheinen und deren Begegnung erkenntnisinitiierend wirkt, so etwa für Heinrichs Traum, für seinen Vater und auch für den Bergmann.[179] Daneben sind es Erzählungen, Lieder und Gegenstände, die alle eine ähnliche Funktion haben; z.B. das Buch in der Höhle des Einsiedlers, das Heinrich so unverständlich scheint und dessen Bilder ihm zugleich "ganz wunderbar bekannt" vorkommen[180]. Gleiches gilt "selbstverständlich" auch für die 'blaue Blume'.[181] Die charakterische Wirkung des 'bekannt Fremden' beschreibt Heinrich einmal wie folgt:

> "Es ist mir, als würde ich manches besser verstehen, was jetzt nur dunkle Ahndung in mir ist.(...) Mir ist auf einmal, als hätte ich irgendwo schon davon in meiner tiefsten Jugend reden hören, doch kann ich mich

stehn bleibt, geräth nur halb. Der zweyte Schritt muß wirksamer Blick nach Außen, selbstthätige, gehaltne Beobachtung der Außenwelt seyn." (Schr. II, S. 423 / Hervorhebung H.G.). Vgl. dazu vor allem: Helmut Schanze: Romantik und Aufklärung. Untersuchungen zu Friedrich Schlegel und Novalis. (=Erlanger Beiträge zur Sprach- und Kunstwissenschaft. Bd. 27) Nürnberg ^{2}1976, S. 52ff.

179 Vgl.: *Heinrich*: "Keiner von uns hat je einen ähnlichen Menschen gesehn; doch weiß ich nicht, warum nur ich von seinen Reden so ergriffen worden bin (...)." (HvO, Schr. I, S. 195). *Der Vater*: "Noch nie hatte ich so davon reden hören. Es war mir, als sey ich in einer neuen Welt ans Land gestiegen."(S. 200). *Der Bergmann*: Endlich sei ihm einmal ein Reisender begegnet, der zu ihm gesagt, er müsse Bergmann werden, da könne er die Befriedigung seiner Neugier finden."(S. 63). In den 'Lehrlingen zu Sais' findet sich diesselbe Figur im Märchen von Hyacinth und Rosenblütchen, vgl. Schr. I, S. 92f.

180 HvO, Schr. I, S. 264f.

181 "Ein bisher völlig Fremdes ist damit als das Nächste bedeutet. Freilich auch als das stets Gemeinte, auch in Ahnung sich vorspielend, ohne die es sich nicht als urvertraut erkennen ließe. Selbstverständlich ist bereits die blaue Blume, aus den 'Erzählungen des Fremden', darauf aufgetragen, besonders weil Heinrich von Ofterdingen sie nie erblickt hatte, sich nur 'sehnte, sie zu erblicken'." (Ernst Bloch: Spuren <1969>. Frankfurt/M. 1983, S. 81).

> schlechterdings nichts mehr davon entsinnen. Aber mir ist das, was ihr sagt, so klar, so bekannt (...)."[182]

Dieses Innewerden bereits geahnter Zusammenhänge - im Bild der versteckten, sich plötzlich öffnenden "Tapetenthür" so anschaulich getroffen - ist eine ständige Erfahrung vor allem des Protagonisten, die aber selbst den so wenig sensiblen Kaufleuten widerfährt: "Man hört fremde Worte und weiß doch, was sie bedeuten sollen."[183] Es wird also etwas entdeckt, was stets schon im eigenen Innern angelegt ist.[184] Das Wissen ist unbewußt, kann aber 'zutage' gefördert werden. Bergbauliche Terminologie, Symbole und Motive drängen sich geradezu auf, diesen Sachverhalt zu beschreiben. Auch Sigmund Freud nannte die räumliche Vorstellung zur Veranschaulichung der Systeme des Unbewußten und Bewußten die nächstliegende, die "roheste Vorstellung".[185] Ähnlich passend, für unseren Zusammenhang noch differenzierter, ist ein von ihm benutzter Vergleich aus der Technik:

> "(...) nehmen wir an, daß jeder seelische Vorgang (...) zuerst in einem unbewußten Stadium oder Phase existiert und erst aus diesem in die be-

---

182 HvO, Schr. I, S. 208 und 210.

183 HvO, Schr. I, S. 210.

184 Ein anderer Aspekt der Entdeckung des Vertrauten im Fremden ist der der Entdeckung des Fremden im Vertrauten, i.S. von Verfremden, was jedes Romantisieren ja auch ist: "Indem ich dem gemeinen einen hohen Sinn, dem Gewöhnlichen ein geheimnißvolles Ansehn, dem Bekannten die Würde des Unbekannten, dem Endlichen einen unendlichen Schein gebe so romantisire ich es (...)." (Schr. II, S. 545 (Nr. 105). Vgl. dazu die Arbeiten von Wolfgang Kloppmann (Eine materialistische Lektüre, a.a.O., S. 233ff) und Gerhard Schulz (Der Fremdling und die blaue Blume. Zur Novalis Rezeption. In: Romantik heute. Bonn/ Bad Godesberg 1972, S. 40f), die hier Linien bis zur Brecht'schen Verfremdungstheorie ziehen.

185 Vgl. S. F. Vorlesungen zur Einführung in die Psychoanalyse <1916/17>. In: S. F.: Studienausgabe. Hrsg. von Alexander Mitscherlich, Angela Richards und James Strachey. Frankfurt/M., Bd. I, [7]1976, S. 293 (19. Vorlesung). Er nutzte dann aber zur Veranschaulichung des Verdrängungsprozesses ein Nebeneinander (Vorraum/ Schwelle/ Salon) statt Untereinander der Räume.

wußte Phase übergeht, etwa wie ein photographisches Bild zuerst ein Negativ ist und dann durch den Positivprozeß zum Bild wird."[186]

Kein Wunder also, wenn Bilder "ganz wunderbar bekannt" dünkten. Kein Wunder auch, daß hier psychoanalytische Denkkategorien naheliegend sind, die Novalis'sche (romantische) Konstruktion des bekannten Fremden zu erhellen. Beiden liegt als Erkenntnisweg die Anamnesis zugrunde: "mehr ein Sich-Erinnern an schon Gewußtes als ein Neuerlernen".[187] Eine Methode, die für die Erkenntnis des allumfassenden Sympathiezusammenhangs zwischen Mensch und Natur ebenso gilt wie für den Zugang zum 'verschütteten moralischen Organ' im Menschen (vgl. III., Kap. 1.1) und die von Novalis als wegbereitend für die Realisation eines zukünftigen goldenen Zeitalters angesehen wurde.

Es stellt sich abschließend die Frage nach der Tragfähigkeit der hier skizzierten Novalis'schen Utopie eines befriedeten Mensch-Naturumgangs. Das Meinungsspektrum reicht von der Annahme einer geglückten Antizipation Marx'scher und Bloch'scher Gedanken[188] bis hin zum Vorwurf kompensatorischer Fluchtendenzen und reaktionärer Apologie des Bestehenden.[189] Hier kann be-

186 Ebd, S. 292. Freud betont, daß nicht aus jedem Negativ ein Positiv werden müsse.

187 René Descartes zitiert nach L. Oeing Hanhoff: Artikel 'Anamnesis'. In: HistWbPhil, Bd. I, Sp. 266. Diese Anschauung steht in platonischer Tradition (Erinnerung an das in der Seele liegende Wissen von Ideen), sie ist auch bei dem Neuplatoniker Plotin zu finden, den Novalis ja kannte, und entspricht der Vorstellung Hemsterhuis' vom 'verschütteten' moralischen Organ. (Vgl. zu Plotin Hans Joachim Mähl: Novalis und Plotin <1962>. In: Novalis. Beiträge zu Werk und Persönlichkeit Friedrich von Hardenbergs. Hrsg. von Gerhard Schulz. Darmstadt 1970, S. 381f und 402ff sowie Rolf Peter Janz: Autonomie und soziale Funktion der Kunst. Studien zur Ästhetik von Schiller und Novalis. Stuttgart 1973, S. 29ff). Zur Anamnesis in der Romantik (und der Psychoanalyse) vgl. ausführlicher den Schlußabschnitt VI., Kap. 4 dieser Arbeit.

188 Vgl. Richard Faber: Phantasie an die Macht, a.a.O. und die wesentlich differenziertere Arbeit von Wolfgang Kloppmann (Eine materialistische Lektüre, a.a.O., S. 222ff), der im HvO vor allem das Konzept nichtentfremdeter Arbeit im Sinne der Marx'schen "freien bewußten Tätigkeit" hervorhebt.

189 Georg Lukács: Die Romantik als Wendung in der deutschen Literatur <1945>. In: Romantikforschung seit 1945. Hrsg. von Klaus Peter. Königsstein/Ts. 1980, S. 40ff und Ur-

reits festgehalten werden, daß es sich mit Sicherheit nicht um eine *weltfremde*, gesellschaftsferne Utopie handelt, denn sie ist, wie wir bei den Kaufleuten, beim Bergmann und am Modell des 'schönen Bergbaus' gesehen haben, stets sehr konkret an den bestehenden Verhältnissen orientiert und dabei kritisch auf diese verweisend. Ob freilich der Alternativentwurf ästhetisierter Praxis zu mehr als einer Position der Kritik tauglich ist, ist damit nicht entschieden, ebensowenig die Frage nach dessen politischen Prämissen. Darauf soll am Ende z.T. noch eingegangen werden - auch im Zusammenhang mit Aktualisierungen des Entwurfs einer 'sanften Technologie'.

Eine erste, überaus interessante Bewährungsprobe erfährt das Novalis'sche Konzept des 'schönen Bergbaus' freilich schon in den folgenden Interpretationen der Werke von Hoffmann und Tieck. Denn beide Werke sind, vor allem was die Bergbauromantik anbelangt, implizit immer auch Auseinandersetzungen mit dem traditionsbildenden 'Heinrich von Ofterdingen' und den dort entworfenen Phantasien.

---

sula Heukenkamp: Die Wiederentdeckung, a.a.O., S. 105ff. Zwischen beiden Polen finden sich freilich differenziertere Urteile, vgl. vor allem Dennis F. Mahoney (Die Poetisierung, a.a.O., S. 73ff) Ulrich Stadler (Die theuren Dinge, a.a.O., S. 239ff) und Gisela Dischner (Gedankenspiele, a.a.O., S. 283ff).

IV. E.T.A. Hoffmann: Die Bergwerke zu Falun - Nachtseiten von Mutter Natur

"Mir gab der Geist ein, ein sehr bekanntes und schon bearbeitetes Thema von einem Bergmann zu Falun auszuführen des breiteren..." (SB I.2, S. 170)

1. Der Stoff im Kontext verschiedener Bearbeitungen

Im Dezember des Jahres 1719 wurde in Falun bei einem Durchschlag in 140-200 Meter Tiefe zwischen zwei Schächten ein Leichnam gefunden. Er wies Verletzungen an beiden Beinen, dem rechten Arm und dem Hinterkopf auf und lag gänzlich in einer Flüssigkeit. Die Oberfläche der Haut erschien bei Berührung hornartig fest, der Körper und die Kleidung waren unversehrt.

Diese Angaben finden sich in der Beschreibung eines Fachmannes, des Bergassesor Adam Leyel, im ersten Band der 'Acta litteraria Sveciae publicita' von 1722.[1] Es war dies zwar keineswegs die erste, aber die genaueste Berichterstattung über das Auffinden des Bergmanns von Falun; ein Ereignis, das offenbar viel Aufsehen erregt hatte. Schon am 20. Juli 1720 waren in einer Kopenhagener Zeitung[2] und im 'Extrait des Nouvelles'[3] im September des gleichen Jah-

1 Vgl. a.a.O., S. 250ff. Hier und im folgenden nach Georg Friedmann: Die Bearbeitungen der Geschichte von dem Bergmann von Fahlun. Diss. Berlin 1887, S. 9ff und Emil Franz Lorenz: Die Geschichte des Bergmanns von Falun, vornehmlich bei E.T.A. Hoffmann, Richard Wagner und Hugo von Hofmannsthal. In: IMAGO. Bd. 3, 1914, S. 250ff. Beide machen überzeugend deutlich, daß Adam Leyel den zuverlässigsten Bericht liefert.

2 Vgl. Nye Tidender ona lärde Sager. No. 29, a.a.O. Eine Abschrift des Artikels ist bei Georg Friedmann (Die Bearbeitungen, a.a.O., S. 9f) wiedergegeben.

3 Vgl. a.a.O., S. 206-208. Abschrift ebenfalls bei Georg Friedmann (ebd., S. 10f).

res jeweils Beschreibungen dieses Vorfalls erschienen. Folgt man Leyel weiter, so wurde der Leichnam zunächst von einem einheimischen Bergmann aus Korsgarden als Matthias Israelsson identifiziert. Dieser kannte noch den Geburtsort und den einstigen Arbeitgeber des Toten, der auch der 'große Matthias' genannt worden sei. Er sei im Herbst 1670 alleine eingefahren und seitdem verschüttet. Diese Angaben wurden noch durch zwei andere Arbeiter bestätigt; schließlich sei auch eine alte Frau gekommen;

> "...mit dem jener Matthias zu Lebzeiten verlobt gewesen war und die mit dem Rechte der alten und jetzt neu auflebenden Liebe verlangte, man solle ihr den Leichnam überlassen oder ihn wenigstens der Erde übergeben. Auch fanden sich noch andere Leute, die den Toten erkannten und die Wahrheit dieser Erzählung bekräftigten."[4]

Von dem wissenschaftlichen Chronisten unterschlagen, aber gleichwohl glaubwürdig bezeugt, ist der anschließende Handel um den Leichnam, der damit endete, daß die ehemalige Braut gegen Entgelt den Toten für eine wissenschaftliche Untersuchung freigab.[5] Zu erwähnen ist noch, daß der Körper später langsam verfiel und im November des gleichen Jahres begraben werden mußte.

---

4 A. L. zitiert nach der Übersetzung von Emil Franz Lorenz: Die Geschichte, a.a.O., S. 251. In einer späteren, verbreiteten Chronik von Hülfer (Dagbok öfwer en Resa igenom de under Stora Koppar-Bergs Höfdingdöme lydande Lähn och Dalarne ar 1757. Wästeras 1762) wurde die Wiedererkennung auf die Braut reduziert. (Vgl. Georg Friedmann: Die Bearbeitungen, a.a.O., S. 15).

5 Georg Friedmann schließt dies daraus, daß beide älteren Quellen (siehe Anmerkung 2 und 3) davon berichten. In diesen Quellen nicht belegt ist eine weitere gänzlich unromantische Version der Geschichte, die noch heute in Falun kursiert und von Gerd Depenbrock (WDR) recherchiert wurde. Danach hätten sich gleich mehrere Frauen gemeldet, die vorgaben, in dem Verschütteten ihren Verlobten wiedererkannt zu haben. Hintergrund dieser 'treuen Liebe' war die Regelung, daß jede Bergmannswitwe in Falun die Konzession für eine Gaststätte erhielt (als besondere Form der Hinterbliebenenversorgung). Ende des 18. Jahrhunderts soll es in der 3000 Einwohner zählenden Stadt Falun über 200 Kneipen gegeben haben. ('Zeitzeichen' vom 16. Juni 1983. Für die Überlassung des Sendemanuskripts danke ich dem WDR, Köln).

Dieser Stoff wurde nun in der Folgezeit Ausgangspunkt für eine Fülle verschiedenartiger Bearbeitungen, die z.T. wiederum selbst untereinander in Beziehung stehen. Es folgt ein kurzer Überblick:

Zunächst ist dabei die Beschreibung Gotthilf Heinrich Schuberts in seinem vielbeachtetem Werk "Ansichten von der Nachtseite der Naturwissenschaften" zu nennen.[6] Schubert interessierte vor allem die Wirkung des Eisenvitriols, in dem der Bergmann gelegen hatte. Er beschäftigte sich damit im Zusammenhang mit seiner These, daß sich der menschliche Körper rascher zersetze als der tierische.[7] Jenseits aller wissenschaftlich-naturphilosophischen Interessen scheint insbesondere das Wiedererkennen durch die Braut eine besondere Faszination auf ihn ausgeübt zu haben, so daß er dies in seinem Bericht ausmalend und phantasievoll schilderte:

> "...da kömmt an Krücken und mit grauem Haar ein altes Mütterchen, mit Thränen über den geliebten Toden, der ihr verlobter Bräutigam gewesen, hinsinkend, die Stunde segnend, da ihr noch an den Pforten des Grabes ein solches Wiedersehen gegönnt war, und das Volk sahe mit Verwunderung die Wiedervereinigung dieses seltnen Paares, davon das Eine, im Tode und in tiefer Gruft das jugendliche Aussehen, das Andere, bey dem Verwelken und Veralten des Leibes die jugendliche Liebe, treu und unverändert erhalten hatte (...)."[8]

Schuberts Bericht wurde von der Zeitschrift 'Jason' im Aprilheft des Jahres 1809 unter dem Titel 'Dichter Aufgabe' abgedruckt. Dieser Aufforderung folgten zahlreiche Autoren.[9] Der wohl berühmteste Beitrag, der daraus hervorging,

---

6 Vgl. ebd., Dresden 1808.

7 Vgl. ebd., S. 202ff. Als Hauptquelle Schuberts muß vor allem Hülfer (vgl. Anmerk. 4) gelten.

8 Ebd., S. 216.

9 Vgl. bes. Georg Friedmann: Die Bearbeitungen, a.a.O., S. 19ff. Friedmann nennt neben den bekannten Werken von Johann Peter Hebel und E.T.A. Hoffmann mehrere, heute größtenteils unbekannte und anonyme Autoren und Werke (meist geringer Qualität). So z.B. ein Gedicht von Theodor Nübling, eine dramatische Idylle von Adam Oehlenschläger, eine Oper Franz von Holsteins und schließlich sogar eine italienische Bearbeitung des

ist eine Erzählung von Johann Peter Hebel aus dem Jahre 1810.[10] Schon der Titel 'Unverhofftes Wiedersehen' deutet an, daß es Hebel besonders auf die Wiedererkennungsszene ankam und auf die "Flamme der jugendlichen Liebe", die sich bei der alten Braut noch einmal entzündete. Die Personen sind nicht individuell ausgestaltet, und auch die Vorgeschichte zum Tod des jungen Mannes ist denkbar knapp:

> "Denn als der Jüngling den anderen Morgen in seiner schwarzen Bergmannskleidung an ihrem Haus vorbei ging, der Bergmann hat sein Totenkleid immer an, da klopfte er zwar noch einmal an ihrem Fenster und sagte ihr guten Morgen, aber keinen guten Abend mehr."[11]

Euphorische Stellungnahmen zu dieser vielleicht gelungensten Kalendergeschichte Hebels haben lange Tradition, schon Goethe konnte sie nicht genug lesen und loben[12] und Ernst Bloch meinte, "daß man nicht zu viel rühmt, wenn man es die schönste Geschichte von der Welt nennt".[13] Besonders die Schilderung der Zeitspanne zwischen Verschüttung und Wiederauffindung erlangte Berühmtheit, sie verknüpft die 'großen Geschehnisse' mit der privaten, kleinen Geschichte des Alltags, beides zusammen erfährt - Walter Benjamin hat darauf

---

Falun-Themas von der Dichterin Grazia Pierantoni-Mancini. Ein kaum bekanntes Beispiel für die Adaption des Stoffes zu einer Volkssage findet sich in den 'Fliegenden Blättern' von 1845 (Nr. 3, S. 17ff). Die Erzählung 'Die Marienkrone zu Filisur' verlegt die Handlung nach Graubünden und enthält Elemente verschiedener literarischer Bearbeitungen.

10 J. P. H.: Unverhofftes Wiedersehen <1819>. In: Werke. Hrsg. von Ernst Keller, Bd. IV, Leipzig 1905, S. 18ff.

11 Ebd., S. 19.

12 Vgl. Goethes Gespräche. Hrsg. von Flodoard Frh. von Biedermann. Leipzig [2]1909-1911, Bd. 5, S. 91.

13 E. B.: Hebel, Gotthelf und bäurisches Tao <1926>. In: Gesamtausgabe der Werke. Bd. 9, Frankfurt/M. 1965, S. 365f.

hingewiesen[14] - in einzigartiger Weise seine Rückbindung an Natur und Naturgeschichte.

Eng an Hebels Geschichte angelehnt ist eine Erzählung aus dem Jahre 1828 des damals fünfzehnjährigen Friedrich Hebbel. Sie trägt den Titel 'Treue Liebe' und wurde anonym im 'Dithmarser und Eiderstedter Boten' veröffentlicht.[15]

Im gleichen Jahr wie Hebels Geschichte, 1810, entstand Achim von Arnims Ballade 'Des Bergmanns ewige Jugend'.[16] Sie setzt einen neuen Akzent, indem hier erstmals eine Vorgeschichte entworfen und damit auch der Tod des jungen Bergmanns motiviert wurde: Neugier und Sehnsucht sind danach zunächst die Gründe für den Abstieg in den Berg gewesen. Dort begegnet dem Bergmann eine Bergkönigin, deren Liebe er gewinnt und die ihn mit Gold belohnt, das er zu seinen Eltern zu Tage fördert. Seine Verschüttung erscheint dann als Bestrafung und Rache jene Königin, nachdem er ihr durch seine Liebe zu einem irdischen Mädchen untreu geworden war:

> "Die Lieb' ist aus, das Haus verschlossen
> Im Schacht der reichen Königin;
> Er hat die Türe eingestoßen
> und steigt so nach Gewohnheit hin.
> Die Eifersücht'ge hört ihn rufen,
> Sie leuchtet nicht, er stürzt herab,
> Er fand zur Kammer nicht die Stufen,
> So findet er nun dort sein Grab."[17]

---

14 Vgl. W. B.: Der Erzähler, a.a.O., S. 45f. Vgl. auch ders.: J.P. Hebel. Ein Bilderrätsel zum 100. Todestage des Dichters <1926>. In: Gesammelte Schriften. Hrsg. von Rolf Tiedemann und Hermann Schweppenhäuser. Bd II.1. Frankfurt/M. 1977, S. 277ff.

15 Vgl. F. H.: Das erzählerische Werk. Hrsg. von Werner Keller und Karl Pörnbacher. München 1986, S. 12ff und S. 285.

16 Vgl. A. v.A: Armut, Reichtum, Schuld und Buße der Gräfin Dolores <1810>. In: Sämtliche Romane und Erzählungen, a.a.O., Bd. 1, S. 460-465.

17 Ebd., S. 463.

Zu den frühen, unmittelbar von Schubert beeinflußten Werken gehört auch das wenig bekannte Gedicht Friedrich Rückerts 'Die goldene Hochzeit', das in den Jahren 1809-12 entstanden sein muß.[18] Das Gedicht endet mit der Verwandlung der zur Greisin gealterten Braut in eine Jungfrau mit goldenem Haar und ihrem anschließenden Tod, nachdem sie ihren Geliebten wiedergesehen und geküßt hat.

Folgt man der Chronologie wichtiger Falun-Bearbeitungen[19] weiter, stößt man als nächstes auf die 1818/19 entstandene, 1819 im ersten Band der Serapionsbrüder abgedruckte Novelle E.T.A. Hoffmans, 'Die Bergwerke zu Falun', auf die hier noch ausführlich eingegangen wird.[20] Wenn der Autor in seiner Rahmenerzählung der 'Serapionsbrüder' die Geschichte von Theodor mit folgenden Worten einleiten läßt: "Mir gab der Geist ein, ein sehr bekanntes und schon bearbeitetes Thema von einem Bergmann zu Falun auszuführen des breiteren..."[21], so stellt er damit die Beziehung zu anderen Gestaltungen des Stoffes selbst her. Hoffmann kannte offenbar mehrere Bearbeitungen; als Grundlage für seine Novelle müssen vor allem Schuberts Bericht gelten sowie

---

18 Vgl. F. R. Gesammelte poetische Werke in zwölf Bänden. Bd. III. Frankfurt/M. 1868, S. 26ff.

19 Auch Jean Paul Richter kannte die Falun-Geschichte, wie aus seinem 1820 erschienenen Roman 'Der Komet' hervorgeht, wo er an "jenen schwedischen Bergknappen" erinnert, "welcher nach vielen Jahren mit allen reichen Erzadern durchschossen und durchwachsen aus dem Stollen getragen wurde". (In: Sämtliche Werke. Historisch-kritische Ausgabe. Hrsg. v. E. Berend. I. Abt., Bd. 15, Weimar 1937, S. 12).

20 Vgl. E.T.A. H.: Die Bergwerke zu Falun. (Im folgenden BzF). In: Werke in Einzelbänden. Die Serapionsbrüder. Darmstadt 1985, S. 171ff.
Die ungezählte Werkausgabe wird abgekürzt wie folgt zitiert:

FN:	Fantasie- und Nachtstücke
EL:	Elexiere d. Teufels/Lebensansichten d. Kater Murr
SB:	Die Serapionsbrüder
SW:	Späte Werke, Märchen, letzte Erzählungen.

21 Ebd., S. 170.

die Reisebeschreibungen von Ernst Moritz Arndt und Johann Friedrich Hausmann.[22]

Von E.T.A. Hoffmanns Novelle nahmen nun weitere Werke ihren Ausgang; es sind dies der Opernentwurf Richard Wagners[23] und das Drama Hugo von Hofmannsthals[24]. Beide Bearbeitungen weisen in der Handlung viele Parallelen zu Hoffmann auf, verzichten jedoch auf die Wiedererkennungsszene mit der gealterten Braut. Wagners Opernentwurf ist weitgehend nur in Stichworten abgefaßt und legt dabei Wert vor allem auf die Aufführungsgestaltung. Hugo von Hofmannsthals 'Bergwerk zu Falun' lag erst 1932 vollständig im Druck vor, obwohl alle fünf Aufzüge bereits im Sommer und Herbst 1899 entstanden waren.[25] Wie u.a. aus dem Briefwechsel mit Hans Carossa, der das Werk überaus

---

22 Vgl. E. M. A.: Reise durch Schweden im Jahre 1804. 4 Bde. Berlin 1806 und J. F. H.: Reise durch Skandinavien in den Jahren 1806 und 1807. 5 Bde. Göttingen 1811-1818, bes. Bd. V.

23 R. W.: Die Bergwerke zu Falun. Entwurf zu einer Oper in drei Akten <1842>. In: Gesammelte Schriften. Hrsg. von Julius Kapp. Bd. IV. Leipzig o.J., S. 55-67. Vgl. auch R. W.: Sämtliche Briefe. Hrsg. von Gertrud Strobel und Werner Wolf. Bd. I. Leipzig 1967, S. 77: "Der Opernentwurf wurde lediglich auf Bestellung und nach Wünschen des in Paris lebenden Komponisten Josef Dessauer nach Erinnerungen an Erzählungen E.T.A. Hoffmanns geschrieben."

24 H. v.H.: Das Bergwerk zu Falun <1899>. In: Gesammelte Werke in Einzelausgaben. Hrsg. von Herbert Steiner. Bd. (2). Stockholm 1946, S. 319ff. Hofmannsthal nannte ausdrücklich E.T.A. Hoffmanns Novelle als Grundlage: "Meine einzige Quelle für den Stoff war E.T.A. Hoffmann." Hofmannsthal schrieb dies in einem Brief an Karl Reuschel, der sich bei der Recherche zu seiner Publikation 'Über Bearbeitungen der Geschichte des Bergmanns zu Falun' (In: Studien zur vergleichenden Literaturgeschichte. Hrsg. von Max Koch. Vol. III. Berlin 1903) an den Autor gewandt hatte.(Ebd. S. 19f).

25 Vgl. Margaret Jacobs: Hugo von Hofmannsthal: Das Bergwerk zu Falun. In: Hofmannsthal. Studies in Commemoration. Hrsg. von F. Norman. London 1963, S.54ff. Die Uraufführung fand 1949 in Konstanz statt. Vgl. den Artikel von Albert Schulz-Vellinghausen In: Theater der Zeit. Blätter für Bühne, Film und Musik. Heft 6, Jg. 4, Juni 1949, S. 38.

schätzte[26], hervorgeht, war Hofmannsthal mit seinem Schaffen, vor allem mit den Akten II-V, unzufrieden:

> "... meine productiven Zeiten waren damals von sonderbarer Unsicherheit, und gerade in dem Theil, wo es darauf ankam, Ungeheueres zu geben - in der Scene mit der Bergkönigin - bin ich so dürftig und unzulänglich geblieben, dass ich nicht ohne peinliches Gefühl an das Ganze denken mag. Ich habe auch die übrigen Acte die irgendwo in einer Lade liegen seitdem nie wieder ansehen können."[27]

Es erscheint daher berechtigt, wenn Gotthart Wunberg[28] den ersten Akt, den der Autor selbst als "in sich geschlossenes Vorspiel bezeichnete", ins Zentrum der Betrachtung rückt und in der Tatsache, daß das Werk "aus inneren Gründen" liegenblieb - wie Hofmannsthal an derselben Stelle bekannte[29] - die Nähe zum Lord-Chandos-Brief sieht. Hier wie dort geht es um die "Analyse der dichterischen Existenz"[30].

---

26 So schrieb Carossa am 16. Mai 1907: "Heute morgen las ich Ihr 'Bergwerk zu Falun', das ich Sie schon einmal in Leipzig vorlesen hörte,- seit Goethe hat niemand gelebt, der so leicht, so ohne jeden Schein eines besonderen Kraftaufwands so grosse tiefe, ja ungeheure Dinge sagen kann." H. v. H. / H. C.: Briefwechsel 1907-1928. In: Die Neue Rundschau. 71, 1960, S. 365f.

27 Brief H. v. H. an H. C. 12.5.1907. Briefwechsel, ebd., S. 366.

28 G. W.: Bemerkungen zu Hofmannsthals Vorspiel. Das Bergwerk zu Falun. In: Neue Sammlung. Göttinger Blätter für Kultur und Erziehung. 5. Jg., 1965, S. 174ff.

29 Zitiert nach Karl Reuschel: Über Bearbeitungen der Geschichte des Bergmanns zu Falun. (=Studien zur vergleichenden Literaturgeschichte Vol. III) Berlin 1903, S. 19.

30 So Hofmannsthal rückblickend in seinen 'Aufzeichnungen'. In: Gesammelte Werke in Einzelausgaben, a.a.O, Bd. (15). Frankfurt/M. 1959, S. 223.

Zum Abschluß seien noch kurz Robert Musils Novelle 'Grigia' von 1923[31] und die 'Elis-Gedichte' von Georg Trakl erwähnt, bei denen Einflüsse von Hofmannsthal, E.T.A. Hoffmann oder auch Hebel diskutiert werden.[32]

"Elis, wenn die Amsel im schwarzen Wald ruft,
Dieses ist dein Untergang,
Deine Lippen trinken die Kühle des blauen Felsenquells.

Laß, wenn deine Stirne leise blutet
Uralte Legenden
Und dunkle Deutung des Vogelflugs.

Du aber gehst mit weichen Schritten in die Nacht,
Die voll purpurner Trauben hängt,
Und du regst die Arme schöner im Blau.

Ein Dornenbusch tönt,
Wo deine mondenen Augen sind.
O, wie lange bist, Elis, du verstorben. (...)"[33]

Die Geschichte des Bergmanns zu Falun blieb also bis ins 20. Jahrhundert hinein literarisch virulent - noch 1961 entwarf der Komponist Rudolf Wagner-Régeny eine Opernfassung auf der Grundlage von Hofmannsthals Drama.[34] Nicht weniger als dreißig Autoren - längst nicht alle konnten hier vorgestellt werden[35] - haben die Geschichte auf ihre Weise gestaltet. Werner Vordtriede

---

31 R. M.: Grigia. (=Sanssouci-Bücher achter Band) Potsdam 1923.

32 Vgl. 'An den Knaben Elis' und 'Elis' <1913>. In: G. T.: Dichtungen und Briefe. Historisch-kritische Ausgabe von Walter Killy und Hans Szklenar. Bd. I. Salzburg 1969, S. 26, 84, 86, 372f.

33 G. T.: An den Knaben Elis, a.a.O., S. 26.

34 R. W-R: Das Bergwerk zu Falun von Hugo von Hofmannsthal. Opernfassung und Musik. Textbuch. Berlin/Wiesbaden 1961. Die Uraufführung fand bei den Salzburger Festspielen im August 1961 statt.

35 Bibliographische Hinweise finden sich bei Georg Friedmann: Die Bearbeitungen, a.a.O und bei Elisabeth Frenzel: Stoffe der Weltliteratur. Ein Lexikon dichtungsgeschichtlicher Längsschnitte. Stuttgart ^{5}1981, S. 92ff.

konstatiert also zurecht, es handele sich hier um "ein Ereignis in der Dichtungsgeschichte, dessen beispielschaffende Kraft sich bisher nicht wiederholt hat".[36] Die Gründe für die außergewöhnliche Anziehungskraft des Stoffes liegen in dem reichen Symbolrepertoire, das er bereitstellt. Die Gegensätze Tiefe-Oberfläche, Innen-Außen, verschüttet und doch aufbewahrt, gealterte -lebende- Braut und jungerhaltener -toter- Bergmann beflügelten die literarische Phantasie derart, daß die Geschichte vom Bergmann zu Falun inzwischen eine eigene Geschichte hat. Ein wesentliches Kapitel daraus wurde durch die romantische Bergbaufaszination geprägt.

"...sein Ich zerfloß im glänzenden Gestein."
(BzF, SB I.2, S. 279)

2. Geschichte einer Pathologie: innen vs. außen

2.1 Strukturierung der Novelle

Die Geschichte des Elis Fröbom in Hoffmanns 'Die Bergwerke zu Falun' hat verschiedene miteinander zusammenhängende Bedeutungsebenen. Zunächst einmal ist es die Geschichte der psychischen Pathologie eines Individuums. Sie ist zu lesen als permanentes Wechsel- und Zusammenspiel ,von außen und innen, d.h. der Motivierung durch äußere Ereignisse und innere Zustände. Sie ist strukturiert als dreifache Wandlung von stabilen und krisenhaften Phasen im Leben des Protagonisten, einer Wandlung, die zunehmende Dynamik erhält und im Überhandnehmen der Pathologie endet. Die psychologische Motivierung ist dabei - wie im folgenden gezeigt werden soll - bis ins Detail stringent[37]

---

36 W. V.: Novalis, a.a.O., S. 50. Bei W. V. finden sich auch weitere Hinweise auf französische Autoren.

37 Als Grundlage kann bis heute die lesenswerte psychoanalytische Studie von Emil Franz Lorenz in der von Sigmund Freud herausgegeben IMAGO- Reihe gelten (Die Geschichte, a.a.O., S. 250ff). Lorenz lobt die "wunderbaren Intuitionen Hoffmanns", mit denen er "jenes psychologische Kunstwerk schuf" (ebd., S. 301).

und zeugt von einfühlsamer und genauer Kenntnis seelischer Krankheitszustände[38]:

Die Novelle nimmt ihren Anfang an einem Seefahrerfest in Göteburg. Dem Leser begegnet dort jener Elis als ein tief depressiver junger Mann. Im krassen Gegensatz zu dem turbulent-fröhlichen Treiben um ihn her sitzt er einsam abseits und wünscht sich den Tod:

> "Ach, läg ich doch nur begraben in dem tiefsten Meeresgrunde!- denn im Leben gibt's keinen Menschen mehr, mit dem ich mich freuen sollte!"[39]

Nun ist aber Elis keineswegs deshalb so einsam, weil er alleine oder die Umwelt ihm feindlich gesonnen ist. Ausdrücklich wird stattdessen beschrieben, wie sowohl seine Kollegen als auch eine besonders liebenswerte Dirne sich um ihn bemühen.[40] Die Ursachen für Elis' Zustand liegen offenbar tiefer. Im Text

---

Selbst Käte Hamburger, sonst skeptisch gegenüber psychoanalytischen Deutungen, meint bezüglich Lorenz und den BzF, mit dieser Interpretation sei der "Nerv" der Erzählung getroffen. Vgl. K. H.: Das Bergwerk von Falun <1959>. In: K. H.: Kleine Schriften (=Stuttgarter Arbeiten zur Germanistik 25), Stuttgart 1976, S. 178.

38 Hoffmanns Interesse für die zeitgenössische Psychologie ist einschlägig bekannt; er war ein eifriger Leser der von Carl Philip Moritz herausgegebenen Zeitschrift 'Gnothi sauton oder Magazin der Erfahrungsseelenkunde als ein Lesebuch für Gelehrte und Ungelehrte'(10 Bde. <Berlin 1783-1793>, Lindau 1978). Lorenz gibt zudem den interessanten Hinweis auf die Lebensgeschichte Fouqués, die dem Freund Hoffmann bekannt gewesen sein dürfte. Fouqué berichtete in seinen erst 1840 erschienen Lebenserinnerungen von einer Krankheit aus Anlaß des Todes seiner Mutter, die Lorenz parallel zur Geschichte Elis' als akute Neurose deutet. (Vgl. ebd., S. 263f und ders.: Die Kindheitserinnerungen des Baron de la Motte Fouqué. In: IMAGO. Bd 2, 1913, S. 513ff).
Zu der Zeitmode des 'Irrenhausbesuchs' und zu Hoffmanns Psychiatriekenntnis vgl. die Studie von Anke Bennholdt-Thomsen und Alfred Guzzoni: Der Irrenhausbesuch. Ein Topos in der Literatur um 1800. In: Aurora. Jahrbuch der Eichendorff-Gesellschaft. Bd. 42, Würzburg 1982, S. 82ff.

39 BzF, SB I.2, S 173.

40 Vgl. BzF, SB I.2, S. 172f die interessante Charakterisierung der Frau: "Man sah es dem Putz, dem ganzen Wesen der Dirne wohl an, daß sie sich leider böser Lust geopfert, aber noch hatte das wilde Leben nicht seine zerstörende Macht geübt an den wunderlieblichen

werden dazu zwei Erklärungen gegeben. Sein Kollege nennt eine gewissermaßen 'erbliche Vorbelastung':

> "'Nun, nun', erwiderte Joens, 'ich weiß es ja, du bist Neriker von Geburt, und die sind alle trübe und traurig, und haben keine rechte Lust am wackern Seemannsleben!'"[41]

Elis selbst sieht im Tod der Mutter den Grund für sein Elend. Dieser habe sein Herz zerrissen und ihn hilflos, elend und einsam gemacht.[42] Klaus Joachim Heinisch bewertet in seiner Interpretation das Nerikersein recht schwer: Eigenarten der schwedischen Landschaft und deren Bewohner gäben als "stammesbedingte Veranlagung" eine objektive Begründung für die Eigenart des Helden, worin er "sozialpsychologische Überlegungen (...), wie ihn der Realismus übt und liebt", sieht[43]:

> "Herkunft, Umgebung und Beruf prägen den Charakter, dessen bescheidene Individualität sich innerhalb seines Wirkungskreises entfaltet. (...) Noch liegen die Motive des Handelns in allgemeinen, zwar nicht so sehr allgemein menschlichen, aber einen größeren, bereits fest umrissenen Kreis von zusammengehörigen Menschen (...)."[44]

Solche Deutung verkennt zum einen, daß Elis ja früher sehr wohl ein fröhlicher Mensch gewesen sein muß, zum anderen und vor allem, daß seine Charakterisierung als Neriker in einem allgemeinen, unverwechselbar Hoffmannschen Typus aufzuheben ist, in dem, wie Inge Stegmann zurecht betont,

---

sanften Zügen ihres holden Antlitzes. Keine Spur von zurückstoßender Frechheit, nein, eine stille sehnsüchtige Trauer lag in dem Blick der dunklen Augen."

41 Ebd., S. 172.

42 Vgl. ebd., S. 174

43 Vgl. K. J. H.: Deutsche Romantik Interpretationen. Paderborn 1966, S. 134ff.

44 Ebd., S. 148.

"... auch alle die idealistischen Jünglinge und Männer sich wiedererkennen würden, die nicht im nordischen Närke, sondern etwa in Dresden und Frankfurt beheimatet sind. Er (der alte Bergmann, dem Elis seine Geschichte erzählt/ H.G.) meint nämlich, Elis habe ein 'tiefes, in sich selbst gekehrtes, frommes, kindliches Gemüt' und 'eine schönere Gabe habe ihm der hohe Himmel gar nicht verleihen können'."[45]

Nun ist ein 'kindliches Gemüt' aber nicht nur Hoffmanns Protagonisten vorbehalten. Heinrich von Ofterdingen ebenso wie der alte Bergmann im gleichen Roman oder wie Hyazinth in den 'Lehrlingen zu Sais' zeichnen sich durch ähnliche Einfalt und Kindlichkeit aus. Sie gilt, wie wir gesehen hatten (Abschnitt III, Kap. 1.3), als besondere Sensibilität, die bei Hoffmann allerdings im Unterschied zu Novalis nicht nur neue Erkenntnismöglichkeiten schafft, sondern auch existentielle Bedrohung bringt. Die Funktion dieser Charakterisierung 'kindliches Gemüt' ist bei ihm nun tatsächlich einer angeborenen Prägung nahe, sie fungiert als Disposition zur psychischen Labilität und bereitet so den Boden zum Verständnis der außergewöhnlichen Konsequenzen, die die nachfolgenden Ereignisse für Elis haben werden.[46]

Das erste und zugleich einschneidendste Ereignis, das dieses 'kindlich fromme Gemüt' aus dem Gleichgewicht bringt, ist, wie erwähnt, der Tod seiner Mutter.

---

45 I. S.: Deutung und Funktion des Traumes bei E.T.A. Hoffmann. Diss. Bonn 1973, S. 266. Vgl. ähnlich auch Gisela Koehler: Narzismus, übersinnliche Phänomene und Kindheitstrauma im Werk E.T.A. Hoffmanns. Diss. Frankfurt/M. 1971, S. 34f. Anselmus im 'Goldenen Topf' wird ähnlich charakterisiert: "Nimm dich vor der Alten in acht, lieber Anselmus, sie ist dir feind, weil dein *kindlich frommes Gemüt* schon manchen ihrer bösen Zauber vernichtet."(FN, S. 231 /Hervorhebungen H.G.)

46 Wir finden hier eine typische Struktur des Hoffmannschen Oeuvres wieder, die Wolfgang Nehring wie folgt zusammenfaßt: "Jeweils wird einem Menschen überraschend der Boden seiner normalen Erfahrungen unsicher, er tritt in den Bann einer Sphäre, die fremdartig und unerklärlich ist, und schwankt zwischen den Bereichen unentschieden hin und her. Die Beziehung geht scheinbar von der fremden Welt aus, der Held erscheint oft wie ein Spielball höherer Mächte, aber immer stellt sich heraus, daß er eine innere Bereitschaft mitbringt, sich dem geheimnisvollen Wesen hinzugeben."(Vgl. W. N.: E.T.A. Hoffmanns Erzählwerk: Ein Modell und seine Variationen. In: Zeitschrift für deutsche Philologie. SonderHeft Bd. 95, 1976, S. 23).

Von der Zeit, da die Mutter noch lebte, berichtet der Erzähler nichts, man ist also ganz auf Elis' Schilderungen angewiesen und erfährt damit etwas Wesentliches über dessen Wahrnehmung. In Elis' Augen war es eine harmonische, glückliche Zeit. Sein Aufenthalt auf See wurde ihm leicht durch den Gedanken an seine Mutter, die ihn zu Hause freudig erwartete:

> "Wenn ihr dann vor Freude die Augen hell aufleuchteten, wenn sie die Hände einmal über das andere zusammenschlug, ganz erfüllt von Vergnügen und Lust (...). Ach! wer bringt mir diese Freude wieder! (...) Was sollt ich unter den Kameraden (...) und wo sollt' ich Lust hernehmen zur Arbeit, die mir nur ein mühseliges Treiben um nichts dünken würde!"[47]

Nicht nur die Kameraden bedeuteten ihm offenbar wenig, auch ansonsten scheint er keine relevanten Sozialkontakte gehabt zu haben - einzig wichtig war ihm seine Mutter, nach deren Tod ihn Schuldgefühle plagen, weil er nicht zu Hause geblieben war, sie "nährend und pflegend".[48] Zurecht bestimmt Emil F. Lorenz solche Bindung aus psychoanalytischer Sicht als neurotisch:

> "Seine Libido ist dauernd an die Mutter fixiert. Er kehrt von seinen Seefahrten zu ihr zurück wie andere zu ihrer Liebsten."[49]

Dem entspricht auch Elis' Sicht der Restfamilie, d.h. des Vaters und seiner beiden Geschwister. Erst nach deren Tod (!) konnte jenes Verhältnis zur Mutter entstehen, das ihn so glücklich gemacht hatte. Sein größter Kontrahent um die Liebe der Mutter, sein Vater, "ein tüchtiger Steuermann (!)", kam als erster um "in demselben (!) Sturm", aus dem er selbst auf "wunderbare Weise" gerettet wurde. Seine Brüder, die nächsten Konkurrenten, sterben im Kampf und "er alleine habe seine arme, verlassene Mutter erhalten"[50]:

---

47 BzF, SB I.2, S. 175.

48 Vgl. BzF, SB I.2, S 174.

49 E. F. L.: Die Geschichte, a.a.O., S. 264.

50 BzF, SB I.2, S. 174/ Hervorhebungen H.G.

"Hei! da konnt' ich wohl jubeln (...) wenn ich dem Mütterchen die Dukaten in den Schoß (!) geschüttet (...)."[51]

Der neurotische und ödipale Charakter dieser symbolbefrachteten Wahrnehmung und der zugrundeliegenden psychischen Disposition ist offenkundig. Damit wird deutlich, daß auch Elis' glückliche Zeit und seine damalige Stabilität pathologischen Ursprungs waren. Sein akut krankhafter Zustand nach dem Tod der Mutter ist - psychologisch folgerichtig - "in nichts anderem als in eingetretener Versagung seines auf infantiler Stufe verbliebenen erotischen Bedürfnisses" zu sehen.[52]

Die so entstandene tiefe Krise in seinem Leben wird erst durch das Zusammentreffen mit Ulla Dahlsjö beendet. Diesmal ist es der objektive Erzähler, der dem Leser die eingetretene Beruhigung von Elis' Gemütszustand darstellt. Elis gewinnt erneut Stabilität

"Elis gedachte der holden Ulla, wie ein leuchtender Engel sah er ihre Gestalt über sich schweben und vergaß alle Schrecken des Abgrundes, alle Beschwerden der mühseligen Arbeit."[53]

Parallelen zu der früheren totalen Ausrichtung seines Lebens auf die Mutter drängen sich auf; in Ulla hat er offenbar die Möglichkeit der Übertragung seiner neurotischen Fixierung gefunden. Elis ist also im psycholoanalytischen Sinne nicht 'geheilt', denn die "Phänomene der Übertragung stehen offenkundig im Dienste (...) des auf der Verdrängung beharrenden Ichs (...)".[54] Dabei bietet nun aber die Übertragung auch eine Chance, die analog der von Freud heraus-

51 Ebd., S. 175 / Hervorhebung H.G.

52 Emil Franz Lorenz: Die Geschichte, a.a.O., S. 264.

53 BzF, SB I.2, S. 186.

54 Sigmund Freud: Jenseits des Lustprinzips <1920>. In: Studienausgabe, a.a.O., Bd. III. Frankfurt/M. 1975, S. 233.

gestellten therapeutischen Bedeutung[55] für Elis darin besteht, daß er durch Übertragung auf ein 'normales Objekt' (Ulla) seine Fixierung der Libido im Unbewußten lösen könnte.[56] Die zweite große Krise in seinem Leben entsteht nun deshalb gerade dann, als ihm dies verunmöglicht wird: Angesichts der vorgetäuschten Hochzeit Ullas mit Eric Olawsen gerät er in eine Situation ähnlich der beim Tod der Mutter:

> "Elis fühlte sein Inneres von tausend glühenden Messern zerfleischt - Er hatte keine Worte, keine Tränen. - In wilder Verzweiflung rannte er aus dem Hause fort (...)." [57]

Nachdem der Irrtum aufgeklärt ist, scheint zum dritten Mal - und diesmal endgültig - eine Zeit des seelischen Gleichgewichts und der Harmonie für Elis zu beginnen. Es heißt von ihm, daß er jetzt an sein Glück glaubte. Trotzdem bleibt er merkwürdig verstört; "oft starrte er vor sich hin wie entrückt" und mechanisch klingt der einzige Satz, den Elis selbst zu seinem Zustand hervorbringt: "'Ja, ja! - Du bist wirklich mein und nun ist ja alles gut!'"[58] Der Erzähler relativiert unmittelbar darauf:

---

55 S. F.: Erinnern, Wiederholen und Durcharbeiten <1914>. In: Werkausgabe in zwei Bänden. Hrsg. von Anna Freud und Ilse Grubrich-Simitis. Bd. I. Frankfurt/M. 1978, S. 534: "Die Übertragung schafft so ein Zwischenreich zwischen Krankheit und dem Leben, durch welches sich der Übergang von der ersteren zum letzteren vollzieht." Vgl. auch S. Fs. 27. Vorlesung zur Einführung in die Psychoanalyse <1917>. (In: Studienausgabe. a.a.O., Bd.I, [7]1976, S. 415ff).

56 Vgl. S. F.: Bruchstück einer Hysterie-Analyse <1905>. In: Studienausgabe, a.a.O., Bd VI, [3]1976, S. 180f: "Es gibt solche Übertragungen, die sich im Inhalt von ihrem Vorbilde in gar nichts bis auf die Ersetzung unterscheiden. Das sind also, (...) einfache Neudrucke, unveränderte Neuauflagen. Andere sind kunstvoller gemacht, sie haben eine Milderung ihres Inhalts, eine *Sublimierung*, wie ich sage, erfahren und vermögen selbst bewußt zu werden, indem sie sich an irgendeine geschickt verwertete reale Besonderheit an der Person oder in den Verhältnissen des Arztes anlehnen. Es sind also Neubearbeitungen, nicht mehr Neudrucke."

57 BzF, SB I.2, S. 190.

58 BzF, SB I.2, S. 192.

> "Mitten in aller Wonne war es dem Elis manchmal als griffe auf einmal eine eiskalte Hand in sein Inneres hinein und eine dunkle Stimme spräche (...)."[59]

Sein verhängnisvoller letzter Gang ins Bergwerk und sein dortiger Tod sind damit bereits angelegt. Festzuhalten bleibt, daß jede Phase scheinbarer Stabilität bei Elis bereits pathologische Züge trägt, die durch die besonderen Geschehnisse aktualisiert und verschärft werden. Schritt für Schritt läßt Hoffmann dabei die Motivierung aus dem Innern dominant werden, die auslösenden Ereignisse werden immer schwächer - vom *realen* Tod der Mutter über den bloß *vorgetäuschten* Verlust der Geliebten zum nur mehr *symbolischen* Akt der Hochzeit - die Reaktionen gleichwohl umso heftiger. Die Pathologie wird übermächtig. Davon zeugt nicht zuletzt, daß Elis immer weniger von sich und seinem Zustand erzählen kann, statt Selbstäußerungen eines Subjekts sind Erzählungen über ihn als Objekt zu lesen; sein Verlust an Realität geht mit dem der Sprache einher:

> "Dem Elis wollte die Brust zerspringen. - Vergebens rang er darnach, (...) von dem wunderbaren Gesicht, das sich ihm in der Teufe aufgetan, zu erzählen. Es war als verschlösse ihm eine unbekannte Macht mit Gewalt den Mund, als schaue aus seinem Innern heraus das furchtbare Antlitz der Königin, und nenne er ihren Namen, so würde, (...) sich alles um ihn her versteinen zum düstern schwarzen Geklüft![60]

Das hier beschriebene wechselnde Verhältnis von äußerer und innerer Motivierung läßt sich analog auch in Kategorien des Raumes als eines von oben und unten beschreiben. Innenbereiche und Tiefe, ohnehin in engem symbolischen Konnex, werden in der Hoffmannschen Novelle en detail parallelisiert und verschmolzen. Entsprechend der zunehmenden Dominanz der (inneren) Pathologie steht die zunehmende Prägung durch die Erfahrungen in der Tiefe. Spielte das gesamte Leben des Elis vor dem Tod seiner Mutter noch oben, auf See, der Oberfläche des Meeres, traf er Ulla in der Oberwelt, wo auch die Hochzeit

59 Ebd.

60 BzF, SB I.2, S. 192f.

stattfinden sollte, so tun sich bei seiner Arbeit in den Abgründen solche immer mehr auch in seinem Innern auf. Zunächst kann er ihnen in Angedenken an Ulla noch widerstehen (durch die Übertragung), die nächtliche Einfahrt nach der angeblich geplanten Hochzeit mit Olawsen ist dann aber der Höhe- und Umschlagspunkt, von dem aus die unterirdischen Erfahrungen Elis bestimmen. Das Bergwerk wird damit *Motiv* für sein Handeln im wahrsten Sinn des Wortes[61] - die Frage, die Elis sich stellt: "was überhaupt sein Bergmannshantieren mit seiner Liebe zu schaffen haben solle"[62] - ist so absurd nicht, wie es den Anschein hat. An seinem Unverständnis bei ihrer Beantwortung scheitert er.

2.2 Verbindungsglieder und Übergänge: Der Weg ins Bergwerk

Bei aller bisherigen Betonung der Kontrastierung von innen und außen, oben und unten soll hier auf die Verbindungslinien und Verknüpfungspunkte zwischen beiden Bereichen eingegangen werden. Als solche fungieren der alte Bergmann (Torbern) und Elis' Traum - durch sie wird wesentlich der Weg des Seefahrers Elis ins Bergwerk vorbereitet. Daß es ausgerechnet einem Bergmann gelingt, zu Beginn der Geschichte in Elis 'tiefe, wilde Einsamkeit' tröstend einzudringen, hat seinen Grund darin, daß dieser mitsamt der unterirdischen Welt, die er repräsentiert, ein typisches, schon bei Novalis vorgefundenes Kennzeichen trägt[63]: er erscheint Elis zwar fremd aber doch zugleich bekannt - er wird wiedererkannt:

> "Elis (...) gewahrte einen alten Bergmann, der (...) mit ernstem *durchdringenden* Blick auf ihn herabschaute. Sowie Elis den Alten länger an-

---

61 Vgl. auch Manfred Frank: Die unendliche Fahrt, a.a.O., S. 8: "Das Motiv -ich spiele absichtlich mit dem Etynom, obwohl die Bedeutungen der beiden Ausdrücke sich auseinanderentwickelt haben - ist das literarische (oder textuelle) Pendant zur Motivation."

62 Ebd., S. 192.

63 Vgl. Abschnitt III, Kap. 3.

sah, wurde es ihm, als trete (...) eine *bekannte* Gestalt ihm freundlich tröstend entgegen."[64]

"Elis horchte auf; des Alten seltsame Weise von den unterirdischen Wundern zu reden (...) erfaßte sein ganzes Ich. (...) Und doch war es ihm wieder, als habe ihm der Alte *eine neue unbekannte Welt* erschlossen, in die er hineingehöre, und aller Zauber dieser Welt sei ihm *schon zur frühsten Knabenzeit* in seltsamen geheimnisvollen Ahnungen aufgegangen."[65]

Ebenfalls wie bei Novalis wird von einem verborgenen Wissen, von einem unbewußten Zusammenhang ausgegangen, was nur anamnetisch erfahren werden kann. Bei Hoffmann ist dieses 'Wissen' mit dem Unbewußten zu identifizieren, wie überhaupt die Merkmale des "bekannten Fremden" im Unterschied zu Novalis viel stärker psychologisiert erscheinen; so etwa der Hinweis auf die frühe Kindheit und das Spiegelmotiv der Augen: Wenn des Bergmanns Blick Elis durchdringen, er also in dessen Inneres schauen kann, und Elis beim Zurückblicken meint, es "trete ihm eine bekannte Gestalt" entgegen, so ist diese nichts anderes als sein eigenes Unbewußtes.[66] Diese Deutung des Bergmanns als Repräsentant von Elis unbewußten Anteilen manifestiert sich im Fortlauf der Geschichte: er stellt Wünsche vor, mahnt an Bindungen und verheißt Erkenntnisse.[67] Zugleich ist er aber auch eine ganz reale Gestalt, und damit wird die Verknüpfung von innerer und äußerer Welt geschaffen. Ebenso bildet er den Übergang zwischen oben und unten, indem er als Mann der Tiefe Elis in der

64 BzF, SB I.2, S. 174 / Hervorhebungen H.G.

65 Ebd., S. 177 / Hervorhebungen H.G.

66 Vgl. ähnlich Emil Franz Lorenz: Die Geschichte, a.a.O., S. 267, der in dem Bergmann "Elis selbst in neurotischer Fixierung" sieht.

67 Vgl. BzF, SB I.2, S. 176ff."...so möcht' es wohl sein, daß in der tiefsten Teufe (...) des Menschen Auge hellsehender wird, ja daß es endlich sich mehr und mehr erkräftigend, in dem wunderbaren Gestein die Abspiegelung dessen zu erkennen vermag, was über den Wolken verborgen."(S. 176)

oberen Welt anspricht. Mit jenem alten Bergmann beginnt also für Elis das Duplizitätserlebnis in jeder Hinsicht. In der Novelle spiegelt sich an seiner Person auch die Wandlung des Elis zur Pathologie, zur Dominanz der Innen/Unten-Motivation - aus der Erscheinung eines realen alten Bergmanns wird die des mit phantastischen Zügen behaftete Torbern.[68]

Der Traum bildet schließlich den letzten Anstoß für Elis, nach Falun zu gehen. Er hat diesselbe Funktion wie die Erzählungen des alten Bergmanns, verifiziert diese gleichsam auf der subjektiven Ebene des Protagonisten. Der Traum ist zugleich Elis' erster Abstieg in die Tiefe - im doppelten Sinne: ins Unbewußte selbst und in den Zaubergarten unter Tage - und schafft damit die letzte Verknüpfung der beiden Welten[69]:

> "Kaum hatte er sich müde und matt wie er war, hingestreckt auf sein Lager, als der Traum über ihm seine Fittiche rührte. Es war ihm, als schwämme er in einem schönen Schiff mit vollen Segeln auf dem spiegelblanken Meer, und über ihm wölbe sich ein dunkler Wolkenhimmel. Doch wie er nun in die Wellen hinabschaute, erkannte er bald, daß das, was er für das Meer gehalten, eine feste durchsichtige funkelnde Masse

68 Von der Identität beider Personen gehe ich aus, vgl. BzF, SB I.2, S. 188: "Elis Fröbom, das ist der alte Torbern gewesen, dem du begegnet...". Ebenso davon, daß der alte Bergmann zu Beginn nicht (bzw. nur für Elis) als spukhafte Gestalt erscheint wie später Torbern; derselben Meinung ist auch Inge Stegmann (vgl. Deutung und Funktion, a.a.O., S. 270). Für die reale Anbindung selbst noch Torberns spricht, daß E.T.A. Hoffmann mit der Namensgebung an den damals bekannten schwedischen Wissenschaftler Torbern Olaf Bergman (1735-1784) anknüpfte, der vor allem mit Veröffentlichungen zur Mineralogie (dt. Übersetzung: Grundriß des Mineralreichs, in einer Anordnung nach den nächsten Bestandtheilen der Körper. Wien 1787) und zur Chemie hervortrat. In seinem Werk 'Anleitung zu Vorlesungen über die Beschaffenheit und den Nutzen der Chemie und die allgemeinsten Verschiedenheiten natürlicher Körper' (Stockholm und Leipzig 1779) deutete er die Beziehung chemischer Stoffe als "Wahlverwandtschaft". Hoffmann kannte ihn vermutlich aus der Reisebeschreibung Johann Friedrich Hausmanns: Reise durch Skandinavien, a.a.O., Bd. V, S. 9.

69 Inge Stegmann hat den medialen Charakter des Traums und seinen hohen Erkenntiswert im Werk E.T.A. Hoffmanns insgesamt nachgewiesen. (Vgl. I. S.: Die Wirklichkeit des Traums bei E.T.A. Hoffmann. In: Zeitschrift für deutsche Philologie. Sonderheft Bd. 95, 1976, S. 76).

war, in deren Schimmer das ganze Schiff auf wunderbare Weise zerfloß, so daß er auf dem Kristallboden stand, und über sich ein Gewölbe von schwarz flimmerndem Gestein erblickte. Gestein war das nämlich, was er erst für den Wolkenhimmel gehalten."[70]

Was Elis für einen unvereinbaren Gegensatz gehalten hat - das offene Meer unter "sonnenhellem Himmel" und die verborgene "schauerliche Höllentiefe"[71] - geht in seinem Traum fließend ineinander über. Dieses HinÜbergleiten und Verschmelzen der (Welt-)Bilder, das Inge Stegmann nicht zu unrecht mit surrealistischer Filmtechnik verwandt sieht[72], ist gleich mehrfach motiviert. Es nutzt nicht nur die naturphilosophisch-spekulative Bedeutungsanalogie Wasser - Kristall[73] und enthält Reminiszenzen an Dantes Einfahrt in die Unterwelt und damit zur antiken Mythologie[74], sondern ist zugleich konkret materiell von größtem Interesse: Die Wahrnehmungsbewegung nach innen/unten, vom oberflächlichen Handel auf See zu den tellurischen Ursprüngen der Waren, den

70 BzF, SB I.2, S. 177f.

71 Vgl. BzF, SB I.2, S. 176.

72 I. S.: Deutung und Funktion, a.a.O., S. 273.

73 Vgl. Inge Stegmann: Deutung und Funktion, a.a.O., S. 263.

74 Auch Dante, dessen Inferno Hoffmann ausdrücklich in den BzF erwähnt (SB I.2, S. 181), schildert die Einfahrt in die unterirdischen Höllenbezirke als Fahrt mit dem Schiff. (Vgl. D. A.: Die göttliche Komödie <1307-1321>. München [2]1978, S. 16ff). Der Unterweltfluß Acheron und der Fährman Charon sind der antiken Mythologie entnommen. (Vgl. Karl Kerényi: Die Mythologie der Griechen. Bd. I. München [7]1984, S. 194f und Bd II, München [6]1983, S. 147ff). Hans Peter Duerr berichtet von der Initiation in eine Orakelhöhle bei Plutarch (De genio Socratis) als Fahrt der Seele durch ein Meer. (H. P. D.: Traumzeit. Über die Grenze zwischen Wildnis und Zivilisation. Frankfurt/M. 1985, S. 310).

"geheimsten Schatzkammern" der Natur[75], vollzieht dabei gleichsam eine Rückübersetzung der Verwandlung von Natur in Ware:

> "Wenn der blinde Maulwurf in blindem Instinkt die Erde durchwühlt, so möcht es wohl sein, daß in der tiefsten Teufe bei dem schwachen Schimmer des Grubenlichts des Menschen Auge hellsehender wird, ja daß es endlich sich mehr und mehr erkräftigend, in dem wunderbaren Gestein die Abspiegelung dessen zu erkennen vermag, was oben über den Wolken verborgen."[76]

Schließlich ist der Schiff-Bergwerk Übergang auch wieder psychologisch stringent motiviert: als Reise in das Reich der unbewußten Anteile von Elis, für die die besonderen Erkenntnismöglichkeiten entsprechend gelten. Zentral in diesem unterirdischen Reich ist - im Traum wie später bei seiner nächtlichen Einfahrt - eine mächtige Königin. In ihr wäre (individualpsychologisch gesehen) Elis' Mutter wiederzuerkennen, textimmanent aufweisbar durch die parallele dominante Stellung, die diese für Elis hat, was sich mit psychoanalytischen Deutungen der Königinfigur im Traum als weibliches Elternteil deckt.[77] Freud meint, "daß auch die Schiffe des Traumes Weiber bedeuten"[78]. Setzt man auch dafür die Mutter von Elis ein, vom Angedenken an die 'getragen' er ja durch die Welt segelt, würde das ebenfalls den Übergang Schiff-Bergwerk erklären: Nachdem die Mutter durch ihren Tod diese 'tragende Rolle' in der realen Außenwelt eingebüßt hat, muß Elis nun feststellen, daß ihre Bedeutung in seinem Innern weiterhin Realität ist. Die Macht dieser Mutter/Königin und deren

---

75 Mit exakt diesem Argument versuchte Torbern schon bei seiner ersten Begegnung mit Elis die Faszination der Tiefe zu erklären: "Schnöder Gewinn! Als ob alle grausame Quälerei auf der Oberfläche der Erde, wie sie der Handel herbeiführt, sich edler gestalte als die Arbeit des Bergmanns, dessen Wissenschaft, dessen unverdrossenem Fleiß die Natur ihre geheimsten Schatzkammern erschließt." (BzF, SB I.2, S. 176). Vgl. dazu auch Manfred Frank: Das Motiv, a.a.O., S. 397.

76 BzF, SB I.2, S. 176.

77 Vgl. Sigmund Freud: Vorlesungen zur Einführung in die Psychoanalyse. In: S. F.: Studienausgabe, a.a.O., Bd. I, ^{7}1976, S. 162 und 168 (=10. Vorlesung).

78 Ebd., S. 171.

Sogwirkung im Bergwerk entspricht der seiner unbewußten Fixierung, die bereits aufgezeigt wurde. Daß im Traum Elis die Stimme seiner Mutter von *oben* hört, ist dazu kein Widerspruch. Emil Franz Lorenz deutet folgerichtig, daß vor allem sie (die Mutter) Elis von ihrer Macht in seinem Unbewußten hätte befreien können; indem Elis in der rufenden Gestalt Ulla erkennt, verifiziert sich abermals die Übertragung.[79]

Auch die Unterschiede zwischen dem Traum in Göteborg und den Visionen im Bergwerk lassen sich aus solchem Ansatz erklären: Waren die ersten (Traum-)Erlebnisse unter Tage entscheidend geprägt vom Hin- und Hergerissensein zwischen "Schmerz und Wollust", "Entzücken und zermalmender Angst", "Wonne und Entsetzen"[80], so fehlt beim zweiten jede Gefühlsdualität.[81] Dies zeugt vom Fortschreiten von Elis Neurose und entspricht dem Verlauf der herausgearbeiteten Struktur, dem Übermächtigwerden der Pathologie. Aus demselben Grund nimmt auch die Nähe zur Königin zu: Im Traum sah er sie noch weit unten[82], im Bergwerk

> "...erfaßte (sie) ihn, zog ihn hinab, drückte ihn an ihre Brust, da durchzuckte ein glühender Strahl sein Inneres, und sein Bewußtsein war nur das Gefühl als schwämme er in den Wogen eines blauen durchsichtigen funkelnden Nebels.-"[83]

---

79 E. F. L.: Die Geschichte, a.a.O., S. 266ff.

80 Vgl. BzF, SB I.2, S.178f. In diesem Sinne auch sein Schwanken, sein Hin- und Hergerissensein nach Falun zu gehen.

81 Vgl. ebd., S. 190. Dazu analog die Elis' spätere Entschlossenheit, "dunkel sprühendes Feuer in den Augen", den Almandien zu holen, nur seine Stimme "schwankt" dort noch. (S. 194).

82 Vgl. Ebd., S. 178.

83 Ebd., S. 191. Die dabei auftauchenden Bilder des Nebels und des Blitzes versucht wiederum Lorenz stimmig zu deuten: Sie zeugten von Inzestphantasien, die auf das "physiologisch begründete normale erotische Bedürfnis" von Elis gründeten und zu den infantilen und vorinfantilen Uterusphantasien hinzuträten, die aus der neurotischen Mutterbindung entstammten - in der Gestaltung des unterirdischen Zaubergartens im Bergwerk verflössen beide miteinander. Vgl. E. F. L.: Die Geschichte, a.a.O., S. 286f.

"Unheimlich nennt man alles, was im Geheimnis, im Verborgnen ...bleiben sollte und hervorgetreten ist." (Schelling: Phil. d. Mythologie, 28. Vorl.)

3. Erfahrungen mit dem Unbewußten: Wiedererkennen und Angst

Der hier gewählte Zugang zu Hoffmanns Novelle über die Stoffgeschichte bzw. über die Psychoanalyse des Protagonisten findet sich, freilich bei voneinander abweichenden Deutungen, in fast sämtlichen Arbeiten der Forschung. Daneben sind vor allem in der neueren Literatur Ansätze einer darüber hinausgehenden Interpretation entwickelt worden.[84] Zurecht, denn die Erzählung von den Bergwerken zu Falun geht nicht in der Krankengeschichte eines Individuums auf. Um zu weiteren Bedeutungsebenen zu gelangen, erweist sich m.E. die konsequente Fortführung der psychologisch orientierten Interpretation als sinnvoll. Nicht alternativ, sondern aufbauend abstrahierend zur Psychoanalyse des Protagonisten (nicht des Autors!) ist zu verfahren.[85] In einem ersten Schritt soll dies mittels des Unheimlichen der Geschichte versucht werden.

---

84 Vgl. vor allem : Ronald J. Elrado: The maw as infernal medium in 'Ritter Gluck' and 'Die Bergwerke zu Falun'. In: New German Studies, Vol. 9, 1981, S. 29ff; Brigitte Feldges/ Ulrich Stadler: E.T.A. Hoffmann. Epoche-Werk-Wirkung. München 1986, S. 179ff und Lee B. Jennings: The Downward Transcendence: Hoffmann's Bergwerke zu Falun. In: DVjs. Heft 2, Jg. 59, 1985, S. 278ff.

85 Diesbezüglich schafft vor allem Lee B. Jennings (Downward Transcendence, a.a.O., S. 279ff) unnötige Gegensätze zwischen psychoanalytischer Deutung und dem von ihm so genannten "somewhat naive idealistic approach of older times" mit der auch von ihm favorisierten These der zwei Welten im Werk E.T.A. Hoffmanns. Vgl. dazu grundsätzlich die Aufsätze von Wolfgang Preisendanz und Silvio Vietta, die die Annahme der zwei Welten auf unterschiedliche Perspektiven zurückführen. (Vgl. W. P.: Eines matt geschliffnen Spiegel dunkler Widerschein. E.T.A. Hoffmanns Erzählkunst. In: E.T.A. Hoffmann. Hrsg. von Helmut Prang. Darmstadt 1976, S. 270ff und S. V.: Romantikparodie und Realitätsbegriff im Erzählwerk E.T.A. Hoffmanns. In: Deutsche Philologie. Bd. 100, Heft 4, 1981, S. 575ff).

> "Die Wirkung des Werks ist (...) eine beängstigende, beklemmende, eine Wirkung, die der naturgemäßen Aufgabe der Poesie, wofern diesselbe darin besteht, uns zu ergötzen, zu erheben und zu erlösen, durchaus widerspricht."[86]

So charakterisierte Georg Friedmann seine Leseeindrücke, und schon Ottmar beklagte in der Rahmenerzählung der 'Serapionsbrüder' nach dem Vortrag der 'Bergwerke zu Falun', daß ihm die "gespenstigen Bergmänner und Visionen" gar nicht recht gefallen[87]. Es scheint, als lasse Hoffmanns Erzählung den Leser an der Angsterfahrung des Elis teilhaben. Einer Angst, die im Kern ja dadurch bestimmmt ist, daß die Tiefe ihn hinabzöge, ihn unten festhalte, letztlich, daß seine Identität sich dort unten auflöse:

> "Sowie nun aber der Jüngling wieder hinabschaute (...), fühlte er, daß sein Ich zerfloß in dem glänzenden Gestein. Er kreischte auf in namenloser Angst (...)."[88]

Die Angst vor dem Ichverlust und der Fremdbestimmung seines Handelns - wie oft fühlt Elis sich "von unbekannter Macht" getrieben, von "Unwillkürlichem" beherrscht[89] - ist dabei stets mit dem traditionell unheimlichen Ort des Berg-

86 Georg Friedmann: Die Bearbeitungen, a.a.O., S. 38f.

87 Vgl. SB I.2, S. 197.

88 BzF, SB I.2, S. 179. Vgl. auch Manfred Momberger: Sonne und Punsch. Die Dissemination des romantischen Kunstbegriffs bei E.T.A. Hoffmann. (=Literatur und Gesellschaft NF 9). München 1986, S. 191f: "... Identitätsverlust steht in Hoffmanns Werk unter dem Zeichen des Abgrundes, der sich in vielfältigen Variationen und Transformationen findet (...) Die Imagerie des Abgrundes korrespondiert der Struktur des Subjekts selbst: dem äußeren Abgrund entspricht ein innerer."

89 Vgl. BzF, SB I.2, S. 178 und 184.

werks verknüpft und gepaart mit der Lust an außergewöhnlichen Erkenntnissen im unterirdischen Zaubergarten. Die Bilder, die fremd und doch bekannt dünken, können also nicht nur Freude über die Entdeckung neuer unbekannter Welten verbreiten, sondern ebenso Angst und existentielle Bedrohung. Eine Möglichkeit des Umschlags, die paradigmatisch für Freuds Charakterisierung des Unheimlichen ist:

> "... so verstehen wir, daß der Sprachgebrauch das Heimliche in seinen Gegensatz, das Unheimliche, übergehen läßt, denn dies Unheimliche ist wirklich nichts Neues oder Fremdes, sondern etwas dem Seelenleben von alters her Vertrautes, das ihm nur durch den Prozeß der Verdrängung entfremdet worden ist."[90]

Freud unterscheidet dabei zwischen Verdrängtem aus überwundenen Denkweisen und dem aus erlebten infantilen Komplexen. Das erstere könne durch eine einfache Realitätsprüfung jeder Angst enthoben werden.[91] Zum ästhetischen Genuß, so scheint es, eignet sich nur das aus solchen Wurzeln entstandene Unheimliche. Nur dazu gibt es für den Leser eine Sekuritätsposition zum Angstmachenden, welche die Bedingung jedes ästhetischen Genießens ist.[92] In den 'Bergwerken zu Falun' geht es aber um die zweite Variante des Unheimlichen. Dort werden durch "Rückgreifen auf einzelne Phasen in der Entwicklungsgeschichte des Ich-Gefühls"[93] verdrängte infantile Komplexe wiederbelebt und

---

90 Sigmund Freud: Das Unheimliche <1919>. In: Studienausgabe, a.a.O., Bd. IV, ^{3}1976, S. 264.

91 Vgl. ebd., S. 270f.

92 Vgl. Richard Alewyn: Die literarische Angst. In: Aspekte der Angst. Starnberger Gespräche 1964. Hrsg. Hoimar v. Ditfurth. Stuttgart 1965, S. 35f und R. A.: Die Lust an der Angst. In: R. A.: Probleme und Gestalten. Essays. Frankfurt/M. 1974, S. 315: "(Die Konversion von Angst in Lust / H.G.) ... ist vollziehbar nur, solange das Potential kreatürlicher Angst zwar einerseits noch nicht abgestorben ist, andererseits aber schon als Reiz erlebt wird, d.h. in der Übergangszeit, in der zwar schon das Bewußtsein rationalisiert ist, aber noch nicht der Untergrund der Seele."

93 Sigmund Freud: Das Unheimliche. In: Studienausgabe IV, a.a.O., Bd. IV, ^{3}1976, S. 259.

nicht nur das: Jenseits konkreter Probleme, wie etwa in unserem Fall der Mutterbindung, wird die Konstituierung der Ich-Identität überhaupt infrage gestellt. Hoffmann thematisiert gewissermaßen die Ursprungserfahrung des Unheimlichen, das Unheimliche des Unbewußten selbst: Wenn das Ich "nicht einmal Herr ist im eigenen Hause"[94], kann das eigene Heim, das Vertrauteste zum Ort des Unheimlichen werden. Kein Wunder also, daß sich angesichts dieser Bedrohung beim Lesen kein genießender Schauer einstellen mag: Elis wie der Leser erfahren als Dimension des eigenen Innern: daß das Unbewußte als 'Mutter' des Handelns in der Tiefe zum Abgrund werden kann, zu dem es kein Geländer gibt. Das Bergwerk ist der Raum, in dem dieser Abgrund gestaltet ist.

3.2 Der Archetyp der 'großen Mutter'

Anstelle des hier unternommenen Versuchs, über die Theorie des Unheimlichen von der psychologischen Motivierung innerhalb der Novelle auf die Ebene einer übergreifenden Auseinandersetzung mit dem Unbewußten zu gelangen, bietet dazu auch die Anwendung von Carl Gustav Jungs Theorie eine naheliegende Möglichkeit, da sie mit ihrer Lehre von den Archetypen und dem kollektiven Unbewußten per se auf intersubjektive, psychologisch übergeordnete Phänomene abhebt.[95] In der wissenschaftlichen Diskussion um die 'Bergwerke zu Falun' finden sich denn auch gleich mehrere direkt oder indirekt C. G. Jung verpflichtete Ansätze. Sie sollen hier kurz vorgestellt und kritisch betrachtet werden.

Schon 1966 sprach Klaus Joachim Heinisch davon, daß das 'bekannte Fremde' mit den "den magischen Raum der Kollektivseele bevölkernden Wesen" identisch sei[96], und nach Claudio Magris stützt sich in der Geschichte vom Unter-

---

94 Sigmund Freud: Vorlesungen zur Einführung in die Psychoanalyse. In: Studienausgabe, a.a.O., Bd. I, ^{7}1976, S. 284 (=18. Vorlesung).

95 Vgl. C. G. J.: Über die Archetypen und das kollektive Unbewußte <1935>. In: C. G. J.: Geammelte Werke. Hrsg. von Lilly Jung-Merker und Elisabeth Rüf. Bd. 9/1. Freiburg ^{6}1985, S. 53ff.

96 K. J. H.: Deutsche Romantik Interpretationen, a.a.O., S. 138.

gang des Elis' das "Wiederaufgreifen des Mythos auf das Symbol als Darstellung des kollektiven Unbewußten"[97]. Neben der Arbeit von Hans Peter Grob, der die Frauengestalten Hoffmanns in Jung'sche Kategorien zu fassen versuchte, aber mit seiner eher quantitativen Analyse wenig erhellende Aspekte zur Interpretation des Hoffmannschen Werks beiträgt[98], hat sich Ronald J. Elrado mit einer explizit Jung'schen Interpretation den 'Bergwerken zu Falun' gewidmet.[99] Elrado greift dabei auf den Jung-Schüler Erich Neumann zurück, der umfangreiche Studien zu den symbolischen Erscheinungsformen des Weiblichen verfaßte.[100] Das Unterirdische, die Höhle, die Grotte, Abgründe und Paradiesgärten erweisen sich danach als wesentliche Gestaltungsformen der 'großen Mutter' in ihrer typischen Ambivalenz als zugleich bergend und verschlingend:

> "...neben dem zu befruchtenden Schoß und der schützenden Höhle der Erde und des Berges klafft der Abgrund und die Höhle, das dunkle Loch der Tiefe, der fressende Schoß des Grabes und des Todes, der lichtlosen

---

97 C. M.: Die andere Vernunft. E.T.A. Hoffmann. Königstein/Ts. 1980, S. 31.

98 Vgl. H. P. G.: Puppen, Engel, Enthusiasten. Die Frauen und die Helden im Werke E.T.A. Hoffmanns. Bern/ Frankfurt/M./ New York 1984. Vgl. dazu die kritische Besprechung von Hartmut Mangold: Grobes Raster. In: Mitteilungen der E.T.A. Hoffmann-Gesellschaft. Heft 32, 1986, S. 128f.
Gleichsam als 'säkularisierte' Jung-Interpretation jenseits der Archetypenlehre läßt sich der Beitrag von Brigitte Feldges lesen, die in Hoffmanns Geschichte "die Angst vor der Frau manifestiert" sieht. Die BzF haben ihr zufolge "Zeichencharakter in bezug auf den Kommunikationsprozeß zwischen den Geschlechtern", und die Angst vor den Frauen erscheine dabei nicht direkt, vielmehr "eingekleidet in das Gewand eines Mythos, dem Märchen von den Verlockungen des Berges". Unverständlich bleibt dabei allerdings, warum sie dann ausgerechnet der Bergkönigin die Rolle zuschreibt, Versinnbildlichung der "Forderungen durch den Bergwerksberuf" und damit des "neuen repressiven Arbeitsethos" zu sein.(B. F./ Ulrich Stadler: E.T.A. Hoffmann, a.a.O., S. 186ff).

99 Vgl. R. J. E.: The maw as infernal medium, a.a.O., S. 29ff.

100 Vgl. E. N.: Zur Psychologie des Weiblichen. Zürich 1953; E. N.: Kunst und schöpferisches Unbewußtes. Zürich 1954; E. N.: Die große Mutter. Eine Phänomenologie der weiblichen Gestaltungen des Unbewußten. Freiburg [2]1974.

> Dunkelheit und des Nichts. Denn dieses Weib, welches das Leben und alles Lebendige der Erde gebiert, ist zugleich auch die alles wieder Fressende und in sich Einschlingende (...)."[101]

Diese Ambivalenz ist nach Neumann nun eine, die sich parallel zur Bewußtseinsentwicklung der Menschen entfaltet hat. Vom "embryonalen Enthaltensein im Mütterlichen", dem totalen "Innensein", gehe die Auseinandersetzung hin zum Kampf gegen die 'große Mutter'. Darin offenbare sich die steigende Kraft des Bewußtseins.[102] Ständig bleibe dabei die Anziehungskraft einer lustvollen Selbstauflösung zum ohnmächtigen Ich, weil das Bewußtsein nicht nur positiv erfahren werde. Unterstellt ist, daß die 'große Mutter' Ausdruck der Innenseite, Symbol des Unbewußten ist, die Auseinandersetzung mit ihr letztlich die zwischen Unbewußtem und Bewußtsein.[103] In diesem Sinne hatte bereits C. G. Jung Regression zum Infantilismus und Mutterleibsphantasien gedeutet:

> "Es muß hier nämlich in Betracht gezogen werden, daß die 'Mutter' in Wirklichkeit eine imago, ein bloßes psychisches Bild ist, welches zwar viele verschiedene, aber bestimmt sehr wichtige unbewußte Inhalte besitzt. Die 'Mutter' (...) personifiziert sogar das ganze Unbewußte. Die Regression führt daher nur scheinbar zur Mutter zurück; diese ist aber in Wirklichkeit das Tor, das sich ins Unbewußte, ins 'Reich der Mütter' öffnet. Wer dort eintritt, unterwirft seine bewußte Ichpersönlichkeit dem

---

101 E. N.: Die große Mutter, a.a.O., S. 148 und vgl. ebd. S. 167f: "Die Hölle und die Unterwelt sind als Gefäß des Todes Formen des fruchtbaren Gefäßes, des negativen todbringenden Bauchgefäßes in genauer Entsprechung zu seiner lebensspendenden positiven Seite (...). Die saugende Gewalt dieses Ortes ist mythologisch immer in ihrer den Menschen (...) hineinlockenden und -zwingenden Kraft symbolisiert, der sich nur der Held - und auch er nicht immer - entziehen kann." Vgl. dazu auch Heide Göttner-Abendroth: Die Göttin und ihr Heros. Die matriarchalen Religionen in Mythos, Märchen und Dichtung. München 1980, S. 23ff.

102 Vgl. E. N.: Die große Mutter, a.a.O., S. 148 und S. 42f.

103 Vgl. ebd., S. 103 und S. 40f: "In der Beziehung zwischen dem Ich und dem Unbewußten ist eine 'psychische Gravitation' zu beobachten als Tendenz des Ich, in den ursprünglich unbewußten Zustand zurückzukehren. Diese Tendenz ist umgekehrt proportional zu der Stärke des Ich und des Bewußtseins (...), je mehr freie Libido dem Ich als Wille und Interesse zur Verfügung steht, desto geringer ist die Wirkung dieser Trägheitstendenz."

beherrschenden Einfluß des Unbewußten, oder, wenn er das Gefühl hat, er sei unversehens hineingetappt, (...) dann wird er sich verzweifelt wehren, ohne daß sein Widerstand ihm zum Vorteil gereichen würde."[104]

Dies versteht Jung als deutliche Kritik an der Freudschen Sicht dieser Probleme, was sich vor allem in therapeutischen Konsequenzen niederschlägt, die hier nicht von Interesse sind. Wesentlich aber ist der zugrundeliegende Vorwurf an Freuds Konkretismus. Nach Jung macht nämlich die Regression keineswegs bei der Mutter halt, sondern geht zurück bis zum "pränatalen 'Ewig Weiblichen'", zur "Urwelt der archetypischen Möglichkeiten".[105]

Elis Gang ins Bergwerk wäre demnach ein Gang zu den Müttern schlechthin, zum unbewußten seelischen Urgrund der Existenz. Die dabei auftretende Ambivalenz von Lust und Entsetzen wäre Ausdruck des Archetyps 'große Mutter'. Jung beschreibt Regression und Introversion in Analogien von Tiefe und Oberwelt. Beschreibungen, die bis in die Formulierungen hinein Parallelen zu den Schilderungen von Elis' Zustand aufweisen und die von der entsprechenden Hoffmann-Forschung längst nicht ausgeschöpft sind.[106] Wenn es etwa von Elis heißt, daß es ihm schien, "als stiege sein besseres, sein eigentliches Ich hinab in den Mittelpunkt der Erdkugel und ruhe aus in den Armen der Königin"[107], so

104 Carl Gustav Jung: Symbole der Wandlung <1952>. In: Gesammelte Werke, a.a.O., Bd. 5, ^{4}1985, S. 421f.

105 Vgl. ebd., S. 422.

106 Ronald J. Elrado hat nur wenige Bezüge klar herausgestellt. Anläßlich einer Interpretation von Hofmannsthals Falun-Bearbeitung hat Niels Axel Grossert einschlägige Stellen gegenübergestellt, die auch für die Novelle Hoffmanns dienstbar gemacht werden können. Die folgenden Textstellen verdanken sich Grosserts Hinweisen. (Vgl.: N. A. G.: Versuch einer Anwendung von tiefenpsychologischen Kategorien bei einer Analyse der Werke Hugo von Hofmannsthals. Bemerkungen zu *Das Bergwerk zu Falun* und *Die Frau ohne Schatten*. In: Literatur und Psychoanalyse. Hrsg. von Klaus Bohnen und Sven-Aage Joerensen. Kopenhagen/ München 1981, S. 67ff).

107 BzF, SB I.2, S. 193.

ließe sich das mit Jung ohne Zweifel als Introversion deuten, die wie folgt gekennzeichnet sei:

> "... die Libido sinkt in ihre 'eigene Tiefe' (ein bekanntes Gleichnis NIETZSCHES) und findet dort unten in der Dunkelheit den Ersatz für die Oberwelt, die sie verlassen hat, nämlich die Welt der Erinnerungen (...), worunter die stärksten und einflußreichsten die frühen Erinnerungsbilder sind."[108]

Solche Introversionserlebnisse sieht Jung in vielen Mythen und Riten - der Gang zur Entschleierung der Isis wird ebenso gedeutet - wobei der Ausgang verschieden sein kann: nicht immer tritt der Held (wie Hyazinth in Novalis' Märchen) gereift aus der Introversion heraus:

> "... 'die Gefahr ist groß', wie Mephistopheles sagt, denn die Tiefe ist verlockend. (...) Bleibt die Libido im Wunderreich der inneren Welt hängen, so ist der Mensch für die Oberwelt zum Schatten geworden, er ist so gut wie tot oder wie schwerkrank. Gelingt es aber der Libido, sich wieder loszureißen und zur Oberwelt emporzudringen, dann zeigt sich ein Wunder: die Unterweltsfahrt war ein Jungbrunnen für sie gewesen, und aus dem scheinbaren Tod erwacht neue Fruchtbarkeit."[109]

Es stellt sich die Frage, was aus dem Ansatz C.G. Jungs für unsere Literaturinterpretation fruchtbar gemacht werden kann. Ohne in Eklektizismus zu verfallen, können die materialreichen Studien zur Phänomenologie der Weiblichkeit von Jung und Neumann als Bestätigung der aus der Novelle herausgearbeiteten engen Verschränkung zwischen Unterirdischem, Unbewußtem, Mutter und 'Mutterbedeutung des Unbewußten' gewertet werden. In Mythologien und Naturreligionen fast aller Kulturen läßt sich die Vorstellung einer belebten

108 Carl Gustav Jung: Symbole des Wandels. In: Gesammelte Werke, a.a.O., Bd. 5, [4]1985, S. 375.

109 Ebd., S. 376.

'Mutter Erde' nachweisen[110], ebenso ihre Ambivalenz von bergend und verschlingend. Auch scheint der Gang unter die Erde ein Topos der Identitätsfindung zu sein. E.T.A. Hoffmann knüpft also an Bilder und Symbole von großer Tradition und Beständigkeit an.

Mit einer Rückführung der in den 'Bergwerken zu Falun' behandelten Motive aber auf die ohnehin problematischen Prämissen vorgeblich angeborener Archetypen und des kollektiven Unbewußten ist einer Literaturinterpretation wenig gedient. Mit einer solchen - wie Bloch es ausdrückte - 'Archaisierung' des Unbewußten[111] wird der Blick verstellt auf die gerade interessanten Differenzierungen und Abwandlungen solcher mythologischen Vorbilder. Die Frage nach spezifischen Funktionen und Gründen ihrer Konjunktur bleibt notwendig unbeantwortet. Erst recht nicht vermag eine ahistorische Betrachtung die gesellschaftliche Rückbindung (Vermittlung) derartiger Vorstellungen zu leisten.

Anders der zuvor skizzierte Zusammenhang mit dem Unheimlichen des Unbewußten: Er verweist auf eine der grundlegenden Kränkungen der Subjekts[112] als eine Erfahrung der Moderne, die von den Romantikern entdeckt wurde. Wenn das Ich "nicht einmal Herr ist im eigenen Haus"[113], stellt sich das Problem der Identitätsfindung neu. Das Motiv vom Gang zur Bergkönigin und die Vorstellung vom Rückgang zu den unbewußten, in der Tiefe liegenden Ursprüngen (Motivation von innen) thematisieren dieses Problem. Hoffmanns

110 Vgl. dazu auch die umfangreichen Arbeiten von Mircea Eliade: Schmiede und Alchemisten. a.a.O., und M. E.: Mythen, Träume und Mysterien. (=Reihe Wort und Antwort Bd. 25) Salzburg 1961, bes. S. 220ff sowie den Schlußabschnitt (VI) dieser Arbeit Kap. 4.

111 Ernst Bloch: Das Prinzip Hoffnung, a.a.O., Bd. I, S. 69.

112 Vgl. Sigmund Freud: Vorlesungen zur Einführung in die Psychoanalyse. In: Studienausgabe, a.a.O., Bd. I, [7]1976, S. 283f: Freud stellt neben die Erfahrung , daß "unsere Erde nicht der Mittelpunkt des Weltalls ist, sondern ein winziges Teilchen eines in seiner Größe kaum vorstellbaren Weltsystems" und die Wirkung der Evolutionslehre, die "das angebliche Schöpfungsvorrecht des Menschen zunichte machte" als dritte und empfindlichste Kränkung die Erkenntnis von der Macht des Unbewußten.

113 Sigmund Freud: Vorlesungen zur Einführung in die Psychoanalyse. In: Studienausgabe, a.a.O., Bd. I, [7]1976, S. 284 (=18. Vorlesung).

Text steht dabei inmitten einer Reihe literarischer Vorbilder und Parallelen mit sehr ähnlicher Gestaltung; man denke nur an das Hyazinth-Märchen von Novalis, das Hoffmann sehr schätzte, an Tiecks 'Runenberg' und die zahlreichen Venuskult-Darstellungen.

Wenn die 'Bergwerke zu Falun' - wie wir gesehen haben - auf einer ersten Ebene als Krankheitsgeschichte eines Individuums zu lesen sind, so hier auf einer zweiten als Thematisierung eines grundlegenden Identitätskonflikts. Im folgenden soll nun eine weitere - mit der Subjektproblematik direkt verbundene - Bedeutungsebene verhandelt werden, bei der es um Aufklärung, Naturbeherrschung und fortgeschrittene Ökonomie geht. Dazu gilt es zu untersuchen, welche Funktion die Auseinandersetzung mit dem Unbewußten in der *spezifischen Gestaltung des Bergwerks* hat.

"Du sprichst von dem Blick in die schauerlichste Tiefe der Natur, möge nur jeder sich vor einem solchen Blick hüten, der sich nicht frei weiß von allem Schwindel." (SB I, S. 29)

4. Die Arbeit im Bergwerk und das Unbewußte als Naturgewalt

Rousseau berichtet, daß er stundenlang am Rande einer tiefen Schlucht stand, um sich dem Schwindel zu ergeben; ein angebrachtes Geländer bewahrte ihn vor jeder Gefahr.[114] Auch in Falun gab es, wie aus Beschreibungen und Abbildungen hervorgeht, ein solches Geländer.[115] Daß es in Hoffmanns Beschrei-

114 Vgl. Richard Alewyn: Die Lust an der Angst, a.a.O., S. 315f.

115 Vgl. die Abbildung bei Rudolf Ludwig (Hrsg): Die Gewinnung der Rohstoffe aus dem Innern der Erde, von der Erdoberfläche sowie aus dem Wasser. Leipzig / Berlin ^{5}1864, S. 209. Vgl. ebenso Ernst Moritz Arndt: Reise durch Schweden, a.a.O., Bd. II, S. 209: "Denn wie eine Öffnung der Hölle sieht der ungeheure Schlund der Grube in den Rauchwolken aus, die um ihn her dampfen. Er ist rings mit Geländern umgeben (...)".

bung der gewaltigen Faluner Grubenöffnung fehlt, ist kein Zufall - für Elis wie für den Leser soll es keinen Halt geben. Das zeigte sich schon am Unheimlichen der Novelle. Vollends deutlich wird es, wenn man dessen Funktion und die der ganzen Bergwerksszenerie in dem noch weitergefaßten Rahmen der Auseinandersetzung mit Natur überhaupt betrachtet. Denn letztlich thematisiert die 'Begegnung mit dem Unbewußten' als 'Mutter Natur' im Innern[116], als ungebändigte Naturgewalt, Probleme des Naturumgangs und der Naturbeherrschung und zwar in einer ganz spezifischen Weise: in Form von Arbeit. Elis will "wühlen, bohren und arbeiten"[117]. Im Unterschied etwa zur Höhle, Grotte usw. - diese wichtige Differenzierung fehlt bei allen C. G. Jung verpflichteten Interpretationen - ist das Bergwerk ja ein von Menschen *durch Arbeit geschaffener Weg* zu den innersten Schätzen der Natur.

Ein genauer Blick auf die Faluner Bergwerke, die der Novelle den Titel geben, eröffnet dabei interessante Aspekte für die Interpretation. In der Forschung wurde dem bisher kaum Beachtung geschenkt. Stattdessen finden sich neben den üblichen Hinweisen auf Hoffmanns Quellen[118] widersprüchliche Pauschalurteile: So meint etwa auf der einen Seite Klaus Kocks, der Bergmann bei Hoffmann habe "sehr viel mit dem künstlerischen Selbstverständnis zu tun und sehr wenig mit dem Faluner Bergbau".[119] Auf der anderen Seite sieht Brigitte Feldges - in Anlehnung an Wolfgang Uber - "schonungslos die harte Realität des Bergwerksberufs" vermittelt, zieht Vergleiche zur sozialkritischen Literatur der Industrialisierungszeit wie Charles Dickens' 'Hard Times' <1854> oder

---

116 Vgl. Aniela Jaffé: Bilder und Symbole aus E.T.A. Hoffmanns Märchen 'Der goldene Topf'. In: C. G. Jung: Gestaltungen des Unbewußten. Zürich 1950, S. 272f: "'Mutter Natur' trägt - wie Hoffmann erkannte - ein doppeltes Antlitz: das Reich der sichtbaren Welt, (...) und das Reich der inneren Bilder, (...). Die Sehnsucht des Menschen geht (...) dahin, die Mutter, seinen zweifachen Ursprung zu entschleiern."

117 BzF, SB I.2, S. 190.

118 S. o. Anmerk. 22.

119 K. K.: Montangeschichten und Montangeschichte: Zum Motiv der Langen Schicht. In: Der Anschnitt. Heft 6, Jg. 35, 1983, S. 204. Vgl. ähnlich Alfred Doppler: Der Abgrund, a.a.O., S. 162ff.

David Herbert Lawrences 'Sons and Lovers' <1913> und erinnert an "unmenschliche Arbeitsbedingungen" und lange Arbeitszeiten.[120] Davon ist in den 'Bergwerken zu Falun' allerdings nie die Rede. Allein die Tatsache, daß der Bergbau als "mühselige Arbeit" geschildert wird[121], läßt keinen Schluß auf industrielle Arbeitsformen zu. Nicht die konkreten Arbeitsbedingungen oder gar die 'sociale Frage' stehen im Mittelpunkt, sondern die Auseinandersetzung des Subjekts mit den Naturgewalten.

Die Faluner Bergwerke müssen, das belegen die Beschreibungen dieser Zeit, einen entsetzlichen Eindruck erweckt haben. Durch mehrere Einstürze nämlich war als Haupteingang eine riesige Schlucht mit fast senkrechten Steilwänden (ca 400 x 200m und 70m tief) entstanden, von deren Grund aus erst die unterirdischen Schächte ihren Ausgang nahmen.[122] Hoffmann benutzte diese real schreckliche Landschaft, um Elis' Wahrnehmung glaubwürdig daran zu binden. Stets werden vom Erzähler scheinbar objektive Beschreibungen vorgegeben, die sich zwischen sachlichem Bericht mit Detailangaben und eigenen, oft im Konjunktiv gehaltenen Eindrücken und Vergleichen bewegen:

> "Kein Baum, kein Grashalm sproßt in dem kahlen zerbröckelten Steingeklüft und in wunderlichen Gebilden, manchmal riesenhaften versteinerten Tieren, manchmal menschlichen Kolossen ähnlich, ragen die

120 B. F. / U. Stadler: E.T.A. Hoffmann, a.a.O., S. 189f und Wolfgang Uber: E.T.A. Hoffmann und Sigmund Freud - ein Vergleich. Diss. Berlin 1974, Bd. 2, S. 668ff.

121 Vgl. BzF, SB I.2, S. 186. Josef Dürler bemängelt sogar umgekehrt, daß Hoffmann gerade die Beschreibungen der Arbeitsverhältnisse vernachlässigt habe: "...welche Fülle von Einzelheiten hätte nicht zur Verfügung gestanden für die Beschreibung der Bergstadt Falun, der Pinge, des unterirdischen Betriebs in den Schächten und so fort (...) Er (Hoffmann/ H.G.) verliert nur (...) einige knappe Bemerkungen über das Einfahren. (...) aber von den Vorrichtungen der Tiefe und dem eigentlichen Abbau keine Silbe!" (J. D.: Bedeutung Bergbau, a.a.O., S. 190).

122 Vgl. Ernst Moritz Arndt: Reise durch Schweden, a.a.O., Bd II, S. 209 und Johann Friedrich Ludwig Hausmann: Reise durch Skandinavien, a.a.O., Bd. V, S. 96: "Eine größere Tagesöffnung oder Pinge, wie die der Faluner Kupfergrube, wird man selten antreffen. Ihr Anblick macht einen schauerlichen Eindruck. Sie ist das größte und schrecklichste Bild einer (...) Zerrüttung."

> zackigen Felsenmassen ringsumher empor. Im Abgrunde liegen in wilder Zerstörung durcheinander Steine, Schlacken - ausgebranntes Erz, und ein ewiger betäubender Schwefeldunst steigt aus der Tiefe, als würde unten der Höllensud gekocht (...). Man sollte glauben, hier sei Dante herabgestiegen und habe den Inferno geschaut (...)."[123]

Ihren Höhepunkt erreicht die subjektive Färbung dieser Erzählereindrücke[124], als Elis bei Nacht einfährt - nach der vermeintlich bevorstehenden Hochzeit Ullas mit einem anderen:

> "Bot das ungeheuere Geklüft schon im Tageslicht einen entsetzlichen Anblick dar, so war vollends jetzt, da die Nacht eingebrochen (...), das wüste Gestein anzusehen als wühle und wälze unten eine zahllose Schar gräßlicher Untiere, die scheußliche Ausgeburt der Hölle, sich durcheinander am rauchenden Boden und blitze herauf mit Flammenaugen und strecke die riesigen Krallen aus nach dem armen Menschenvolk -."[125]

Der verschlingende und angsterregende Charakter des Bergwerks erscheint nicht mehr bloß in der Phantasie des Protagonisten verankert, sondern wird durch solche Schilderungen objektiviert, den Naturgewalten zugeschrieben. Auch die Faluner zollen ihnen Respekt. Der Stand der Naturbeherrschung, den Hoffmann ihnen zubilligt, ist kein besonders fortgeschrittener: Herrschaft über die Natur kann keineswegs als gesichert gelten, noch immer können die "mächtigen Elemente" vernichten, erfordern sie von den Bergleuten die Anstrengung ihres "ganzen Wesens", um ihnen zu widerstehen. Durch nichts dürfen sie ihre Kraft schwächen lassen, die Bedrohung erscheint stets existentiell.[126] Über-

---

123 BzF, SB I.2, S. 181. Die Angaben über den aufsteigenden Rauch sind richtig, zuweilen war er so stark, daß selbst die naheliegende Stadt Falun in dichtesten Nebel gehüllt war. (Vgl. Johann Friedrich Ludwig Hausmann: Reise durch Skandinavien, a.a.O., Bd. V, S. 4f).

124 Vgl. Wolfgang Preisendanz: Spiegels dunkler Widerschein, a.a.O., S. 287: "...der Erzähler Hoffmann nimmt keinen Standpunkt ein, er bietet nur Standpunkte, die sich innerhalb der dargestellten Wirklichkeit ergeben. Oder anders ausgedrückt: das Erzählen legt keine gewisse Perspektive fest, sondern das Erzählte gewährt Perspektiven (...)."

125 BzF, SB I.2, S. 190.

126 Vgl. BzF, SB I.2, S. 185.

haupt betont Hoffmann in seiner Schilderung des dortigen Montanwesens vor allem dessen traditionelle Züge: Typische Standesmerkmale wie Trachten, Lieder und Fachausdrücke werden hervorgehoben. Die Organisation des Bergwesens wird ebenfalls in diesem Sinne vorgestellt: mit klarer Hierachie, eigener Gerichtsbarkeit und Privilegien - dem Besitz von Ländereien und Immunitäten.[127]

Diese Darstellungen dürften dem historischen Stand von 1790-1810 in etwa entsprechen und gründen weitgehend in den schon genannten Beschreibungen Arndts und Hausmanns. Der endgültige Durchbruch der "bergbau- und hüttentechnischen Neuzeit"[128] hatte um diese Zeit in Schweden so wenig wie in Deutschland stattgefunden. Moderne Ansätze, die es aber gleichwohl gab[129], bleiben ausgeblendet und zwar bewußt, denn Hoffmann mußte sie aus den Reisebeschreibungen kennen. Dort wird nämlich insbesondere auf die Straffung der Bergbauverwaltung und die Anwendung naturwissenschaftlicher Erkenntnisse und deren Folgen für die Effizienz hingewiesen.[130] Ebenso fehlt in der Novelle jeder Hinweis auf den beachtlichen technischen Standard, der in Falun zu dieser Zeit herrschte. Wenngleich noch ohne Dampfkraft gab es dort doch schon viele Maschinen (angetrieben durch Pferde- und Wasserkraft). So be-

---

127 Dahlsjö ist dabei als Gerichtsherr und Besitzer einer Bergfräse besonders etabliert. Vgl. BzF, SB I.2, S. 182ff.

128 Vgl. Otto Hue: Die Bergarbeiter, a.a.O., Bd. I. Stuttgart 1910, S. 70.

129 Die im Abschnitt zur Bergbaugeschichte (II) schon genannten Ansätze in dieser, der industriellen Revolution vorangehenden Entwicklung zwischen 1780-1850 waren insbesondere eine effiziente Verwaltung (Direktionsprinzip), Abgabeverminderungen für private Unternehmer, umfangreiche Kapitalinvestitionen und Fortschritte in Technik und Wissenschaft.

130 Vgl. Ernst Moritz Arndt: Reise durch Schweden, a.a.O., Bd. II, S. 217ff und Johann Friedrich Ludwig Hausmann: Reise durch Skandinavien, a.a.O., Bd. V, S. 7ff.

richtet Hausmann von enormen Wasserhebekünsten[131] und Arndt war von all der Technik so sehr beeindruckt, daß er schrieb:

> "...nur die vielen herrlichen Maschinen erheben den Menschen wieder von dem Gefühl des Chaos und der Zerstörung zu der lebendigen Idee der Natur und Schöpfung."[132]

Nicht nur die Technik der Naturbeherrschung scheint weiter fortgeschritten zu sein, als dies bei Hoffmann anklingt, mit der Mentalität der Bewohner und Bergarbeiter verhält es sich entsprechend. Diese ist in den Quellen mehr durch unbeschwerten Umgang mit den "mächtigen Elementen" gekennzeichnet, denn durch existentielle Angst.[133]

Vor diesem Hintergrund erscheint mir Wolfgang Ubers Deutung gänzlich überzogen, der in einem Zug heimkehrender Bergleute die sich den Weg an die Oberfläche bahnende Arbeiterklasse (!) sieht und in dem traditionellen Bergsthing-Fest eine Volksversammlung mit "Proletkulttendenzen", welche der

---

131 Vgl. ebd., S. 98: So befinde sich z.B. im König Friedrich-Schacht "...eine Kunst, welche die Wasser vom Gesenke der Grube bis auf 57 Klafter (...) hebt, von wo sie durch die Kunst des Wrede=Schachtes 80 Klafter bis zu Tage gehoben werden." (1 Kl. = 1,7-2,5m).

132 E. M. A.: Reise durch Schweden, a.a.O., Bd. II, S. 208f. Sten Lindroth hebt in seiner Geschichte des Faluner Berbaus die wegweisenden, europaweit einmaligen Konstruktionen von Christopher Polhem hervor. Um 1760 habe die Leistung von den beiden (Wasser-)Großkünsten der Bergwerksanlage jeweils 150.000 Liter täglich betragen. Vgl. S. L.: Gruvbrytning och Kopparhandtering vid Stora Kopparberget intill 1800-Talets Början. Bd. 2: Kopparhanteringen. Uppsala 1955, S. 439ff.

133 Arndt erzählt in diesem Sinn eine Anekdote, "die das Volk karakterisirt": "Danach soll ein dort Ansässiger einst mit einer Fuhre Heu das Geländer der großen Pinge durchbrochen haben ... und er rutschte mit ihm wohl an 60 Fuß hinab, fiel aber so glücklich mitten auf das mitfahrende Heu, daß ihm unten nichts fehlte. Sein erstes Geschrei bei'm Sturz mitten in der Luft war über seine Pfeife, die ihm in der ersten Verwirrung aus dem Munde fiel."(E. M. A.: Reise durch Schweden, a.a.O., Bd. II, S. 210). Ähnlich Rudolf Ludwig (Die Gewinnung der Rohstoffe, a.a.O., S. 75), der von Frauen berichtet, die "ganz ruhig strickend die Hinabfahrt in diesen Schlund machen. So groß ist die Macht der Gewohnheit (...)."

"Ausbildung eines neuen repressiven Arbeitsethos und der Zuführung von Arbeitsreserven dienten".[134] Auch Brigitte Feldges - die sich dieser Interpretation anschließt - wird mit ihrem Hinweis auf die asketische Arbeitshaltung der Faluner als Beleg des "neuen repressiven Arbeitsethos" (im Sinne Max Webers) Hoffmanns Darstellung des Montanwesens nicht gerecht. Beide übersehen in der Novelle die ausdrückliche Betonung der Traditionalität der geschilderten Verhältnisse. Wie bei Novalis so ist auch bei Hoffmann die Berufsaskese der Bergleute kein Zeichen einer wie immer gearteten kapitalistischen Ethik, sondern umgekehrt Ausdruck archaischer und alchimistischer Vorstellungen vom Bergmann als Geburtshelfer der Metalle, der damit (und durch zahlreiche weitere rituelle Praktiken) seiner ungeheuren Verantwortung gegenüber der Natur gerecht zu werden versuchte.[135]

Bezüglich der Darstellung der Faluner Verhältnisse kann also die Betonung traditioneller und das Ausblenden fortschrittlicher Elemente - in sozial- wie montangeschichtlicher Hinsicht - festhalten werden. Dieser Kunstgriff hat eine wichtige Funktion: In z.T. unmerklichen Nuancierungen wird dadurch die Bedrohlichkeit der Bergwerkslandschaft objektiviert und verstärkt. Historisch überwundene Ängste vor einem traditionell unheimlichen Ort werden aktiviert und so die Verknüpfung mit den neuen Ängsten erleichtert, die von der symbolischen Bedeutung des Bergwerks als Reich des Unbewußten ausgehen. Zudem korrespondiert der akzentuiert niedrige Stand bei der Aneignung der äußeren Natur[136] mit einem real niedrigen Stand bei der Beherrschung der inneren Natur zu dieser Zeit, die mit dem Interesse der Romantiker "an dem unsichtbaren Ding, das Seele heißt"[137], ja erst begann.

---

134 W. U.: E.T.A. Hoffmann und Sigmund Freud, a.a.O., S. 667 und vgl. BzF, SB I.2, S. 181ff.

135 Vgl. Mircea Eliade: Schmiede und Alchemisten, a.a.O., bes. S. 10f, 45f und 59ff. Ausführlicher dazu im Schlußabschnitt (VI. Kapitel 4) dieser Arbeit.

136 Ein Mittel dazu ist auch die zeitliche Zurücksetzung vieler Ereignisse (Bergfall, Ausbeutung, Torberns Verschüttung - alle Geschehnisse liegen 100 Jahre zurück).

137 Vgl. Werner Obermeit: 'Das unsichtbare Ding, das Seele heißt'. Die Entdeckung der Psyche im bürgerlichen Zeitalter. Frankfurt/M. 1980.

Bei der Arbeit im Bergbau als Arbeit an der Natur in jedem Sinne werden dabei verschiedene Methoden erkennbar: Da sind zunächst die Faluner, von denen es heißt, in "gewinnsüchtiger Gier" hätten sie die Gruben ausgeweitet, bis es schließlich vor hundert Jahren zu jenem fürchterlichen Zusammenbruch des Bergwerks gekommen sei.[138] Die Gegenfigur dazu repräsentiert der Wissenschaftler Torbern, der ausdrücklich die Arbeit "schnöden Gewinns" halber verwirft: Ihm geht es um "Höheres", um Erkenntnisse, wozu "wahre Liebe zum wunderbaren Gestein und Metall" die Voraussetzung sei.[139] Dabei erfüllt Torbern auch zeitlich eine mediale Funktion, die ihm schon in anderer Hinsicht zugesprochen werden konnte, indem er nämlich seit mehr als 100 Jahren beständig mit Mahnungen, Ratschlägen und Anwerbungen junger Bergleute tätig ist. So wie die "schönen stattlichen Leute mit den freien freundlichen Gesichtern" aus Falun alles zutage fördern und ausbeuten wollen - ökonomisch sind sie nämlich keineswegs asketisch -, so wird umgekehrt von Torbern berichtet, daß er "...beinahe niemals ans Tageslicht kam, sondern unaufhörlich in den Teufen wühlte".[140] Solche Art von Wissenschaft wird als dem Wahn verwandt dargestellt. Als Beleg gilt nicht zuletzt, daß er als "finstrer tiefsinniger Mann" ohne Frau, Kinder und Haus jenseits aller Konventionen lebt. Dagegen nimmt sich die Welt der Faluner Bürger ausgesprochen harmonisch-freundlich aus. Zurecht wurde betont, daß dies im Werk Hoffmanns eine Besonderheit darstellt:

> "Es gibt keine zweite Hoffmannsche Dichtung - auch nicht unter den sogenannten zum Realismus hintendierenden Erzählungen wie 'Meister Martin', 'Meister Johannes Wacht', 'Das Fräulein von Scuderi'-, in der eine nichtkünstlerische Sozietät ohne jeden satirischen oder kritischen

138 Vgl. BzF, SB I.2, S. 189. Hoffmann folgt hier einem Ereignis des Jahres 1687. Der Bergfall war wesentlich für die spätere Gestalt der großen Pinge verantwortlich. Vgl. Johann Friedrich Ludwig Hausmann: Reise durch Skandinavien, a.a.O., Bd. V, S. 97.

139 Vgl. BzF, SB I.2, S. 176ff.

140 Vgl. ebd., S. 183 und 188. Zur Kritik an Manfred Franks diesbezüglicher Interpretation siehe Abschnitt I, Anm. 77.

Seitenhieb, geradezu als eine archaisch-heile Gemeinschaft dargestellt wäre, wie das bei den Bergleuten im schwedischen Falun der Fall ist."[141]

Gerade die bürgerliche Behaglichkeit und nicht der Bergbau ist es, was Elis in Falun verweilen läßt.[142] Er beschließt, bodenständig zu werden, der Seefahrt - Inbegriff eines umherschweifenden Lebenswandels - zu entsagen, und fühlt sich in einem ganzen "Himmel voll Wonne und Seligkeit", als Ulla konstatiert, er "gehöre ins Haus und nicht mehr (auf /H.G.) das trügerische Meer".[143] Für seine neue 'Berufung' ist die Anziehungskraft der Tiefe kein Argument. Den Verlockungen unter Tage ergibt sich Elis in Falun erst exakt in dem Augenblick, als er seine Hoffnung enttäuscht glaubt, in Ulla und Pehrson Dahlsjös heile Welt aufgenommen zu werden.[144] Trügerisch erweist sich für ihn also nicht das Meer, sondern gerade die heimelige Geborgenheit der Hausgemeinschaft - scheinbar wird ja einem reichen Handelsherrn Ullas Hand gegeben. Hier ist auch der Punkt, an dem Elis Einstellung zum Umgang mit der Natur umschlägt: Arbeitete er bis dahin nach der 'Faluner Methode' und suchte die

141 Inge Stegmann: Deutung und Funktion, a.a.O., S. 267. Vgl. ähnlich auch John D. Cronin, der die positive Darstellung der irdischen Geliebten Ulla gegenüber der unerbittlich herrischen Königin betont (J. D. C.: Die Gestalt der Geliebten in den poetischen Werken E.T.A. Hoffmanns. Diss. Köln 1967, S. 117f).

142 Sein erster Impuls beim Anblick der großen Pinge ist ja Entsetzen und Angst: "Elis fühlte sich von tiefen Schauern durchbebt und was dem Seemann noch niemals geschehen, ihn ergriff der Schwindel (...). Mit geschlossenen Augen rannte er einige Schritte fort, und erst als er weit von der Pinge den Guffrisberg wieder hinabstieg und er hinaufblickte zum heitern, sonnenhellen Himmel, war ihm alle Angst jenes schauerlichen Anblicks entnommen.(...) Nein, zu euch mag ich mich nicht gesellen, ihr schwarzen Erdwürmer, niemals würd ich mich eingewöhnen können in euer trübes Leben." (BzF, SB I.2, S. 182).

143 BzF, SB I.2, S. 186.

144 Insofern greift Lee B. Jennings Interpretation zu kurz, der Elis' Bergbau-Faszination als Fehlschluß statt als Konsequenz der Enttäuschung deutet: "It can bei argued, more subtly, that (...), in his euphoria, he draws a false conclusion. Elis' fascination with mining is indeed a somewhat inappropriate response to the scene of above-ground *Gemütlichkeit*, if not a direct contradiction of it (...)." (L. B. J.: The Downward Transcendence, a.a.O., S. 284).

Herrschaft über die mächtigen Elemente zu behaupten, um durch Fleiß und Sparsamkeit ein bescheidenes Glück zu erlangen[145], so geht sein Begehren nach dieser Enttäuschung erstmals nach unten, wo die besonderen Erkenntnisse zu finden seien:

> "Du hattest recht, ich war ein schuftiger Gesell, daß ich alberner Lebenshoffnung auf der Oberfläche der Erde mich hingab! - Unten liegt mein Schatz, mein Leben, mein alles! - "[146]

Damit findet das, was Torberns Wahn im Umgang mit der äußeren Natur ausmachte, nämlich der "wahren Liebe zum Gestein" erlegen zu sein, bei Elis rund 100 Jahre später in Bezug auf seine Auseinandersetzung mit der inneren Natur eine Parallele - ebenfalls im Bergwerk. Von nun an muß Elis sich immer erst auf die Oberwelt und Ulla besinnen, wenn er in der Tiefe weilt, und schockiert - ähnlich wie Nathanael Clara in der Erzählung 'Der Sandmann' - die Geliebte mit verwirrt-unverständlichen Reden.[147]

Auf die sozialkritische Funktion des Wahnsinns in Hoffmanns Werk ist schon mehrfach hingewiesen worden.[148] Wolfgang Preisendanz sieht in jeder Erzählung Hoffmanns "zwei Weisen des Menschseins" repräsentiert, die auf die Erfahrung einer doppeldeutigen Wirklichkeit reagierten:

> "...einmal, wie wir sahen, der Wahnsinnige, der sich in seiner inneren Welt grenzenlos ermächtigt wähnt und allen Widerspruch ausschließt, indem er keine äußere Welt mehr statuiert; zum andern der vollkommene Philister, der nur mehr prosaische Konflikte zwischen innerem und

---

145 Sehr bald wird ihm ja das "Besitztum eines Berghemmans oder wohl gar einer Bergfrälse" in Aussicht gestellt. BzF, SB I.2, S. 187.

146 BzF, SB I.2, S. 190.

147 Vgl. ebd., FN, S. 347ff und BzF, SB I.2, S. 193.

148 Vgl. Hans Mayer: Die Wirklichkeit E.T.A. Hoffmanns <1959>. In: Romantikforschung seit 1945. Hrsg. von Klaus Peter. Königstein/Ts. 1980, S. 123f. Zuletzt auch bei Brigitte Feldges/ Ulrich Stadler: E.T.A. Hoffmann, a.a.O., S. 190f.

> äußerem Leben kennt, weil sein inneres Leben lediglich ein Reflex der äußeren Ordnungen und Prozesse ist, weil bei ihm das innere Leben nur eine Funktion der Außenwelt bleibt."[149]

Elis ist zwischen beiden Möglichkeiten hin- und hergerissen. Zurecht prophezeit ihm Torbern, daß er so gewissermaßen 'zwischen allen Stühlen' sitze, da ihm weder das eine noch das andere gelänge:

> "Hier unten bist du ein blinder Maulwurf,(...) und oben vermagst du auch nichts zu unternehmen..."[150]

Dem Wahn verfällt Elis erst aus dem "Ungenügen an der Normalität"[151], weil sich die 'heile Welt' für ihn nicht mehr als heil erweist. Den "zwei Weisen des Menschseins" korrespondieren zwei Einstellungen zu den Naturgewalten, die Michael Scherer mit dem typisch romantisch-realistischen Antagonismus von Liebe und Herrschaft zu charakterisieren sucht.[152] Ein Gegensatz, den Novalis' Vision vom 'schönen Bergbau' noch als versöhnbar ansah. Bei Hoffmann steht "wahre(r) Liebe zum Gestein", Erkenntnissen unter Tage und dem Aufgehen im Reich der Natur die rigorose Ausbeutung von Bodenschätzen gegenüber. Elis' Liebe erscheint in der Novelle dabei allerdings pathologisch, die Ausbeutung wird dann gerade aus der Position dieser wahnhaften Liebe sinnvoll kritisiert: Als nämlich die Faluner, wie schon bei Torberns Hinweisen auf reichhaltige Erzadern (Trappgänge) oft erfolgreich praktiziert, Elis' Erkenntnisse ausnutzen wollen, suchen sie vergebens. Höhnisch verlacht erfahren sie, daß nur er

149 W. P.: Spiegels dunkler Widerschein, a.a.O., S. 279.

150 BzF, SB I.2, S. 187.

151 Lothar Pikulik: Romantik als Ungenügen an der Normalität. Am Beispiel Tiecks, Hoffmanns, Eichendorffs. Frankfurt/M. 1969.

152 Vgl. M. S.: Die Bergwerke zu Falun. Eine Studie zu E.T.A. Hoffmann und J. P. Hebel. In: Blätter für den Deutschlehrer. Jg. 2, 1958, S. 15.

die "geheimen Zeichen" verstünde "und genug sei es auch eigentlich, diese Zeichen zu verstehen, ohne das, was sie verkündeten, zu Tage zu fördern".[153]

Nur wenig später ist es Elis selbst, der gegen diese seine eigene Maxime handelt und dadurch seinen Untergang besiegelt: Er will einen Stein "hinauffördern zu Tage", um endgültig das "höchste Glück" zu erlangen:

> "Mir ist in dieser Nacht alles entdeckt worden. Unten in der Teufe liegt (...) der kirschrot funkelnde Almandin, auf den unsere Lebenstafel eingegraben, den mußt du von mir empfangen als Hochzeitsgabe. Er ist schöner als der herrlichste blutrote Karfunkel, und wenn wir in treuer Liebe verbunden hineinblicken in sein strahlendes Licht, können wir es deutlich erschauen, wie unser Inneres verwachsen ist mit dem wunderbaren Gezweige das aus dem Herzen der Königin im Mittelpunkt der Erde emporkeimt. Es ist nur nötig, daß ich diesen Stein hinauffördere zu Tage (...)."[154]

Der Almandin, in dem Elis' Begehren sich im wahrsten Sinne des Wortes kristallisiert, steht, wie so vieles in den 'Bergwerken zu Falun' im Zusammenhang mit Novalis Werk und einer umfangreichen romantischen Tradition. Vor allem durch den Vergleich mit dem Karfunkelstein evoziert er gleich mehrere Assoziationen und entsprechend verschiedene Interpretationen. Der Karfunkelstein, dieser "Lieblingsstein des Mittelalters", - Theodore Ziolkowski hat das schlüssig dargestellt - erlebte nach seiner naturwissenschaftlichen Entwertung noch einmal eine Konjunktur in der Romantik als Symbol, ja als Inbegriff der ganzen romantischen Bewegung, was sich mehr noch als durch sein eigentliches Vorkommen in der entsprechenden Dichtung im parodistischen Gebrauch niedergeschlagen hat.[155] Wenn der Almandin in den 'Bergwerken zu Falun' aus-

153 BzF, SB I.2, S. 194.

154 BzF, SB I.2, S. 195.

155 T. Z.: Der Karfunkelstein. In: Euphorion Jg. 55, 1961, S. 297ff. Ziolkowski weist darauf hin, daß der Gehalt des Symbols in der Romantik insgesamt verschwommen bleibe; am stärksten sei noch das Nachwirken der christl. Adaption (Leuchten des Steins als göttl. Licht) zu spüren. Daneben wurde der Karfunkel auch als Sinnbild der Poesie verwandt. (Vgl. auch HwbdtAg, Bd IV, Sp. 1004ff).

drücklich schöner sein soll als der "herrlichste blutrote Karfunkel", so geschah dies bei Hoffmann möglicherweise ebenfalls in persiflierend-parodistischer Absicht. Daneben ist es aber auch Ausdruck eines bedeutsamen Unterschieds: Während nämlich der Karfunkel als Zeichen des Lichts und der Liebe die Herzen erwärmt oder, wie in 'Meister Floh', "zum Leben entzündet"[156], erscheint der Almandin als identitätsauflösender, erstarrend wirkender Kristall:

> "Das Herz, das den Sinn des Lebens aus einer Steinschrift erlösen sollte, verhärtet sich und wird selbst zu steinernen Tafel."[157]

Die eingegrabenen Zeichen der Almandin-Tafel, die aus dem Herzen von Mutter Natur "emporkeimen", - und ähnlich auch in Tiecks Runenberg vorkommen - beziehen sich auf eine weitere traditionsreiche Metapher, auf das 'Buch der Natur'.[158] Von dort aus ist es nur ein Schritt zur Deutung des Almandin-Begehrens als "Sehnsucht nach dem vollkommenen Kunstwerk, nach der reinen Form"[159] oder sogar zu einer Sichtweise, die Elis' Schicksal als "Illustration der Künstlertragik kat'exochen" wertet.[160] Dagegen ist einzuwenden, daß Elis doch gerade darum scheitert, weil er der Erfahrung einer doppeldeutigen Wirklichkeit nicht mit den Mitteln der Kunst beikommt - wie etwa Anselmus im 'Goldenen Topf'[161] - und auch nicht mit der poetischen Kraft des Hu-

---

156 SW, S. 809.

157 Manfred Frank: Das kalte Herz, a.a.O., S. 287.

158 Vgl. dazu: Hans Blumenberg: Die Lesbarkeit der Welt. Frankfurt/M. 1986, zur romant. Ausprägung bes. S. 233ff und vgl. Erich Rothacker: 'Das Buch der Natur'. Materialien und Grundsätzliches zur Metapherngeschichte. Aus dem Nachlaß hrsg. und bearbeitet von Wilhelm Perpeet. Bonn 1979.

159 Alfred Dopler: Der Abgrund, a.a.O., S. 162.

160 Inge Stegmann: Deutung und Funktion, a.a.O., S. 268.

161 Vgl. FN, S. 179ff. Inwieweit das versöhnliche Ende des 'Goldenen Topfes' nicht ironisch zu verstehen ist, sei hier nicht entschieden. Vgl. dazu Günter Oesterle: Der goldene Topf. In: Interpretationen. Erzählungen und Novellen des 19. Jahrhunderts. Bd. 1, Stuttgart 1988, S. 182ff.

mors, den König Ophioch und Königin Liris aufbringen angesichts der aus einem Kristall (!) entstandenen Urdaquelle:

> "Als sie nun aber in der unendlichen Tiefe den blauen glänzenden Himmel, die Büsche, die Bäume, die Blumen, die ganze Natur, ihr eignes Ich in verkehrter Abspiegelung erschauten, da war es, als rollten dunkle Schleier auf, eine neue herrliche Welt voll Leben und Lust wurde klar vor ihren Augen und mit der Erkenntnis dieser Welt entzündete sich ein Entzücken in ihrem Innern, das sie nie gekannt, nie geahnet. Lange hatten sie hineingeschaut, dann erhoben sie sich, sahen einander an und - lachten (...)."[162]

Elis versucht, verschiedene Bereiche auf verschiedenen Ebenen in ihrer gemeinsamen Gestaltung als Ober- und Unterwelt zu verbinden: Zunächst die infantile Mutterfixierung mit seinen erwachsenen erotischen Bedürfnissen, auf einer weiteren Ebene das Reich des Unbewußtem mit dem Bewußten und schließlich im Umgang mit der Natur Arbeit und Erkenntnis, Liebe und Herrschaft. Diese Versuche scheitern. Die unvereinbaren Bereiche sind bei Hoffmann im Unterschied zu Novalis nicht harmonisch verschmelzbar und zwar deshalb, weil ihm ihre vollständige ästhetische Vermittlung nicht möglich erschien.[163]

---

162 SW, S. 256.

163 Vgl. dazu weiterführend den Schlußabschnitt (VI, Kap. 4+5) dieser Arbeit.

V. Ludwig Tieck: Der Alte vom Berge - Bergbauromantik an ihrem Ende

"Vielleicht ist mir noch keine meiner Arbeiten so schwer gefallen..." (Tieck an Josef Max, 3.4.1828)

1. Tiecks Spätwerk in der Forschung

"A. (spöttisch): Dieses 'Land der Dichter & Denker' hat im Fall Ludwig *Tieck* nichts hervorgebracht: keine Gesamtausgabe; keine Biografie; keine Briefbände./ (...) wohl gibt es nunmehr eine umfassende Biografie, aber - wehe! - sie trägt den Titel ...(mit sorgfältiger US=Aussprache): 'Ludwig Tieck; the German Romanticist'. Und wohl gibt es die große Briefsammlung; aber sie heißt 'Letters of Ludwig Tieck; collected and edited by E.H. Zeydel'.

B.(in komischem Unmut): Brrr. Das ist allerdings eine kalte Dusche für unsere kulturelle Selbstzufriedenheit.- (ungehaltener): Mußte denn das sein: daß unsere Germanisten sich wieder einmal derart überrunden ließen?!

A.(bös=munter): Nach solch beschämend klatschender Ohrfeige für die besoldeten Verwalter unserer Literatur, wenden wir uns Leben und Werk eines unserer ganz Großen zu ..."[1]

Mit diesen Bemerkungen leitet Arno Schmidt seine vergnüglich zu lesende 'Ehrenrettung' Tiecks ein, um auf die Schwierigkeiten für die Forschung und für den Leser aufmerksam zu machen. Auch wenn inzwischen einige Arbeiten und

1 Arno Schmidt: 'Funfzehn'. Vom Wunderkind der Sinnlosigkeit. In: A. S.: Die Ritter vom Geist. Von vergessenen Kollegen. Karlsruhe 1965, S. 211.

Ausgaben vorliegen[2], kann Roger Paulin nicht umhin, in seiner Einführung zu Tieck 1986 nach wie vor die gleichen Problem zu konstatieren und zurecht vor allem die Vernachlässigung des Spätwerks zu kritisieren.[3] Dies gilt auch für die 1828 entstandene Novelle 'Der Alte vom Berge'[4], die nur selten Gegenstand eingehender Interpretation wurde[5] - stattdessen meist im Zusammenhang übergreifender Deutungen en passant und entsprechend oberflächlich abgehandelt wird.[6]

Im folgenden soll die *kontroverse Beurteilung* dieser Novelle skizziert werden, weil an ihr ein aufschlußreicher Zugang zu zentralen Problemen des Werks und zu der besonders interessierenden Frage nach der Darstellung des Montanwesens ermöglicht wird.

Die Meinungen über den 'Alten vom Berge' gehen weit auseinander, strittig sind bereits grobe Gesamteinschätzungen: Wenn Christian Gneuss die Novelle

---

2 Hingewiesen sei vor allem auf die materialreiche Monographie von Ernst Ribbat (Ludwig Tieck. Studien zur Konzeption und Praxis romantischer Poesie. Kronberg/Ts. 1978) und auf die kommentierte Ausgabe von Tiecks Schriften im Deutschen Klassiker Verlag (Ludwig Tiecks Schriften, a.a.O.).

3 R. P.: Ludwig Tieck. (= Realien zur Literatur Bd. 185) Stuttgart 1986, S. 1. Vgl. ebenso die Einleitung von Wulf Segebrecht in dem von ihm herausgegeben Band Ludwig Tieck. Darmstadt 1976, S. VIIff.

4 Ludwig Tiecks Werke werden zitiert nach der Ausgabe im Deutschen Klassiker Verlag - soweit bisher erschienen - bzw. nach der 28bändigen Werkausgabe von 1828-54. Reprint Berlin 1966. Im folgenden abgekürzt mit KA bzw. Schr., die Novelle 'Der Alte vom Berge' mit AvB.

5 Ausnahmen sind vor allem die Arbeiten von Joachim Müller (Tiecks Novelle 'Der Alte vom Berge'. Ein Beitrag zum Problem der Gattung <1958/59>. In: Ludwig Tieck. Hrsg. von Wulf Segebrecht. A.a.O., S. 303-321) und von Peter Wesollek (Ludwig Tieck oder der Weltumsegler seines Innern. Wiesbaden 1984).

6 Roger Paulins Einwand, "daß man mit der Interpretation einzelner Taschenbuchnovellen kein positives Tieck-Bild gewinnen wird", ist, abgesehen von der fragwürdigen Prämisse, dafür keine Rechtfertigung. Vgl. R. P.: Der alte Tieck. In: Literatur der Restaurationsepoche 1815-1848. Hrsg. von Jost Hermand und Manfred Windfuhr. Stuttgart 1970, S. 257.

als künstlerisch "wertvolles Werk" hervorhebt[7] oder Arno Schmidt sie als "hochpoetisch" lobt[8], so steht solcher Anerkennung eine ungleich größere Zahl abwertender Urteile entgegen. Josef Dürler beklagt die "ermüdenden Dialoge und Tagebuchaufzeichnungen", eine Handlung, die nicht zu fesseln vermöge, und "weltanschauliche und kompositionelle Schwächen".[9] Roger Paulin hält den 'Alten vom Berge' für "ästhetisch wenig befriedigend"[10] und Joachim Müller resümiert über die inhaltlich von ihm geschätzte Novelle:

> "Überblicken wir das Gefüge der Erzählung und das darin verwirklichte epische Geschehen, so fällt uns die Unruhe, ja die Sprunghaftigkeit auf. Man möchte an einigen Stelen sogar von erzählerischer Willkür sprechen. Detektivische und kolportagehafte Elemente sind nicht ganz vom dichterischen Fluidum aufgesogen. Es bleiben Schlacken und eine Reihe sprachlicher Unzulänglichkeiten. Vor allem besteht ein Mißverhältnis zwischen den epischen Elementen und den reflexiven Partien (...)."[11]

Ähnlich die sonst wenig Gemeinsamkeiten aufweisende Interpretation Peter Wesolleks, die die Bedeutung der Novelle "in der Entwicklung von Balthasars Charakter und seiner Kommentierung durch die Aussagen und die Gestaltung der Novelle" sieht, aber zurecht einräumt, daß die "Handlung tatsächlich äußerst dürftig ist".[12]

---

7 Vgl. C. G.: Der späte Tieck als Zeitkritiker <Diss. 1948>. Düsseldorf 1971, S. 47. Insgesamt wertet Gneuss das Dresdener Novellenwerk eher ab, vgl. S. 13: "...vieles im Werk des späten Tieck (ragt) über das Niveau bloßer Unterhaltungsliteratur nicht mehr weit hinaus(...)."

8 A. S.: Funfzehn, a.a.O., S. 277.

9 J. D.: Bedeutung Bergbau, a.a.O., S. 182ff.

10 R. P.: Der alte Tieck, a.a.O., S. 257.

11 J. M.: Tiecks Novelle, a.a.O., S. 315.

12 P. W.: Weltumsegler, a.a.O., S. 169 und ebd., S. 168: "Kriminalgeschichte ohne Spannung". Dagegen sieht Edwin Zeydel die Schwäche der Novelle woanders: "While the plot is clever, the motivation, as usual, leaves much to be desired." (E. Z.: Ludwig Tieck, the German Romanticist. A critical study <1935>. Hildesheim/New York 1971, S. 297).

In engem Zusammenhang mit der Gesamtbewertung - und ähnlich kontrovers - ist die Frage nach der *Kontinuität zum Frühwerk und zu romantischen Schauerelementen*. Zum einen wird da dem 'Alten vom Berge' "Verwandtschaft zum 'Runenberg'" bescheinigt[13]; auch Jakob Minor ordnete die Novelle der Gruppe der "Spuk- und Zaubergeschichten" zu, in denen "Tiecks alte Vorliebe für das Schaurige und Grausige (...) sich (...) wieder geltend (machte)".[14] Selbst Helmut Endrulat mit seiner These von der zunehmenden Einsicht Tiecks in das Scheitern ästhetischer Subjektivität scheint den 'Alten vom Berge' eher als 'Rückfall' zu deuten:

> "Bei alledem scheint es aber auch hier, als habe Tieck sein abgründiges Wissen, das er in den Geschichtsnovellen kundgetan hatte, vergessen. Die Positionen, die im 'Hexen-Sabbath' als romantische Ideologie und Fiktion durchschaut und entlarvt wurden, werden in den vorliegenden Novellen als real wirksam wieder vorausgesetzt."[15]

---

13 Jürgen Heinichen: Das späte Novellenwerk Ludwig Tiecks. Eine Untersuchung seiner Erzählweise. Diss. Heidelberg 1963, S. 102. Heinichen differenziert dergestalt, daß er der dämonischen Landschaft im AvB eine andere Funktion zuordnet. Dort würde "...das Materielle zur Existenzbedrohung, zum Fluch, dem eine dämonische Runenberglandschaft Ausdruck gibt". (S. 59) In Marianne Thalmanns früher Untersuchung (Probleme der Dämonie in Ludwig Tiecks Schriften <1919> Hildesheim 1978) ist der 'Alte vom Berge' als Beispiel für die Dämonie der Felsen und für "die Mystik der Hochöfen und Glashütten" genannt (S. 37). In ihrer 1950 erschienenen Studie (Ludwig Tieck 'Der Heilige von Dresden'. Aus der Frühzeit der deutschen Novelle. Berlin 1960) wählt sie für die Novelle die interessante Charakterisierung einer "industriell verspießerten Runenbergatmosphäre" (S. 102).

14 J. M.: Tieck als Novellendichter <1884>. In: Ludwig Tieck. Hrsg. von Wulf Segebrecht. A.a.O., S. 90. Ähnlich undifferenziert wird die Linie Eckbert-Runenberg-AvB auch bei Friedrich Gundolf (Ludwig Tieck <1929>. In: Ludwig Tieck, a.a.O., S. 238) gezogen.

15 H. E.: Ludwig Tiecks Altersnovellistik und das Problem der ästhetischen Subjektivität. Diss. Münster 1957, S. 163. Die vorangegangenen Äußerungen beziehen sich auf die Werke 'Die Ahnenprobe'(Schr. 22, S. 53ff), 'Eigensinn und Laune'(Schr. 24, S. 263ff), 'Der junge Tischlermeister'(Schr. 28, S. 3ff) und AvB. Explizit nimmt E. zum AvB nicht Stellung, wie überhaupt der Nachweis seiner Hauptthese an konkreten Werkinterpretationen vermißt wird. Vgl. dazu die Kritik von Ralf Stamm: Ludwig Tiecks späte Novellen. Grundlage und Technik des Wunderbaren. Stuttgart u.a. 1973, S. 29ff.

Im Falle solcher Deutungen wird die Novelle als später Nachzügler, schlechter Abklatsch und wenig überzeugende Ausgestaltung romantischer Themen und Motive aufgefaßt.

Andere Interpretationen sehen dagegen gerade im 'Alten vom Berge' einen neuen Abschnitt innerhalb von Tiecks Schaffen beginnen, der durch eine Wende zum Realistischen, zum Alltäglichen und zur Versöhnung charakterisiert sei.[16] So versteht Gneuss die Novelle als "eine Absage an jede Beschwörung dämonischer Mächte". Hier werde die Tradition des Bergmanns als "Abbild des romantischen Suchers" gebrochen, "kein Tribut an alte Vorstellungen", "kein ambivalentes Gepräge" sei zu finden, sondern eine Welt, in der "die Mächte des Dunkeln (...) nichts Verlockendes haben"[17]:

> "Die düstere Glut der Hochöfen wirkt nur abstoßend, und wo die alten Bergsagen noch lebendig sind, da spuken sie lediglich in den Hirnen überspannter Phantasten, die nicht ernst genommen werden sollen."[18]

Ähnlich urteilt Jean Clark Field, wenn er meint, Tieck verspotte "die romantischen Exzesse" und stelle sie allesamt als unwahr und trügerisch dar.[19] Die zweifellos vorhandenen romantischen Elemente der Novelle erscheinen aus dem Blickwinkel solcher Interpretationen - wie Rolf Schröder es ausdrückte - "folkloristisch erklärt und zum Sonderfall relativiert".[20]

16 Dies gehört in den Zusammenhang der umfänglichen Diskussionen um Tiecks 'Abwendung von der Romantik' (vgl. Rudolf Lieskes gleichnamige Arbeit <Berlin 1933>) und um den Einfluß Solgers und die Rezeption von dessen Ironiebegriff. Siehe dazu die Zusammenfassung von Manfred Frank (KA, Bd. 6, S. 1174) und die Arbeit von Josef Elias Heller (Solgers Philosophie der ironischen Dialektik. Ein Beitrag zur Geschichte der romantischen und spekulativ-idealistischen Philosophie. Diss. Berlin 1928).

17 C. G.: Der späte Tieck, a.a.O., S. 47.

18 ebd., S. 48.

19 J. C. F.: Das Wunderbare bei Ludwig Tieck. Diss. Zürich 1939, S. 90.

20 R. S.: Novelle und Novellentheorie in der frühen Biedermeierzeit. Tübingen 1970, S. 37.

Eine interessante Zwischenposition nehmen diesbezüglich Jörg Hienger und Joachim Müller ein.[21] Zwar werde, so meinen beide, die Natur und typisch romantische Motive wie der Bergbau entmystifiziert, aber Mythisch-Dämonisches sei gleichwohl zu finden; es betreffe nun das Geld- und Geschäftswesen (Hienger), die Akkumulation des Kapitals (Müller).[22]

Dagegen stehen zwei neuere Untersuchungen[23], die das ökonomische Thema nur als untergeordnet betrachten. Tieck interessiere "gar nicht so sehr die tatsächliche Macht des Geldes, sondern die Darstellung dieser Macht durch Balthasar diene hauptsächlich zur Darstellung seines Charakters".[24] Zentral sei vielmehr die Kategorie des Wunderbaren für das Gesamtwerk Tiecks. Wesolleks Arbeit etwa geht davon aus, daß das Wunderbare bei Tieck immer schon mit dem Alltäglichen verknüpft war, sich "in der romantischen Periode" aber davon trennte, um dann in der Dresdener Novellistik wieder zusammenzufinden. Als Zäsur gilt ihm gerade 'Der Alte vom Berge', weil dort ein Jahr vor Tiecks Novellentheorie und seiner Erzählung 'Die Wundersüchtigen' der Versuch einer qualitativ neuen Definition des Wunderbaren sich ausdrücke:

---

21 Vgl. J. M.: Tiecks Novelle, a.a.O., S. 318ff und J. H.: Romantik und Realismus im Spätwerk Ludwig Tiecks. Diss. Köln 1955, S. 62f.

22 Vgl. ebd., S. 64 bzw. S. 318ff.

23 Peter Wesollek: Weltumsegler, a.a.O. und Ralf Stamm: Ludwig Tiecks späte Novellen, a.a.O.

24 Peter Wesollek: Weltumsegler, a.a.O., S. 172. Vgl. ähnlich auch Hellmuth Himmel (Geschichte der deutschen Novelle. Bern/München 1963): "Daß der wachsende Wohlstand des Industriellen Balthasar, die Akkumulation des Kapitals, selbst wie die Wirkung von Magie erscheint, ist wohl kaum als wirtschaftlicher Befund gemeint, es kam dem Dichter darauf an, einen Charakter zu zeigen, der trotz materieller Glücksfülle immer mehr in Menschenfeindlichkeit versinkt."(S. 144)

"(Tieck/ H.G.) ... kennzeichnet in dieser Novelle die dämonischen und magisch-mythischen Bereiche als Gefilde, in denen das von ihm gemeinte Wunderbare nicht zu finden ist (...)".[25]

Vielmehr werde das Wunderbare im Alltäglichen, im Zusammenhang mit der Liebe gestaltet.[26] Damit sei eine grundlegende Abgrenzung zu Lovell'schem Pessimismus[27] und zu Werken wie 'Der blonde Eckbert', 'Tannhäuser' und zum 'Runenberg' vorgenommen.

Ganz entscheidend für die hier angesprochene Frage nach Kontinuität oder Bruch zur Runenbergatmosphäre und anderen romantischen Topoi - entscheidend aber auch für das ökonomische Thema und das Wunderbare - ist die *Position, welche die Interpreten Tieck zuschreiben*. Steht der Autor im 'Alten vom Berge' auf der Seite des Bergmanns Kunz, der "das Unbegreifliche, Wunderbare in der Welt verteidigt"[28], oder identifiziert er sich mit Balthasars Äuße-

25 P. W.: Weltumsegler, a.a.O., S. 167. Diesbezüglich ähnlich auch Ralf Stamm (Späte Novellen, a.a.O.): "Das Wunderbare beim späten Tieck wurzelt nirgends mehr in einer mystischen Naturphilosophie."(S. 104) Vgl. bes. ebd., S. 105:
"Wenn unsere These lautet, daß es kein Dichten aus dem Geist einer ernstzunehmenden Naturmythologie mehr gebe, dann liegt ein Einwand nahe: Welchen Stellenwert haben dann die umfangreichen naturmythologischen Spekulationen aus dem (...) *Alten vom Berge*? Ist dort nicht genug des Wunderbaren zu finden? Nun, genug des Wunderbaren gewiß, aber es ist nicht das gestaltete Wunderbare als Kategorie der poetischen Realität, sondern das ungestaltete, das gleichsam eindimensionale Wunderbare der direkten Rede. Denn naturmythologische Diskurse und naturmythologisches Denken füllen ganze Unterkapitel der Spätnovellen, ohne daß man von konkreten Darbietungsformen des Wunderbaren sprechen könnte."

26 Vgl. P. W.: Weltumsegler, a.a.O., S. 228f.

27 Vgl. Jean Clark Field: Das Wunderbare, a.a.O., S. 90f und Christian Gneuss: Der späte Tieck, a.a.O., S. 49f.

28 Joachim Müller: Tiecks Novelle, a.a.O., S. 308. Dagegen vgl. etwa Marianne Thalmann: Der Heilige von Dresden, a.a.O., S. 102: "Tieck ist ohne Verständnis, selbst ohne Humor für die Hagestolzfigur (...)"

rungen und will eine "Warnung vor dem aufkommenden Hochkapitalismus"[29] aussprechen? Oder wollte sich Tieck gerade durch die Gegenposition zum 'Alten vom Berge' profilieren, dessen Überzeugung, wie Field meint, "sich auf Schritt und Tritt als falsch erweist"?[30] Vertreten wird auch die Ansicht, daß seine Sympathie Rat Helbach gelte, dem Epikuräer und Gourmet.[31] Oder ist es Eduard, "dessen Haltung sich am Ende siegreich durchsetzt" und mit dem ein "neuer Geist in die Öde des Gebirges einziehen wird"[32], den der Autor letztlich favorisiert?

Diese verschiedenen Positionen führen zu verschiedenen Deutungen der *politischen Implikationen* der Novelle, die beschrieben werden als biedermeierlich harmonisch[33], als fatalistisch[34], als nur halbherzig kritisch[35] oder als Aufforderung an den Menschen, "die Welt durch sein Verhalten zu ändern"[36].

Die auffällige Verschiedenheit der hier pointiert kontrastierten Interpretationen und die Schwierigkeit einer eindeutigen Bestimmung von Tiecks Stellung

---

29 Jürgen Heinichen: Das späte Novellenwerk, a.a.O., S. 59. Die Gleichsetzung von Balthasars Meinung mit der Tiecks findet sich auch in dem Artikel von M. Sturm: Ein Romantiker über den Kapitalismus. In: Aufbau. Kulturpolitische Monatsschrift mit literarischen Beiträgen. Jg. 5, 1949, S. 559f.

30 J. C. F.: Das Wunderbare, a.a.O., S. 91. Vgl. ebd.: "...uns (muß) aber die Tatsache interessieren, daß Tieck hier einen eigenen frühen Seelenzustand rügt, denn die Tendenz des Werks ist *gegen* die pessimistische Philosophie des Alten gerichtet."

31 Vgl. Peter Wesollek: Weltumsegler, a.a.O., S. 176.

32 Christian Gneuss: Der späte Tieck, a.a.O., S. 49.

33 Vgl. im Rahmen seiner Gesamtbeurteilung Ralf Stamm: Späte Novellen, a.a.O., S. 146ff.

34 Vgl. Edwin Zeydel: German Romanticist, a.a.O., S. 277.

35 Halbherzig, weil am Ende simplifiziert: Vgl. Joachim Müller: Tiecks Novelle, a.a.O., S. 320f.

36 Peter Wesollek: Weltumsegler, a.a.O., S. 235.

haben ihre Ursache in dem wenig beachteten *Typus der Novelle* mit ihrem *vorherrschenden Konversationston*.[37] Die Gesprächsform und das Dominieren der Dialoge sind kennzeichnend nicht nur für Tiecks Spätwerk, sondern sind Teil einer Zeitmode, die vor allem mit den feuilletonistischen Erfordernissen des modernen Mediums Taschenbuch korrespondiert.[38]

> "Es wird sich auch anbieten, daß Gesinnung, Beruf und Meinung, im Contrast, im Kampf der handelnden Personen sich entwickeln, und dadurch selbst in Handlung übergehen. Dies scheint mir der ächten Novelle vorzüglich geeignet, wodurch sie ein individuelles Leben erhält. Eröffnet sich hier für Räsonnement, Urtheil und verschiedenartige Ansicht eine Bahn, auf welcher durch poetische Bedingungen das klar und heiter in beschränktem Rahmen anregen und überzeugen kann, was so oft unbeschränkt und unbedingt im Leben als Leidenschaft und Einseitigkeit verletzt, weil es durch die Unbestimmtheit nicht überzeugt und dennoch lehren und bekehren will, so kann auch die Form der Novelle jene sonderbare Casuistik in ein eigenes Gebiet spielen, jenen Zwiespalt des Lebens, der schon die frühesten Dichter (...) begeisterte."[39]

Auch wenn man sich davor hüten sollte, Tiecks Novellendefinition allzu orthodox auf seine eigenen Novellen anzuwenden, wie die unsägliche 'Wendepunktdiskussion' zeigt[40], sind hier wichtige Funktionen des Gesprächs angesprochen, die Tieck offenbar bewußt einsetzte. Besonders relevant erscheint mir im Falle des 'Alten vom Berge', daß durch den Widerstreit der verschiedenen Meinungen und Personen eine wechselseitige Relativierung stattfindet. Über die Cha-

37 Vgl. hierzu die grundlegende Untersuchung von Rolf Schröder: Novelle und Novellentheorie, a.a.O. und vgl. Ute Schläfer: Das Gespräch in der Erzählkunst Ludwig Tiecks. Diss. München 1969.

38 Vgl. Elfriede Fischer: Zeiteinflüsse auf Tiecks Novellen. Diss. Wien 1948, S. 3, 126f und Rolf Schröder: Novelle und Novellentheorie, a.a.O., S. 32ff.

39 Ludwig Tieck: Vorbericht zur dritten Lieferung <1829>, Schr. 11, S. LXXXVIII.

40 Das Mißverständnis liegt meist darin, daß der Wendepunkt als formalästhetisches Charakteristikum betrachtet wird. Vgl. Manfred Schunicht: Der "Falke" am "Wendepunkt". Zu den Novellentheorien Tiecks und Heyses <1960>. In: Novelle. Hrsg. von Josef Kunz. Darmstadt 1973, S. 451.

rakterisierung der Personen wird zudem die Genese ihrer differierenden Ansichten sozial und/oder psychologisch verständlich. Dem Leser werden, wie es Helmut Endrulat treffend formulierte, "...die verschiedenen möglichen Spielformen in der Relation Subjekt-Wirklichkeit (...) aufgedeckt."[41]

Diese Struktur ist es, die es so schwer macht, eine eindeutige Position des Autors Tieck aus der Novelle herauszulesen. Wenn es denn eine solche überhaupt gibt[42], sie zudem vielleicht sogar didaktisch belehrend sein soll[43], so kann sie nicht eindimensional in der Identifizierung mit nur einer Person gesucht werden. Geboten ist vielmehr, die vorgetragenen Positionen im differenzierten Widerspiel zu ihren Gegenpositionen zu untersuchen.

Gleiches gilt auch für die Bewertung der Bergbaudarstellungen. Der Bergbau und die mit ihm verbundenen Vorstellungen erschienen in der hier skizzierten Forschungskontroverse ja einerseits als Relikt romantischer Vorstellungen und Rückfall in mysthische Verklärungen, andererseits als Symbol eines neuen Geistes, des Kapitalismus und der beginnenden Industrialisierung - und damit als Zeichen besonderer Realitätsnähe dieser Novelle. Eine genauere Untersuchung dieses Spannungsfeldes verspricht dabei für viele Aspekte der Interpretation

---

41 H. E.: Ludwig Tiecks Altersnovellistik, a.a.O., S. 80. Vgl. auch Ute Schläfer: Das Gespräch, a.a.O., S. 118ff.

42 Vgl. Elfriede Fischer: Zeiteinflüsse, a.a.O., S. 126f: "Denn dadurch, daß verschiedene Meinungen durch mehrere Personen vertreten und ihre Licht- und Schattenseiten aufgezeigt werden, erhält der Leser zwanglos ein Bild aller Möglichkeiten einer eventuellen Stellungnahme. Dabei möchte ich nochmals betonen, daß der Dichter (...) seinen eigenen Standpunkt immer klar zum Ausdruck brachte." Heinichen (J. H.: Das späte Novellenwerk, a.a.O., S. 122) vertritt dagegen die Auffassung, daß die Wertung Tiecks, "auf wessen Seite Recht und Unrecht ist" immer nur in der Fabel zu suchen sei, die Gespäche entschieden nichts.

43 Diese Position vertritt vor allem Christian Gneuss (Der späte Tieck, a.a.O., S. 125) und auch Rolf Schröder, der ihm beipflichtet (Novelle und Novellentheorie, a.a.O., S. 223). Zurecht argumentiert dagegen Ralf Stamm: "Der Dichter ist nicht in erster Linie Erzieher - Gneuss irrt hier wohl sehr -, die Kunst ist nicht Mittel zu Volksbildung. So sah es Tieck (...). Nicht erziehen, höchstens diskret und unaufdringlich Hinweise geben für die, die Augen haben zu sehen: Das war die Tiecksche Linie literarischen Takts."(R. S.: Ludwig Tiecks späte Novellen, a.a.O., S. 148).

erhellende Momente. Zeigte sich doch, daß die wichtige Frage nach der Kontinuität zum Frühwerk sich vor allem an der Bewertung des Montanwesens, wie es in der Novelle vermittelt wird, entscheidet. Von dort aus findet sich dann auch der Zugang zum ökonomischen Thema der Novelle, zum Wunderbaren und zu den politischen Implikationen.

> "Kann das Leben und das Erzeugen irgendwo aufhören, so ist es auch an euren Stellen, wo ihr das Lebendige seht, nur Schein und Lüge." (AvB, Schr. 24, S. 189)

2. Repräsentanten der alten und der neuen Zeit

So gut wie alles, was der Leser der Novelle über die Zustände 'am Berge' erfährt - über die ökonomische, technische und wissenschaftliche Grundlegung des dortigen Montanwesens - erfährt er aus Gesprächen: D.h. die Informationen sind gewissermaßen 'second hand', vermittelt in Dialogen; ein objektivierend wirkender Erzähler steuert zur Darstellung der Verhältnisse nur wenige Sätze bei:

> "Maschinen arbeiteten und sausten, Wasser rauschten, Wagen und Pferde gingen und kamen, die Pochwerke lärmten: nur war durch die rauchenden Kohlen, die dampfenden Gruben und die schwarzen Schlakken, die weit umher in vielen Haufen hoch aufgethürmt lagen, die finstere abgelegene Gegend noch düsterer, und kein Reisender, der um sich zu erfreuen, die Natur aufsuchte, mochte lange in diesem finstern Bezirke verweilen."[44]

Eine Schilderung, die den Charakter der Landschaft in einer merkwürdigen Schwebe zwischen dämonisierter Natur und realer Industriehäßlichkeit erschei-

44 AvB, Schr. 24, S. 147.

nen läßt.[45] Das gilt auch für die Beschreibung der Eisenhütten, die Eduard besucht, wo dem Arbeitsalltag mit "Gelärm und Hämmern" und dem Umgang mit flüssigem Eisen ebenfalls eine mystische Komponente hinzugefügt ist.[46] Ansonsten wird von konkreter Arbeit nicht berichtet: Kein Abstieg in die Tiefe, keine Suche nach Metallen, keine unterirdischen Räume werden beschrieben.

Der Bergmann Kunz, der dem Leser in der Gebirgswelt des 'Alten vom Berge' mit seinen zahlreichen Fabriken, Bergwerken und Alaungruben vorgestellt wird, ist dabei nicht wie "die Häuser und Bewohner fast alle sein (des AvB /H.G) Eigentum oder ihm angehörig"[47], sondern stammt "entfernt von hier" aus einer anderen Gegend. Daß er nicht nur räumlich gleichsam einer anderen Welt angehört (und zeitlich als alter Mann), wird im Laufe der Novelle immer deutlicher. Ökonomisch wird gleich zu Anfang eine wichtige Differenz gemacht: Kunz arbeitet in den Gruben des Fürsten und nicht in einem privatkapitalistischen Betrieb.[48] Sein Arbeitsethos und seine Ansichten werden anhand seiner Gesprächsäußerungen gegenüber Eduard und dem fremden Bergmann präsentiert - also stets in der Kontrastierung mit entgegengesetzten Meinungen.

Dabei erweist sich Kunz in vielfacher Weise als Außenseiter: Die Schmiede verachten seinen Hochmut[49], Eduard tadelt seinen Aberglauben[50], und die Bauern stehen mehr als einmal kurz davor, sich handgreiflich seiner Beleidi-

45 Kein Wunder, daß gerade an dieser Stelle oft gleichermaßen eine Rückwendung zur Romantik wie eine Hinwendung zum Realismus in der Darstellung konstatiert wurde. Vgl. dazu die Ausführungen im vorangegangenen Kapitel.

46 Vgl. AvB, Schr. 24, S. 193f: das "wunderlich" leuchtende Feuer, die "tausend blendenen Funken" , die "Bewegung der dunklen Gestalten" und die einäugigen Schmiede.

47 AvB, Schr. 24, S. 148.

48 Ebd., S. 150.

49 Vgl. ebd., S. 193.

50 Vgl. ebd., S. 153.

gung zu erwehren.[51] Seine vermeintliche Arroganz und seine verschrobenen Ansichten sind aber nicht als zufälliger Charakterzug zu deuten[52], sondern haben ihre Ursachen in einer sehr traditionellen Auffassung seines Bergmannstandes. Ihn kennzeichnen Berufsstolz und Meinungen über sein Handwerk, die offenbar niemand sonst zu respektieren bereit ist, und die er z.T. unbeschadet nur im Zustand der Trunkenheit äußern kann.[53] Selbst sein Berufskollege, ein fremder reisender Bergmann, vermag sich nicht mit ihm zu solidarisieren. Vielmehr erscheint dieser als Repräsentant einer neuen Zeit, als Rationalist, der Kunz' Ansichten als längst überholt, als anachronistisch ausweist.[54] In den Auseinandersetzungen mit ihm bekennt sich Kunz zu den typischen Merkmalen eines altertümlichen, unaufgeklärten Bergmanns: er glaubt an Geister, Kobolde, wundersame unterirdische Bergmännlein und Zwerge, die Kraft des "bösen Blickes". Er grenzt sich auf das Schärfste vom einfachen Volk und vor allem von den Bauern ab[55] und beteuert mehrmals die Nähe seines Berufs zu Kunst und Wissenschaft:

> "...ich bin einer der ältesten Männer hier oben vom Gewerk; schaut, (...) diese Thaler hat mein Fürst und Herr in unserer Grube gewonnen! (...) Und so alt ich bin, Männer, (ich bin hier oben aufgewachsen) bin ich doch noch niemals unten in das Feld und die Thäler hinab gekrochen.

---

51 Vgl. ebd., S. 192.

52 In den meisten Interpretationen wird die *sozialgeschichtliche* Determiniertheit von Kunz Charakterzügen übersehen.

53 Vgl. AvB, Schr. 24, S. 191: "Die Bauern, die sich vor dem Betrunkenen zu fürchten schienen oder ihn vielleicht nur nicht noch mehr aufreizen wollten, zogen sich an ihren Tisch zurück."

54 Die Gespenstergeschichten, die der Fremde selbst erzählt, dienen nur zur Verulkung von Kunz; seine Vorschläge, den Dieb mittels abergläubischer Praktiken zu überführen, erweisen sich als Vorwand, um Eliesar zu entlarven, ohne sich selbst dabei zu verraten.

55 Vgl. AvB, Schr. 24, S. 181ff. Gerade diese stolze Abgrenzung verweist auf den spätmittelalterlichen Status mit fast aristokratischen Privilegien (Fisch- und Jagdrechte) und nicht auf Zeiten landwirtschaftlichen Nebenerwerbs für den Bergmann. Vgl. Abschnitt II dieser Arbeit.

Ich kann mich rühmen, und das ist gewiß eine Seltenheit, ich habe noch niemals das Getreide auf dem Felde, noch niemals das Korn in dem erbärmlichen Stroh in seinem Wachsthum und seiner Reife gesehn. Wir arbeiten in Silber und Gold, sind groß im Geheimniß und der Wissenschaft, hauen, amalgamiren, schmelzen - und die armen Lumpen da müssen mit ekelhaftem Mist, wie man mir erzählt hat, vertraut umgehn, (...) und darum kommen die Schmutzkittel mir auch mit Recht als unehrlich und verächtlich vor, wenigstens ein Bergmann sollte ihnen niemals die Hand reichen, oder mit ihnen aus einem Kruge trinken."[56]

Insofern ist es nur folgerichtig, daß Kunz in der Nacht, die er im Kartoffelfeld verbringen muß, sein Ende sieht - zumindest ist es das Ende des stolzen traditionsbewußten Bergmanns.[57]

Die interessanteste Kontroverse zwischen Kunz und dem Fremden entzündet sich an der Frage des Übergangs von organischer und anorganischer Natur und, damit verbunden, am Glauben vom Wachstum der Erze. Diese, noch im Schlußteil ausführlicher zu würdigende Vorstellung war im Montanwesen lange verbreitet.[58] Nachdem sich in Tiecks Novelle der alte Bergmann Kunz zu dieser Tradition bekannt hat, konstatiert der Fremde sogleich: "Also, so weit seid Ihr hier noch zurück?"[59] Er sucht ihn zu belehren, daß anorganische Bestandteile der Natur vom organischen Wachstum der Pflanzenwelt ausgenommen seien: "Der Stein ruht in sich." Alles andere sei Aberglaube und Vorurteil, dem er mit

56 AvB, Schr. 24, S. 192, vgl. auch S. 181 u. 183.

57 Vgl. AvB, Schr. 24, S. 195: "Meine Ehre! meine große Bergmanns=Ehre! so schrie er, mein Ruhm und mein Stolz, alles ist dahin, unwiderbringlich und auf ewig! (...) Mord und Brand ist nicht so abscheulich! Und kein Gesetz dagegen, keine Hülfe, kein Menschenverstand in der ganzen weiten Welt."

58 Vgl. Ernst Schneider: Das 'Wachsen' der Erze. In: Der Anschnitt. Heft 1, Jg. 1, 1956, S. 18ff. Theodor Haupt konstatierte 1865, daß solche Vorstellungen im Bergbau seit dem 18. Jahrhundert zunehmend verbannt wurden, aber noch aus der jüngsten Vergangenheit wußte er Fälle zu berichten, die von der anhaltenden Attraktivität dieses Glaubens zeugen. Vgl. Th. H.: Bausteine, a.a.O., Lief. III, S 45ff. Außerdem vgl. Mircea Eliade: Schmiede und Alchemisten, a.a.O., S. 48ff.

59 AvB, Schr. 24, S. 187.

Wissenschaft begegnen will.[60] Die Gegenrede des darüber sehr erregten Kunz basiert nun interessanterweise nicht auf naturphilosophischen Theorien oder mystischen Spekulationen, sondern auf der *Reflexion über die Konsequenzen* dieser 'neumodischen' Auffassungen:

> "Nein! nein! schrie Kunz immer heftiger: dadurch wird mir ja die Welt, und vollends meine herrlichen Berge, die glänzenden, unterirdischen Kammern nur in Stapelplätze, schlimmer als von Holz, in klägliche Schuppen und Waarenlager verwandelt. (...) O ihr Taub= und Blindgebornen, die ihr nicht schauen und begreifen wollt, was doch viel leichter zu fassen ist, als eure todte, abgestorbene Welt. Kann das Leben und Erzeugen irgendwo aufhören, *so ist es auch an euren Stellen, wo ihr das Lebendige seht, nur Schein und Lüge*."[61]

Diese Argumentation verdient besondere Beachtung: Hier werden keine 'Hirngespinste' eines "versoffenen Bergmanns" artikuliert[62], sondern aus den Zweifeln an 'toter Natur' erwächst Kritik an der Verwandlung von Natur in Ware und die Warnung vor den Konsequenzen aller Bereiche des Lebens, vor der Verdinglichung menschlicher Beziehungen. Vor dem Hintergrund dieser Auffassung ist es nur folgerichtig, daß Kunz den Reichtum des 'Alten vom Berge' als "unmenschlich" bezeichnet und gleichzeitig dessen Menschenscheu und irdischen Genüssen abgewandte Lebenshaltung zu erklären weiß: Beides, so meint er gegenüber Eduard, könne nur durch einen der Stein-Herz-Metapher ähnlichen Tausch (Reichtum gegen Seele) zustande gekommen sein[63], deren Be-

---

60 Vgl. ebd., S. 188f.

61 Ebd., S. 188f/ Hervorhebungen H.G.

62 Wie Christian Gneuss (Der späte Tieck, a.a.O., S. 48) und Peter Wesollek (Weltumsegler, a.a.O., S. 166) meinen.

63 Vgl. AvB, Schr. 24, S. 153: "Darum ist der Alte auch immer so traurig und darf niemals lachen, darum wird er verrückt, wenn er zufällig Musik hört, die aller frommen Menschen Herz erfreut, darum geht er in keine Gesellschaft und ist immer griesgrämig, weil er wohl weiß, welches Ende er nehmen muß, wovon ihn alle die irdische Herrlichkeit nicht zurück kaufen kann, weil er Gott abgesagt hat (...)."

deutung Manfred Frank ja eindrucksvoll dargelegt hat.[64] Kunz beschreibt sie wie folgt:

> "Mein Schatz: Erde, Wasser, Luft, Berg, Wald und Thal sind keine todten, leblosen Hunde, wie Ihr vielleicht meint. Da wohnt, handthiert allerlei, das Ihr so vielleicht Kräfte nennt: das leidet es nicht, wenn ihm die alte stille Wohnung so umgerührt, aufgegraben, mit Pulver unter dem Leibe weggesprengt wird: die ganze Gegend hier, meilenweit umher, raucht, dampft, klappert, pocht, man schaufelt, webt, gräbt, bricht auf, wüthet mit Wasser und Feuer bis in die Eingeweide, kein Wald wird verschont, Glashütten, Alaunwerke, Kupfergruben, Leinwandbleichen und Spinnmaschinen, seht, das muß Unglück oder Glück dem bringen, der die Wirthschaft und den Spektakel anrichtet, ruhig kann es nicht abgehn."[65]

Als Konsequenz solch ausbeutender Haltung kann Kunz nur den Rückschlag der Naturmächte in Form von "Erdbeben, Ueberschwemmungen, Waldbrand, Bergfall" sehen oder deren rigorose Beherrschung - in Gestalt der Kobolde - was freilich, je mehr sie einbringen, am Ende um so weniger gut ausgehe.[66] Empfindlich reagiert der alte Bergmann schon auf die Abstraktion, die sich in der Verwendung des Begriffs 'Natur' niederschlägt. Ähnlich wie die ästhetische Wahrnehmung der Natur als Landschaft immer schon deren Beherrschung vor-

---

64 Vgl. M. F.: Steinherz, a.a.O., S. 311, 323 und Abschnitt I, Kapitel 2.2 dieser Arbeit. Frank weist darauf hin, daß die Stein-Herz-Metapher auch im ökonomischen Diskurs der Zeit Verwendung fand: "Franz Baader verurteilte den *affekt,- herz- und gefühllosen Purismus* des *ökonomistischen Kalkulierens*, der die Seele zur Sache, das zirkulierende *Metallgeld* zur allgemeinen *Ware (...) und zur einzigen spinozistischen Weltsubstanz, somit auch zum unsichtbaren Weltgott*, mache (...). Adam Müller (in seinen *Elementen der Staatskunst* von 1809) fürchtete von jenem System, in welchem alles tauschbar wird und auch der unschätzbare Wert der Person auf einen rein ökonomischen *Wert* reduziert ist, eine *metaphysische Erkaltung der Seele*. Wilhelm Weitling (...) spricht 1838 von den *steinernen Herzen* der Kreditgeber, Wucherer, Händler und Kapitalisten;(...)." (Das Motiv, a.a.O., S. 400).

65 AvB, Schr. 24, S. 154.

66 AvB, Schr. 24, S. 155.

aussetzt[67], enthält die Art und Weise, wie der Fremde von 'Natur' spricht, bereits deren Instrumentalisierung als "Waarenlager" und "Stapelplatz":

> "Natur, sagte der Bergmann, das ist auch so ein dummes Wort! Mein Bergwerk gehört nicht zur Natur, das ist mein Berg. In ihm versteh' ich Alles, von eurer Natur weiß ich gar nichts. (...) Aber dahin haben es die Menschen schon gebracht, daß sie nichts mehr als das ansehn können, was es ist, sondern nur ein Allgemeines suchen, woran sie es binden und erwürgen mögen."[68]

Dieser letzte Satz ist als weitreichende Kritik zu lesen, sie betrifft die Wertabstraktion im Allgemeinen, nämlich, wie Manfred Frank es zutreffend ausdrückte: "die Erdrosselung der je eigentümlichen Natur einer Sache durch den allgemeinen Begriff ihres Wertes, auf den sie im Warenverkehr zurückgeführt wird."[69] Diese hier forciert extrapolierten kritischen Positionen des Bergmanns Kunz erinnern vielfach an die seines 'Berufskollegen' im 'Ofterdingen'-Roman

---

67 Vgl. Abschnitt III, Kap. 3 dieser Arbeit.

68 AvB, Schr. 24, S. 189.

69 M. F.: Steinherz, a.a.O., S. 311. Kunz Äußerung scheint mir auch im Sinne von Tiecks Abscheu gegen jede Form des Systematisierens interpretierbar: "...mit der Systematik scheint mir in der Geschichte der Philosophie das Böse hervorzutreten. Einer der widerstrebendsten Gedanken ist für mich der des Zusammenhanges. Sind wir denn wirklich im Stande ihn überall zu erkennen? Ist es nicht frömmer, menschlich edler und aufrichtiger, einfach zu bekennen, daß wir ihn nicht wahrzunehmen vermögen, daß unsere Erkenntnis sich nur auf Einzelnes bezieht, und daß man resignire? (...) aber die Philosophen wollen den Zusammenhang um des Zusammenhangs wissen, sie machen ihn und verknüpfen das Einzelne, um ein System zu haben, und haben sie es, so schütten sie in dieses Fachwerk alles Mögliche hinein was paßt und nicht paßt. (...) In der Beziehung hat Wackenroder ein großes und kühnes Wort ausgesprochen: "Systemglaube ist schlimmer als Aberglaube." (Zitiert nach Rudolf Koepke: Ludwig Tieck. Erinnerungen aus dem Leben eines Dichters nach dessen mündlichen und schriftlichen Mittheilungen. Leipzig 1855, Teil. II, S. 249f). Damit bezieht sich Tieck auf die 'Herzergießungen eines kunstliebenden Klosterbruders', wo es heißt:"Wer ein System glaubt, hat die allgemeine Liebe aus seinem Herzen verdrängt. Erträglicher noch ist Intoleranz des Gefühls, als Intoleranz des Verstandes (...)" (In: W. F. W.: Werke und Briefe, a.a.O., S. 55).

und man mag in manchem auch zurecht eine gewisse Vorwegnahme Marx'scher Einsichten sehen.[70]

Die andere Seite der Tieck'schen Bergmannsfigur - und hier unterscheidet sie sich grundlegend von der Hardenbergs - sind ihre vielfach bemerkten anachronistisch-lächerlichen Züge, ihr Glaube an Geister und Kobolde und ihr überkommener Berufsstolz. Durch solche Merkmale wird zwar auf den ersten Blick die Glaubwürdigkeit von Kunz' Kritik relativiert, bei genauerem Hinsehen jedoch - und das wäre hier die These - stehen auch der Aberglaube und die Spukelemente der Novelle im Dienste solcher Kritik fortgeschrittener gesellschaftlicher und ökonomischer Entwicklungen. Im Gespräch Kunz-Eduard haben die Berggeister und Kobolde - wie bereits gezeigt - gewissermaßen die Funktion, Anwälte der Naturkräfte zu sein, die sich ihrer Ausbeutung erwehren. Auch bei den Spukgeschichten in der Auseinandersetzung mit dem Fremden bleibt indirekt die Ökonomische Thematik virulent:

Bei diesem Disput ist zunächst grundsätzlich zu beachten, daß er vor Publikum stattfindet und, wie der Erzähler mehrfach hinweist, einen gewissen Schaukampfcharakter hat, indem beide mit der Leichtgläubigkeit der Zuschauer ihre Possen treiben, wobei wirklich Ernst gemeintes und Vorgespieltes oft nur schwer zu trennen sind.[71] Joachim Müller erkennt denn auch richtig, daß in das

70 So Joachim Müller (Tiecks Novelle, a.a.O., S. 319f), der allerdings vor allem von Balthasars Äußerungen ausgeht, und damit die oft ergiebigeren Stellen bei Kunz übersieht; zudem mit seiner Behauptung, es sei im 'Alten vom Berge' auch die Marx'sche These von der Notwendigkeit der proletarischen Revolution vorweggenommen, weit über das tatsächlich in der Novelle Gesagte hinausgeht. Andererseits ist aber seine Grundannahme, daß sich in bestimmten Aussagen eine "Nähe zu geschichtsphilosophischen oder geschichtskritischen Erkenntnissen von Marx feststellen lassen ", nicht, wie Peter Wesollek (Weltumsegler, a.a.O., S. 170ff) meint, dadurch zu widerlegen, daß man Tieck Konservatismus -er habe keine Revolution gewollt-, nachweist. Vor Müller hat übrigens schon Käthe Lewy Tiecks Gedanken mit "unseren heutigen sozialistischen und kommunistischen Ideen" in Zusammenhang gebracht. Vgl. K. L.: Die Problemwelt in Ludwig Tiecks Novellen aus den Jahren 1820-30. Diss. Greifswald 1923, S. 41.

71 Vgl. AvB, Schr. 24, S. 186f. Auch der Fremde meint: "Indessen, mag es nun Ernst oder Spaß seyn, was Ihr mir erzähltet, so giebt es doch gewiß, was kein Vernünftiger bestreiten wird, vieles Unbegreifliche und Wunderbare in der Welt."(S. 186).

"Vexierspiel", das beide mit den Bauern treiben, der Leser miteinbezogen wird, "...insofern als er (Tieck/ H.G.) offen läßt, was Kunz und der Fremde selbst von den viel beredeten magischen Kräften halten."[72] Nicht nur in diesem 'Vexierspiel' erscheint das Magisch-Mystische der Novelle als vielschichtig und keineswegs ungebrochen positiv oder negativ. Selbst die Figur, die das magische Denken so eindringlich verkörpert, der alte Bergmann Kunz, legt ein durchaus differenziertes Verständnis davon an den Tag, indem er zwischen "frommen und nöthigen" Aberglauben auf der einen Seite und "verruchtem" Aberglauben auf der anderen unterscheidet.[73] Damit erweist sich Kunz eben nicht als der naiv Wundergläubige, als der er vielfach gilt, sondern er identifiziert sich nur mit einem bestimmten Gehalt von Magie und Aberglauben, nämlich jenem, der gegen die herrschende Zweckrationalität gerichtet ist.

Am deutlichsten wird dies in seiner Bewertung des Afrika-"Geschichtchens", das der Fremde erzählt[74]: Dort fand man, so berichtet dieser, nach mehreren kleinen Goldstückchen "zwei bedeutende Kloben massiven gediegenen Goldes", woraufhin der verarmte König diese - statt sie zur Bereicherung zu nutzen - als "Vater und Mutter jener Goldkinderchen" ansah und sie wieder vergraben ließ: "Geschähe dies nicht, so hätten wir für den Augenblick großen Vortheil, verlören aber den dauernden Nutzen für alle Folgezeit."[75] Dem aufgeklärten Fremden schien diese Geschichte nur "aberwitzig", wohingegen Kunz deutlich macht: "...wenn wir gleich, als Bergleute (!), die Sachen nicht so, wie er, ansehen können (!)", hatte gleichwohl jener König nicht Unrecht, "das Geheimniß zu schonen".[76]

---

72 J. M.: Tiecks Novelle, a.a.O., S. 308.

73 Vgl. AvB, Schr. 24, S. 182.

74 Vgl. AvB, Schr. 24, S. 187f.

75 Ebd., S. 188.

76 Ebd., S. 188 / Hervorhebungen H.G.

Selbst die scheinbar abstrusesten Erzählungen des Bergmanns Kunz, in denen es von Kobolden, Vampyren, Wünschelrutengängern, Zwergen und Bergmännlein nur so wimmelt, enthalten - gegen den Strich gelesen - stets eine ökonomisch-kritische Variante. So ist auch die Geschichte vom "Zohori oder Zagori", die breiten Raum in dem Dialog mit dem Fremden einnimmt[77], Konglomerat und zugleich Verfremdung verschiedener Elemente des Aberglaubens. Schon der Name dieses Koboldes hat eine gewisse Doppeldeutigkeit. 'Zahori' heißt im Spanischen gleichzeitig Hellseher, Wahrsager und - im übertragenen Sinn - auch Schlaukopf, Schlauberger, listiger Kopf. Ausgehend vom Erkennen der Metalle unter der Erde über den 'bösen Blick', über den Diebstahl verschlossener Speisen, wie man ihn im allgemeinen Zwergen und Vegetationsgeistern zuschreibt[78], werden in der Beschreibung des Alten die Künste solcher 'Zahori' immer weitreichender - und ökonomisch interessanter: Z.B. kann ein 'Zahori' große Geldsummen und Kostbarkeiten, indem er sie nur denkt, verschwinden und erscheinen lassen, von einem Ort zum anderen senden und sich die Bezahlung dafür zukommen lassen. Transaktionen zwischen dem Hafen in London und Spanien oder Kalkutta seien dabei problemlos zu bewältigen, wobei er nicht einmal seine Stube verlassen muß, da er solche Geschäfte mit "seinem bloßen Willen" tätigt.[79]

Assoziationen zu modernen Managemententscheidungen am Schreibtisch liegen nicht fern und greifen auch nicht fehl: Deutlich sind hier die Anspielungen auf fortgeschrittenen Geld- und Warentransfer und auf modernes Nachrichten- und Verkehrswesen benannt. Selbst wenn Tieck im biedermeierlichen Deutschland um 1828 weder ausgebaute Eisenbahnverbindungen noch Telegraphennetze im Sinn gehabt haben konnte, so kann doch schon im Deutschland des frühen 19. Jahrhunderts von einer "neuen Epoche" des Nachrichten-

77 Vgl. AvB, Schr. 24, S. 182ff.

78 Vgl. Artikel 'stehlen' in: HwbdtAg, Bd. VIII, Sp. 379.

79 Vgl. AvB, Schr. 24, S. 185. Kunz gibt dem auch einen politischen Gehalt: "...seht, Mann, wenn es nicht dergleichen Tausendküstler (sic!) gäbe, wo sollte wohl alle die Contrebande herkommen, die in allen Ländern gemacht wird? Darum helfen alle Anstalten dagegen so wenig, so strenge sie auch immer seyn mögen."

und Verkehrswesens gesprochen werden.[80] Die für die Eisenbahn oft beschriebene und fälschlicherweise ausschließlich ihr zugeschriebene neue Geschwindigkeitserfahrung[81] ist nämlich bereits im Zusammenhang mit einer früheren grundlegenden "verkehrs- organisatorisch innovativen Zäsur" zu beobachten, nämlich der Einführung von Eilwagen und Schnellpost.[82] Sie brachte eine Reduzierung der Fahrzeiten um oft mehr als die Hälfte.[83]

---

80 H. Stephan: Die Geschichte der Preussischen Post (1859). Zitiert nach: Klaus Beyrer: Die Postkutschenreise. Tübingen 1985, S. 235. Die erste Eisenbahn fuhr in Deutschland bekanntlich 1835, die ersten brauchbaren Telegraphen wurden ebenfalls erst in den 30er Jahren verwendet. Erste Versuche mit einem solchen nachrichtenübertragenden Medium waren schon länger bekannt (erster elektrischer Telegraph 1809). Schon 1810 nahm Heinrich Kleist in seinem satirischen Artikel 'Entwurf einer Bombenpost' im 'Abendblatt' (vom 12. Oktober) Bezug auf die Telegraphie:
"Man hat, in diesen Tagen, zur Beförderung des Verkehrs, innerhalb der Grenzen der vier Weltteile, einen elektrischen Telegraphen erfunden; einen Telegraphen, der *mit der Schnelligkeit des Gedankens*, ich will sagen, in kürzerer Zeit, als irgend ein chronometrisches Instrument angeben kann, vermittelst des Elektrophors und des Metalldrahts, Nachrichten mitteilt; dergestalt, daß wenn jemand, falls nur sonst die Vorrichtung dazu getroffen wäre, einen guten Freund, den er unter den Antipoden hätte, fragen wollte: 'Wie geht's dir?' derselbe, ehe man noch eine Hand umkehrt, ohngefähr so, als ob er in einem und demselben Zimmer stünde, antworten könnte: 'Recht gut'." (Zitiert nach: H. K.: Werke, a.a.O., Bd 4, Leipzig und Wien o.J.(1904/05), S. 218/ Hervorhebungen H.G.).

81 Vgl. Wolfgang Schivelbusch: Geschichte der Eisenbahnreise. Zur Industrialisierung von Raum und Zeit im 19. Jahrhundert. Frankfurt/M. / Berlin 1979.

82 Klaus Beyrer: Postkutschenreise, a.a.O., S. 245. Vgl. ebd., bes. S. 235ff. K.B. zeigt, daß der Postreiseverkehr später zunehmend sein Image der Rückständigkeit und Langsamkeit verloren hatte: "Hierbei gibt es ein konkretes Datum, das Jahr 1821, in dem der erste preußische Schnellpost-Kurs eröffnet wurde." (S. 245) 1827 gab es bereits 114, 1837 182 Schnellposten. Zudem wurden 1822 die ersten Seepostdampfschiffdienste nach Schweden, Kopenhagen und St. Petersburg eingerichtet.(Vgl. HbdtWisogesch, Bd. 1, S. 381).

83 Z.B. die Strecken Berlin-Hamburg von 85-91 auf 31,5 Std., Berlin-Breslau von 94-96 auf 32 Std. Angaben nach Klaus Beyrer: Ab geht die Post. Zur Reisekultur der Kutschenzeit. In: Stuttgarter Zeitung vom 9.8.1986 (Beilage).

Daneben - auch dies schon in jener Zeit - begann mit dem Siegeszug der Schnellpresse auch die Revolutionierung des Zeitungsmarktes.[84] Die Zeitungen wiederum waren die wichtigste Informationsquelle des Kaufmanns für Börsenkurse und Wirtschaftsleben. Neben den deutschen frühindustriellen Entwicklungen, die Tieck möglicherweise bei der Zahori-Vision im Sinn hatte, war ihm ein weit fortgeschrittener Stand der Industrialisierung und des Geschäftslebens aus England bekannt, das er 1817 bereist hatte.[85]

In der Novelle finden sich besonders in den Gesprächen zwischen Kunz - Eduard und Eduard - Balthasar noch weitere Ausführungen, die Phänomene des modernen Wirtschaftslebens betreffen, sie sollen in den nachfolgenden Kapiteln erörtert werden. Festzuhalten bleibt an dieser Stelle zunächst, daß der alte Bergmann Kunz aus der Position eines Außenseiters und Rückständigen Stellung zu fortgeschrittenen Erscheinungen des Warenverkehrs und des Naturumgangs bezieht. Seine Positionen werden immer im Zusammenhang mit abergläubisch-mystischem Denken entwickelt und erscheinen damit ambivalent: So sehr einerseits ihr kritischer Gehalt eine Rettung erfährt, so stellen sie andererseits keine wirkliche Alternative zur herrschenden Ökonomie und zu aufgeklärtem Denken dar.

Allerdings - und hier muß großen Teilen der Forschung widersprochen werden - sind die Vertreter des rationalistischen Widerparts gegenüber Kunz, nämlich Eduard und der fremde Bergmann, ebenfalls nicht ungebrochen positiv dargestellt. Der Fremde erweist sich als Betrüger und Dieb. Damit geraten nachträg-

84 Vgl. HbdtWiSogesch, Bd. 1, S. 328f.

85 Rudolf Koepke berichtet, daß Tieck auf seiner Reise in England neben Museen und Theatern auch das "Leben im Allgemeinen" aufmerksam beobachtete. Dabei machte er auch mit dem dortigen Wirtschaftsleben Bekanntschaft und nahm daran Anstoß: "London wollte ihm nicht gefallen. Der alterthümlichen Reste waren weniger als er geglaubt hatte, und diese wurden durch neue Bauwerke, und das Handels- und Fabriktreiben der modernen Welt verdrängt." (R. K.: Erinnerungen, a.a.O., Bd. I, S. 375). Vgl. auch Alfons Fedor Cohn: Ludwig Tiecks Reise nach London und Paris im Jahre 1817. Aus Wilhelm von Burgdorffs Tagebüchern. In: Zeitschrift für Bücherfreunde, Jg. 1.2., 1910, S. 343-364. Burgdorff bezeugt für den 19. Juni einen Besuch Tiecks in einer Londoner Bank, in den Docks und einem Tabak-Warenhause, sowie eines der Ost-India Warenhäuser. (S. 353).

lich auch seine Positionen ins Zwielicht. Er, der sich auf Wissenschaft und Rationalität beruft, bezieht sein Einkommen aus Diebstählen! Und Eduard, auf den noch gesondert einzugehen sein wird, wird von Kunz gleich mehrmals unwidersprochen der Naivität bezichtigt, weil ihm grundlegende Erfahrungen fehlten:

> "Spott' er nur nicht, junger Herr, rief der Alte: Er ist auch von den Superklugen, Neumodigen. Wenn Ihm einmal, (...) tief unten in der Einsamkeit, vom Himmel und aller Welt abgeschieden, (...) der hohe schreckliche Berggeist erschiene: was gilt's, Er würde auch ein ander Gesicht ziehen, als jetzt hier (...). Lachen kann jeder, aber das Schauen ist nicht Vielen vergönnt, und noch Wenigern, sich als Mann zu fassen, wenn ihnen einmal die Augen aufgethan werden."[86]

In diesem Gefüge der einander widersprechenden, mehrfach relativierten Meinungen bleibt der alte Bergmann Kunz durchaus ernst zu nehmen. Er kann in vieler Hinsicht als Relikt eines traditionellen Bergmanns vom Schlage des Alten im 'Ofterdingen' verstanden werden. In neuerer Zeit wirkt er zwar anachronistisch, aber insgesamt ist er zumindest redlich, was man hingegen von den 'Neumodigen' nicht immer behaupten kann.

---

86 AvB, Schr. 24, S. 151f. Vgl. auch ebd., S. 153 ("mein bester, jungbärtiger Allerweltsweisheitskrämer") und S. 156 ("munter<er> Sorgenfrei"). Die oben zitierte Stelle ist übrigens die Einzige, die an die Erkenntnistradition der Tiefe anknüpft.

> "Glauben Sie (...), man wird nur darum nicht wahnsinnig, weil man so stillschweigend mit dem Strome schwimmt, weil man immer fünf gerade seyn läßt, und sich in das Unabänderliche fügt." (AvB, Schr. 24, S. 175)

3. Bergwerksbesitzer und Großunternehmer Balthasar

3.1 Reichtum und Pessimismus

Als Nachhall romantischer Montanfaszination erscheint auf den ersten Blick die Titelgebung der Novelle sowie der damit identische Beiname des Protagonisten. Der 'Alte vom Berge', diese Bezeichnung war, so berichtet Ricarda Huch, für den berühmten Mineralogen und Bergbauwissenschaftler Abraham Gottlob Werner in Freiberg gebräuchlich.[87] In der Tieck'schen Novelle allerdings ist sie in einem ganz anderen Sinn verwandt: Sie meint nicht einen weisen und kundigen Bergmann oder Wissenschaftler, sondern mit dem "Herrn des Gebirges" - so sein anderer Beiname[88] - ist schlicht ein Eigentumsverhältnis benannt. Dem Privatunternehmer Balthasar gehört nämlich nahezu alles in der Region, die einzig durch seine Fabriken, Bergwerke und Alaungruben überhaupt erst bevölkert wurde.[89]

Im Kontrast zu seinen überaus erfolgreichen Geschäften steht seine pessimistische Lebensphilosophie; die Auseinandersetzung damit wurde mehrfach als das zentrale Anliegen der Novelle gedeutet. Sie läßt sich komprimiert wie folgt darstellen: Balthasar ist der Überzeugung, daß das Leben nur Qual und Angst sei, eine Straf- oder Irrenanstalt[90], die einzig die Erfahrung von Schmerz und Ver-

87 R. H.: Die Romantik. Ausbreitung, Blütezeit und Verfall. Stuttgart /Tübingen 1951, S. 215.

88 AvB, Schr. 24, S. 152.

89 Sein Wohnsitz, die Fabrikantenvilla auf dem Berg, wird - offenbar in Reminiszenz an seine fast feudalistische Machtstellung - auch als das "sogenannte Schloß" bezeichnet. Vgl. AvB, Schr. 24, 191.

90 Vgl. AvB, Schr. 24, S. 168, 173 u.ö.

zweiflung bereithalte. Sinn, Trost oder Glückseeligkeit vermag er weder in seinen Reichtümern noch in Religion und Philosophie zu finden. Alles, was "Frühling, Hoffnung, Liebe und Lust den Menschen vorlügen", sei Trug, "der umgekehrte Stachel der Pein".[91] Gefühle meint er allesamt auf tierische Begierden, Triebe, Instinkte und Vorurteile zurückführen zu müssen, überhaupt sei das ganze Handeln, "der Wahnsinn des Lebens", nur dadurch determiniert.[92] In der Konsequenz seiner Ansichten führt Balthasar ein völlig zurückgezogenes, in jeder Hinsicht entsagendes Leben:

> "Das Dasein ist ein Gespenst, vor dem ich, so oft ich mich besinne, schaudernd stehe, und das ich nur durch Arbeit, Thätigkeit, Kraftanstrengung erdulden und verachten kann. Den Webestuhl, die Spinnmaschine könnte ich beneiden, wenn in dem Gefühl und Wunsch Menschenverstand wäre (...)."[93]

Mit dieser seiner 'freiwilligen Marter' - so bekennt Balthasar - sei er weit über das hinausgegangen, was je christliche Büßer und Einsiedler sich auferlegt hätten.[94] Solche Selbstbeschreibungen legen Assoziationen zur protestantischen Arbeitsethik nahe. Deren Charakteristika -"wache(), rational beherrschbare() Lebensführung und Vermeidung aller Hingabe an die Schönheit der Welt oder die Kunst oder an die eigenen Stimmungen und Gefühle"[95] - sind dem Titelhelden der Novelle wie auf den Leib geschneidert. Auch die Verwertung des Gewinns nicht zum Genuß, sondern nur zu außerpersönlichen Zwecken wie Wohltätigkeit oder neuen Investitionen - ebenfalls Kennzeichen innerweltlicher

---

91 AvB, Schr. 24, S. 172.

92 AvB, Schr. 24, S. 209, 213, 226.

93 AvB, Schr. 24, S. 208.

94 Ebd., S. 211.

95 Max Weber: Wirtschaft und Gesellschaft, a.a.O., Bd. 1, S. 433.

Askese - entspricht Balthasars Handeln.[96] Daraus ist eine entscheidende Ursache für seinen zunehmenden Reichtum abzuleiten, denn:

> "Die innerweltliche protestantische Askese wirkte also mit voller Wucht gegen den unbefangenen Genuß des Besitzes, sie schnürte die Konsumtion, speziell die Luxuskonsumtion, ein. Dagegen entlastete sie im psychologischen Effekt den Gütererwerb von den Hemmungen der traditionalistischen Ethik, sie sprengte die Fesseln des Gewinnstrebens, indem sie es nicht nur legalisierte, sondern (in dem dargestellten Sinn) direkt als gottgewollt ansah."[97]

Besonders interessant an Balthasars Ansichten und seinen Charakterzügen ist, daß sie in der Novelle im Zusammenhang mit ihrer Genese dargestellt werden.[98] In den drei zentralen Dialogen mit Eduard werden dem Leser die verschiedenen Ursachen für die pessimistische Lebenshaltung vorgeführt. Neben den individuell-psychologischen Motiven, der schrecklichen Kindheit und einer unerfüllt gebliebenen Liebe, die ihn zu "kalter Gewöhnung" drängte[99], stehen soziale Gründe: In der Novelle werden ausdrücklich ökonomische Vorgänge und deren Folgen verantwortlich gemacht, prägend auf Balthasars Charakter gewirkt zu haben. Die entscheidende Wirkung ging danach von der steten Zunahme seines Reichtums aus:

---

96 B. wird in der Novelle ja ausdrücklich als Wohltäter dargestellt, der mit seinem Geld Krankenhäuser stiftet und invaliden Arbeitern hilft.

97 Max Weber: Die protestantische Ethik und der 'Geist' des Kapitalismus <1905>. Teilabdruck unter dem Titel 'Asketischer Protestantismus und kapitalistischer Geist'. In: M. W.: Soziologie. Weltgeschichtliche Analysen. Politik. Hrsg. von J. Winkelmann. Stuttgart 1956, S. 370. Bei aller Korrespondenz zwischen protestantischer. Ethik und Balthasars Lebenshaltung ist auch auf die Unterschiede hinzuweisen: 'Der Alte vom Berge' legitimiert sein Gewinnstreben zu keiner Zeit mit religiösen Motiven. Wohl aber seinen Umgang mit Besitz, der ihm zuwider ist, "er soll nicht seyn, und ihn festhalten zu wollen, ist ein gottloses Bestreben" (AvB, Schr. 24, S. 176).

98 Vgl. Peter Wesollek: Weltumsegler, a.a.O., S. 169.

99 AvB, Schr. 24, S. 168ff.

"Diese Summen ließen mir gar keine Ruhe. *Was der Pöbel von bösen Geistern fabelt, das war mir mit diesen Geldsäcken ins Haus gekommen.* (...) Nun begreifen Sie, wie neue Gewinne und Capitalien, die mir aus allen Unternehmungen zuströmten, mich zwangen, neue Entreprisen zu machen, und wie das immer so fort, und mehr ins Große gegangen ist. Und so giebt es keine Ruhe und Rast, bis der Tod endlich das letzte Punktum für diesmal anfügt."[100]

Balthasar greift hier abergläubische Vorstellungen auf. Die offenbar beim "Pöbel" verbreitete Ansicht, die wir schon bei Kunz kennengelernt haben, nämlich Balthasars freudloses Dasein als Preis für seinen Reichtum aus dem Handel mit Kobolden zu erklären, wird von ihm verworfen.[101] Vermögen wie Lebenseinstellung hätten ihre *Ursache* nicht in magisch-mystischen Vorgängen, sondern in ökonomischen Prozessen. Deren *Wirkung* freilich könne der "böser Geister" durchaus nahekommen und so entwirft ausgerechnet der Großkapitalist Balthasar ein beängstigendes Bild vom 'Geldungeheuer':

"Geld, Vermögen, Erwerb, der Umschwung und die Strömungen des Eigenthums und des Metalles nach allen Richtungen hin und durch alle Verhältnisse des Lebens und der Länder ist eine der allerwunderlichsten Erfindungen, auf die die Welt gerathen ist. Nothwendig, wie alles, und da die Leidenschaft sich dieses Wesens am heftigsten bemächtigt hat, so hat es auch ein Ungeheuer aus ihm erzogen, mehr Chimäre und fabelhalfter, wie alles, was eine toll erhitzte Phantasie nur je hat träumen können. Dies Ungeheuer also verschlingt und zehrt immerdar, unersättlich, nagt und knirscht am Gebeine Verschmachteter und säuft ihre Tränen. Daß in London und Paris vor dem Pallast, in welchem ein Gastmahl tausend Goldstücke kostet, ein Armer verhungert, der mit dem hundertsten Theil

100 Ebd., S. 174f / Hervorhebung H.G.

101 Vgl. Balthasars Ablehnung des Aberglaubens: AvB, Schr. 24, S. 203: "Immer nur wildes und ungestümes Wesen und abergläubische Fratzen, die die Menschen regieren! rief er dem jungen Mann entgegen (...). Das Unerträglichste ist es mir, wenn die Menschen durch willkürlich ersonnene Formeln, oder durch überkommene Ceremonien, die meist aus geschichtlichen Mißverständnissen, oder alten Gebräuchen erwachsen sind, die ehemals ganz etwas anders bedeuteten, sich mit dem Wesen, was sie die unsichtbare Welt nennen, in Verbindung setzen wollen, ja wenn sie meinen, dieses, das ihnen doch als ein furchtbares erscheint, dadurch zu beherrschen."

eines Goldstückes gerettet wäre; daß Familien in wilder Verzweiflung untergehen, Selbstmord und Raserei im Zimmer, und zwei Schritt davon Spieler im Golde wüthen, alles das ist uns so natürlich und geläufig, daß wir uns nicht mehr wundern, daß jeder kaltblütig genug meint, es müsse so, es könne nicht anders seyn. Wie nähren die Staaten, und sie können nicht anders, dieses Geldungeheuer auf, und richten es zum Wüthen ab. In manchen Gegenden kann nur noch oben das Capital wachsen, indem es unten die Armen noch mehr verarmt, bis denn der Verlauf der Zeit das trübselige Exempel einmal ausrechnen und das schreckliche Facit mit blutiger Feder durchstreichen wird.-"[102]

Joachim Müller und Jörg Hienger machen wesentlich an dieser Textstelle die eingangs schon erwähnten These[103] fest, daß in der Novelle statt der Natur nun das Geld- und Geschäftswesen in den dämonisch-mystischen Bereich gerückt und letztlich verschleiert werde: "Geld und Reichtum haben einem mythisch-magische, keine eigentliche ökonomische Funktion."[104] Diese Entgegensetzung verstellt den Blick darauf, daß die ökonomische Funktion des Geldes zwar mit Elementen des Aberglaubens verknüpft dargestellt wird, aber gleichwohl zum Ausdruck kommt. Magie und Alchemie ersetzen die ökonomischen Zusammenhänge nicht, sondern sind Mittel zu ihrer Darstellung.[105] Der kritische Impuls von Balthasars Rede ist damit nicht geschmälert.[106] Gleiches gilt für die Diskussion um die Rolle des Zufalls als Erklärung für das Zustandekommen von Balthasars Reichtum, was Müller als Beleg für Tiecks 'Unbeholfenheit'

---

102 Ebd., S. 175f.

103 S.o. in diesem Abschnitt, Kap. 1.

104 Joachim Müller: Tiecks Novelle, a.a.O., S. 318.

105 Ulrich Stadler hat in seiner Interpretation von Jung-Stillings 'Heimweh' darauf hingewiesen, daß das *Analogiedenken* der Hermetik besonders geeignet ist, "ökonomische Fragen in nicht ökonomische argumentierender Weise (zu) besprechen". U. S.: Die theuren Dinge, a.a.O., S. 94.

106 Daß Tieck dabei seiner Zeit verhaftet blieb, wie Joachim Müller (Tiecks Novelle, a.a.O., S. 318ff) beklagt, ist damit nicht bestritten.

wertet.[107] In der Tat ist die Diskussion um das 'Glück' Balthasars einer der Dreh- und Angelpunkte des ökonomischen Diskurses der Novelle. Dabei wird jedoch allzuoft - wie auch von Müller - übersehen, in welch differenzierter, oft scheinbar widersprüchlicher Weise Tieck mit den verschiedenen Bedeutungen des Begriffs operiert und ihm gerade dadurch einen kritischen Gehalt abgewinnt.

3.2 Gewinn und Glück

Eine Unterscheidung wie im Englischen zwischen 'luck' und 'happiness', wie im Lateinischen zwischen 'fortuna' und 'felicitas' oder im Französischen zwischen 'fortune' und 'bonheur', kennt die deutsche Sprache nicht. Von daher haftet dem Wort Glück eine eigentümliche Doppeldeutigkeit an - es steht sowohl für den (günstigen) Zufall (Glück haben) als auch für den Zustand der Glückseligkeit (Glücklich sein).[108] Sucht man eine beiden Vorstellungen gemeinsame Verhaltensweise aufzufinden, so gelangt man zu dem Paradoxon, daß Glück "dem Wunsch und Willen (...) entsprechen (soll) und doch durch den Willen nicht erreichbar (ist)".[109]

Die Frage, inwieweit jeder "seines Glückes Schmied" ist, wie eine Volksweisheit glauben macht, stellt auch die Novelle. Eduard versucht den griesgrämigen Alten mehrfach zu überzeugen, daß es so sei. Die philosophisch weitreichende Tradition von Glück im Sinne eines Zustandes innerer Erhebung[110], von

107 "Tieck faßt damit, unbeholfen genug, den ihm in seiner Gesetzlichkeit verschlossenen Vorgang der Akkumulation des Kapitals in der Periode der ersten Industrialisierung." Joachim Müller: Tiecks Novelle, a.a.O., S. 318.

108 Vgl. Klaus Hammacher: Artikel "Glück". In: HbPhilGb, Bd. II, S. 606ff.

109 Klaus Hammacher, HbPhilGb, Bd. II, S. 607.

110 Ein Zustand bedeutet dann Glück, wenn er als Entsprechung von Wunsch und Wille erfahren wird. Vgl. HbPhilGb, Bd. II, S. 606 und Joachim Ritter /Robert Spaemann: Artikel 'Glück'. In: HistWbPhil, Bd. 3, Sp. 679ff.

Glücklichsein, beschreibt einen Zustand, der Balthasar verwehrt ist, den er ausdrücklich ablehnt.[111] Auf der anderen Seite sprechen fast alle Beteiligten - Eduard, der Bergmann und der Alte selbst - davon, daß Balthasar 'Glück' gehabt habe. Gemeint ist hier Glück in dem Sinne, daß die ökonomische Entwicklung günstig verlief. Dabei versteht jeder unter diesem 'Glück' etwas anderes.

Eduard - mit seiner typischen Mischung aus Naivität und modernem Nützlichkeitsdenken - sieht darin die Belohnung für kluges Überschauen der Marktlage, ein Ergebnis von Arbeit: Balthasar sei reich geworden, "da das Glück alles, was er verständig unternimmt, begünstigt".[112] Dem widerspricht heftig der alte Bergmann Kunz und sieht den Begriff unzutreffend gebraucht:

> "Glück! lachte der Bergmann: Ihr sagt Glück, und meint mit dem allerdümmsten Wort etwas ausgesprochen zu haben: das ist *dasselbe, was ich meine* und glaube (die Ausbeutung der Natur / H.G.), *nur aber ohne allen Verstand gesagt*, wobei man sich gar nichts denken kann(...) da sind die stillen Berg- und Waldgeister, werden sie (...) zu sehr gedrängt, (...) rückt man ihnen zu sehr auf den Leib, so werden sie tückisch und bösartig, da giebt's dann Sterben, Erdbeben, Ueberschwemmungen, Waldbrand, Bergfall, (...) oder man muß sie hart zwingen, dann dienen sie freilich wider Willen, und je mehr sie einbringen, umso weniger sind sie am Ende gutmüthig. Seht, junger Herr, *das ist, was Ihr Glück nennt*."[113]

Was also hier 'Glück' und 'Unglück' bringt, ist für Kunz kein Zufall, sondern Ergebnis menschlicher Eingriffe.[114] Das (ökonomische) Glück des 'Alten vom Berge' ist demnach ein erzwungenes, der Natur (in Vertretung der Kobolde)

111 Vgl. AvB, Schr. 24, S. 208: "Glücklich! rief der Alte, fast laut auflachend; glücklich! Was soll der Mensch sich bei diesem Worte denken? Es giebt kein Glück, es giebt kein Unglück, nur Schmerz, den wir willkommen heißen, nur Selbstverachtung, die wir ertragen müssen, nur Hoffnungslosigkeit, mit der wir früh vertraut werden sollen."

112 AvB, Schr., S. 154.

113 AvB, Schr., S. 154f /Hervorhebung H.G.

114 Vgl. auch die in Kap. 2 dieses Abschnitts zitierte Stelle (AvB, Schr., S. 154).

abgerungenes. Wieder werden aus der Position des scheinbar Rückständigen, wieder in Verbindung mit dem Aberglauben, Probleme der Naturbeherrschung und der Ökonomie angesprochen. Wieder insistiert Kunz darauf, daß die ungeheure Kapitalakkumulation des Alten ihren Preis haben muß. Das abergläubische Denken bietet ihm eine gute Gelegenheit, das auszudrücken, da es von jeher glücksbringende Vorgänge kennt, also eigenes Handeln zum Glück annimmt:

> "So wie beim Zaubern ein eigenes Handeln vorliegt, das Nutzen oder Schaden bringen soll, so beim Aberglauben.(...) Absichtlich werden (...) Handlungen vorgenommen, denen eine Zuwendung von Glück oder Unglück zugrunde liegt. Glück und Unglück sind nicht selbst Zeichen, sondern werden durch Zeichen angekündigt."[115]

Zwischen beiden Positionen steht Balthasars eigene Erklärung seines Reichtums. Auch er argumentiert mit dem Glücksbegriff. Zunächst sei es nur Glück gewesen, "weder Verstand noch tiefe Kenntniß", aber später dann "...wird (man) verständig, wenn man Glück hat".[116] In einem Zusammenspiel von ihm unerklärlichen Zufällen (geglückten Spekulationen) und im Laufe der Zeit erworbenen Kenntnissen seien die Geschäfte gediehen.[117] Seine "glückliche Hand" ist

---

115 Friedrich Georg Jünger: Glück und Unglück. In: Was ist Glück? Ein Symposion. München 1976, S. 15.

116 AvB, Schr. 24, S. 173. Man beachte die fast wörtliche Umkehrung von Eduards Einschätzung "da das Glück alles, was er verständig, unternimmt, begünstigt."(Ebd., S. 154).

117 Daß eine solche Erklärung nicht nur, wie Müller meint, von mangelnder Einsicht in die ökonomischen Gesetzlichkeiten zeugt, sondern ganz handfeste wirtschaftsgeschichtlich nachweisbare Grundlagen hat, zeigt die folgende Einschätzung der Gewinnlage im Großgewerbe des frühen 19. Jahrhunderts: "Über die Gewinne im Großgewerbe, auch in den frühen Fabriken, ist so gut wie nichts bekannt (...) Im Ganzen gewinnt man aus den wenigen zerstreuten Einzelnachrichten den Eindruck (...) daß die Gewinnsituation im Großgewerbe außerordentlich differenziert, aber auch stark schwankend war. Risiken und Gewinnchancen waren gleichermaßen groß. Pionierunternehmer konnten ohne dauernde Gewinne bleiben,(...) oder (...) ihre Profitmöglichkeiten ausdehnen. *Zufallsgewinne oder -verluste waren nicht selten.*" HwbWiSo, Bd. II, S. 348 (Hervorhebungen H.G.).
Gerade die Investitionen im Bergbau waren zu dieser Zeit sehr gewagt: "Besonders im Bergbau wurde der Geldbedarf durch Maschinen, Wege- und Eisenbahnbauten, Schacht-

ihm dabei selbst unheimlich, er wählt sogar einen Vergleich aus dem sonst verhaßten Aberglauben, um die enorme Zunahme seiner Gewinne zu veranschaulichen. Wie eine "Wünschelruthe"[118] habe er die erfolgreichen Geschäfte aufgespürt[119]:

> "Es war, als wenn ich allenthalben erriethe und fühlte, wo Gewinn und Vortheil in fernen Gegenden, in unscheinbaren, oder mißlichen Unternehmungen schlummerten."[120]

Mehr als einmal gibt er dabei zu verstehen, daß er wisse, daß solches 'Glück' seine Entsprechung habe in anderer Leute Unglück. So erklärt sich auch die für Eduard "unbegreifliche Nachsicht"[121] gegenüber den Diebstählen. Es schien ihm, betont er, "gleichsam ein kleine Vergütigung beim Schicksal(...), daß mir auf einer Seite doch wieder entrissen (wird), was mir von zehn andern her so reichlich zuströmte."[122]

Hinter aller fassungsloser Spekulation über die günstigen geschäftlichen Zufälle, die ihm begegneten, steht also die Ahnung, daß das 'Glück' seiner Gewinne einen Preis hat. Darin kommt er letztlich Kunz nahe - freilich in einem anderen Sinn: Es steht diesmal nicht die Wirkung auf seinen eigenen Charakter im Vordergrund, sondern die Folgen für andere Menschen: Armut und 'Un-

---

anlagen und Gebäude sehr groß (...) Bohrungen führten vielfach zur Spekulation; der Schachtbau selbst stellte einen Posten von großer Unsicherheit über mehrere, häufig viele Jahre dar." Wilhelm Treue: Gesellschaft 19. Jhd., a.a.O., S. 189.

118 AvB, Schr. 24, S. 173.

119 Mit seinen Investitionen im Bergbau, in der Hüttenindustrie und der maschinellen Textilverarbeitung setzt der 'Alte vom Berge' ja in der Tat mit 'traumwandlerischer Sicherheit' auf die Wachstumsbranchen der industriellen Revolution.

120 AvB, Schr. 24, S. 173.

121 AvB, Schr. 24, S. 227.

122 AvB, Schr. 24, S. 229.

glück'. Es sind die Folgen der Wertübertragung angeeigneter Arbeit[123], die Balthasar im Unterschied zum Michel in Hauffs Märchen 'Das kalte Herz' bedrücken. Keine seiner sozialen Maßnahmen vermag ihn zu befriedigen, sie seien "ja nur ein Tropfen im Meer"[124].

So sehr auf den ersten Blick die Diskussion um Balthasars Glück als Verschleierung tatsächlicher ökonomischer Abläufe erschien oder als naiv-fatalistische Erklärung seines Reichtums, so zeigt der verschiedene Umgang mit dem Begriff, daß 'Glück' im Sinne von blindem Zufall relativiert wird, ja imgrunde ungebrochen nie vorkommt. Immer wird Glück auch als Folge einer Handlung angenommen - sei es eines klugen Managements (Eduard), einer rigorosen Naturausbeutung, die freilich ihren Preis hat (der alte Bergmann), oder der Wertübertragung (Balthasar). Im Zusammenspiel der angebotenen Varianten entsteht so ein überaus differenziertes Erklärungsmodell für Balthasars Geschäftserfolg an der Schwelle der sich abzeichnenden Industrialisierung.

Die verschiedene Wertung des Anteils planmäßigen Handelns am Glück führt darüber hinaus zur Diskussion um die Beherrschbarkeit von Glück überhaupt. Um 1800 ist dies eine Diskussion um Aufklärung und instrumentelle Vernunft.[125] Wie in der Novelle ist das Spannungsfeld der Auseinandersetzung durch die Antipoden 'blinder Zufall' auf der einen und völlige Berechenbarkeit auf der anderen Seite bestimmt. Ein Spannungsfeld, das Adam Müller 1812 in einer kleinen Schrift umriß. Der Titel: 'Streit zwischen Glück und Industrie'![126]

---

123 Vgl. dazu Manfred Frank im Zusammenhang mit Wilhelm Hauffs Märchen 'Das kalte Herz'. M.F.: Das Motiv, a.a.O., S. 399.

124 AvB, GS 24, S. 177.

125 In der französischen Aufklärung des 18. Jahrhunderts wurde die 'Erzeugung' von Glück - in seiner Bedeutung als Glückseligkeit - als quasi technisches Problem diskutiert. Robert Spaemann nennt in diesem Zusammenhang vor allem Levesque de Pouilly, Fontenelle und Saint-Evremont "Techniker des Glücks". Vgl.: R. S.: Artikel: 'Glück'. In: HistWbPhil, Bd. 3, Sp 700.

126 In: Vermischte Schriften über Staat, Philosophie und Kunst. Erster Theil. Wien 1812, S. 96-102.

Der Aufsatz Müllers ist ein entschiedenes Plädoyer für einen Rest-Zufall, für nicht berechenbare Unregelmäßigkeit[127]. Er ist gegen die totale "Weltherrschaft der Industrie" gerichtet[128], die Natur und Glück - beide werden stets im Zusammenhang genannt - "wie wilde Bestien exterminirt" sehen will und meint, "daß es bey einem bloßen Unschädlich=machen sein Bewenden habe".[129] Im Glück als Zufall wird so etwas Naturhaftes verteidigt, daß gegen völlige Beherrschbarkeit und Berechenbarkeit gerichtet ist.

Dieser Auffassung am nächsten steht Kunz, weshalb er ja die Verwendung des Begriffs zur Erklärung von Balthasars Reichtum ablehnt - vor allem in der Weise, wie Eduard ihn gebraucht. Dessen Haltung wiederum ist der totalen Beherrschbarkeit vom Glück am nächsten (Lohn für gute Arbeit). Balthasar hingegen ahnt die Möglichkeit des Umschlags solcher Berechnung und erzwungenen Glücks - die Dialektik der Aufklärung.

"Speisen ist nur anderes Denken." (AvB, Schr. 24, S. 254f)

4. Rat Helbach oder die Ästhetik des Verschlingens

So wie Kunz in dem fremden Bergmann und Eduard in Eliesar jeweils ihre Antipoden haben, so steht auch dem 'Alten vom Berge' eine Figur parallel und zugleich entgegen: Rat Helbach. Parallel, weil beide - unter je verschiedenen

---

127 Er bezieht darin gegen Versuche Stellung, allen Besitz nur aus "gemeiner Industrie" abzuleiten und "die schöne Satzung der Natur, oder der Zeit, da ein Theil des Besitzes ungebeten, wie ein reines Geschenk des Himmels auf den Besitzer kommt, welche Satzung dem unsteten Glück zu einer Art von Ableiter dient," abzulehnen.(Ebd., S. 102) Stattdessen forderte er, das Glück als "anscheinende Unregelmäßigkeit" zuzulassen, es werde damit umsomehr an allgemeiner und ewiger Richtigkeit gewonnen, was an kurzfristiger Präzision verlorengehe.(S. 101).

128 Ebd., S. 97.

129 Ebd., S. 102.

Vorzeichen[130] - Gemeinsamkeiten Ihrer Biographie verbindet: nämlich eine freudlose Kindheit und eine unerfüllt gebliebene Liebesbeziehung, in deren Mittelpunkt jeweils dieselbe Frau steht. Entgegengesetzt sind nun freilich die Reaktionen beider: Während Balthasar sein unglückliches Schicksal - wie gezeigt - zu Askese, Arbeit und Pessimismus treibt, gibt sich Rat Helbach einem verschwenderischen und ausschweifenden Lebenswandel hin.

Dieses Gegensatzpaar wurde in der Forschung fast ausschließlich nur im Sinne einer "wiederholten Spiegelung" der Themen Sinnlichkeit, Weltzu- bzw. -abgewandheit und Liebe gedeutet[131] - nie aber als Diskurs über Ökonomie und Kunst.[132] Gerade darin liegt aber m.E. die Bedeutung der Konstrastierung[133]:

Wie Balthasar (als Repräsentant für protestantische Ethik und ständiges Wirtschaftswachstum) trägt Rat Helbach ebenfalls zum ökonomischen Thema der Novelle bei: Luxus, Verschwendung und Genuß - die er verkörpert - sind die Stichworte einer geradezu entgegengesetzten Geisteshaltung und Wirtschafts-

130 Bei Helbach waren es nicht Armut und Strenge, sondern Reichtum und Schwäche, die seine Jugend überschatteten. Er konnte zwar die von ihm geliebte Frau heiraten, litt aber an der mangelnden Erwiderung seiner Leidenschaft. (AvB, Schr. 24, S. 257).

131 Vgl. etwa Peter Wesollek: Weltumsegler, a.a.O., S. 176; Joachim Müller: Tiecks Novelle, a.a.O., S. 318 und Arno Schmidt: 'Funfzehn', a.a.O., S. 259f.

132 Auch Müller nicht, der sonst stets so vehement auf das ökomomische Thema der Novelle hingewiesen hat. Vgl. Ebd., S. 318f.

133 Die Studie von Peter Wesollek, die so ausgezeichnet die Kontrastierung der Figuren und die soziale Genese ihrer Charaktere herausgearbeitet hat, übersieht diese Dimension. Zu einfach wird darum zur Gegenüberstellung Balthasar-Helbach behauptet, es gehe hier um eine Wertung Tiecks im Sinne eines Bekenntnisses zur Lebensfreude. Er wolle eine Perspektive als "fruchtbare Beziehung zur Welt" (Helbach), die andere als eine, die "die furchtbare Macht des Bösen in der Welt (...) steigert"(Balthasar), dargestellen. (P. W.: Weltumsegler, a.a.O., S. 177).

konzeption, die in dem Satz gipfelt: "Speisen ist nur anderes Denken"[134]. So führt Helbach aus:

> "Wir sehn (...), wie diese Operation des Zehrens, Essens, Zerbeißens und Verschlingens von der Natur in allen Reichen so wichtig genommen und ganz vorzüglich berücksichtigt ist. Wo blieben alle die Thiergeschöpfe auf Erden, die umschweifenden Vögel der Luft, und die Massen der großen und kleinen Bildungen des Wassers und der Meere, wenn jeder nicht einen Wechsel, auf Sicht zahlbar, auf den andern erhalten hätte? Es wechselt ja nur der zwiespältige Prozeß, hervorzubringen und zu verschlingen. Der König der Schöpfung, der Mensch, steht nun als Krone und Endpunkt dieser vielgestalteten Gäste. Jene Subalternen, die einer auf den andern, oder auf Pflanzen angewiesen sind, schauen ihn mit bewundernder Ehrfurcht an, denn (...) fast alles ohne Ausnahme weiß er, sich an allen seinen Untergebenen beglückend, zu verspeisen."[135]

Diese Haltung bezieht in radikaler Weise alles Dasein auf Konsum oder Verzehrung. Der Mensch erscheint darum als die Krone der Schöpfung, weil er am Ende der (Konsumenten)-Kette steht und, aus dem Überfluß schöpfend, alles verschlingen kann[136], sogar verfeinert und veredelt verschlingen kann.[137] Helbach setzt diese Anschauung in seiner Lebenshaltung mit Festen und großen Gelagen um, deren Ort nicht von ungefähr die Stadt ist, der Ort exzessiver Luxusentfaltung seit dem ausgehenden 18. Jahrhundert.[138] Dafür verschwendet

134 AvB, Schr. 24, S. 254.

135 AvB, Schr. 24, S. 254f.

136 Der ironische Unterton ist dabei deutlich vernehmbar, vor allem, wenn Helbach den Anspruch erhebt, aus diesem 'Alles-Fressen-Können' die Universalität von Kunst und Natur abzuleiten.

137 Verfeinerung ist ein wesentliches Merkmal von Luxus. Helbach fördert beides: den qualitativen (Verfeinerung) und quantitativem Luxus (Verschwendung). Eine Unterscheidung, die sich schon beim späten Kant findet. Vgl. Artikel: 'Luxus'. In: HistWbPhil, Bd. 5, Sp. 567.

138 Vgl. Werner Sombart: Liebe, Luxus und Kapitalismus. Über die Entstehung der modernen Welt aus dem Geist der Verschwendung <1912>. Text nach der 2. Auflage 1922. Berlin, o.J. (1983), S. 49, 87 und 129. Als Grund nennt Sombart die neuen Möglichkeiten

Helbach "Tausende", wie Balthasar voller Unverständnis bemerkt, solche "elenden Menschen" wie er benähmen sich, "als wenn sie eine Art Bosheit und Haß gegen das Geld fühlten, so daß sie die wunderlichsten Anstalten treffen, es auf allen Wegen von sich zu jagen."[139] So wie Balthasars asketisches Wirtschaften seinen Charakter prägt, so tut dies umgekehrt die Verschwendung bei Helbach. War sie anfangs nur eine Maske, um sein Unglück zu verbergen, (denn er sei der leichtlebige Mann nicht, für den man ihn halte), so wurde sie später Teil seines Wesens.[140]

Die moralische Verwerfung der Ausschweifung und der Verschwendung, wie sie Balthalsar vornimmt, ist von jeher mit dem Begriff von Luxus verbunden.[141] Zunehmend wurde jedoch, vor allem unter dem Einfluß Mandevilles[142], auch dessen ökonomischer Nutzen erkannt und von der moralischen Verdammung getrennt. Für das 18. und noch das 19. Jahrhundert war die Diskussion um den ökonomischen Wert von Luxus ein wichtiger Streitpunkt.[143] Die produktiv-nützliche Seite des Luxus hat Werner Sombart betont, der die "marktbildende Kraft" für Fern- und Detailhandel, sowie für die Entwicklung der Landwirtschaft und Industrie beschreibt.[144]

üppiger Lebensführung für breitere Bevölkerungsschichten und das Übertragen bisher dem Hofe vorbehaltenen Vergnügungen in die neuen Stätten Theater, Musikhallen, Edelrestaurants und -läden.

139 AvB, Schr. 24, S. 170.

140 Vgl. ebd., S. 257: "Treibe man nur etwas eine Zeit lang zum Schein, so wird es bald ein Theil unsres Wesens werden."

141 Vgl. HistWbPhil, Bd. 5, Sp. 565f.

142 Bernhard Mandeville: Die Bienenfabel oder Private Laster, öffentliche Vorurteile <1714>. Frankfurt/M. 1968, bes. S. 154ff.

143 Vgl. HistWbPhil, Bd 5, Sp. 568.

144 Vgl. W. S.: Liebe, Luxus und Kapitalismus, a.a.O., S. 141f. Vgl. auch den schon vor dieser Schrift erschienenen Abschnitt zum Luxus in seiner Abhandlung: Der moderne Kapitalismus. Historisch-systematische Darstellung des gesamteuropäischen Wirtschaftslebens

Nun gehen aber Luxus und Verschwendung - auch in der Weise, wie sie in der Novelle eine Rolle spielen - nicht in ihrer ökonomisch-produktiven Funktion auf. Besonders George Bataille hat mehrfach die unproduktiven Formen der Verausgabung hervorgehoben - die ihn letztlich sogar einzig interessierten.[145] Verschwendung als ausdrücklich der Zweck-Mittelrationalität entzogener Teil des Luxus hole ihre Lust gerade aus der ökonomischen Sinnlosigkeit.[146] Versuche, die produktiven und unproduktiven Elemente begrifflich zu trennen, ökonomisch nützlichen Luxus von 'sinnloser' Verschwendung und Vergeudung abzuheben, zeugen von derselben Unterscheidung[147] - konnten sich aber nicht durchsetzen.[148] Th. W. Adorno spricht daher vom "Doppelcharakter des Luxus".[149] Er gibt in seiner Charakterisierung des Luxus - in kritischer Absicht -

von seinen Anfängen bis zur Gegenwart. Bd. I.2. Die vorkapitalistische Wirtschaft. (Erstfassung 1902), Berlin 1969, S. 719ff.

145 Vgl. Georges Bataille: Die Aufhebung der Ökonomie. In: G. B.: Das theoretische Werk. Bd. 1. Hrsg. von Gerd Bergfleth. München 1975. Bataille schlägt Konsum zu einem Teil dem Bereich der Produktion zu, und zwar den, der zur Reproduktion und zur Produktionssteigerung dient. Der zweite Bereich umfaßt die sogenannten unproduktiven Ausgaben: Luxus, Zeremonien, Kulte, Prachtbauten, Spiele, Künste... (S. 12).

146 Vgl. Gerd Bergfleth: Theorie der Verschwendung. In: Georges Bataille: Das theoretische Werk, a.a.O., S. 293.

147 Vgl. etwa Rudolf Schilcher: Artikel 'Luxus'. In: WbSoz, S. 648f und Karl Gustav Specht: Artikel 'Luxus'. In: HwbSozWiss, Bd. 7, S. 71ff.

148 Gerd Bergfleth hat in seiner 'Theorie der Verschwendung', die im Anhang zur deutschen Ausgabe von Batailles 'Aufhebung der Ökonomie' abgedruckt ist (S. 289ff.), darauf aufmerksam gemacht, daß die französische Sprache über einen "außerordentlichen Reichtum an Ausdrücken für die Verschwendung" verfügt, die Bataille zur Nuancierung seiner Grundbegriffe Verausgabung, Verzehrung und Verlust benutzt: "Es sind dies: la dilapidation als Verschwendung im engeren Sinn, le gaspillage als Vergeudung, la dissipation als Verflüchtigung, Zerstreuung, la prodigalité als Verschwendungssucht und Freigiebigkeit." (A.a.O., S. 293).

149 Th. W. A.: Velbens Angriff auf die Kultur. In: Prismen. Kulturkritik und Gesellschaft. Frankfurt/M. 1969, S. 99.

der Verschwendung gerade den umgekehrten Sinn: Vergeudet ist, was der Reproduktion dient:

> "Man könnte vom Doppelcharakter des Luxus reden. Dessen eine Seite ist (...) jener Teil des Sozialprodukts, der nicht menschlichen Bedürfnissen und menschlichem Glück zugute kommt, sondern vergeudet wird, um veraltete Verhältnisse aufrechtzuerhalten. Die andere Seite des Luxus ist die Verwendung von Teilen des Sozialprodukts, die weder mittelbar noch unmittelbar der Wiederherstellung verausgabter Arbeitskräfte dient, sondern den Menschen, soweit sie vom Prinzip des Nutzens nicht völlig erfaßt sind. (...) Am Luxus heute lassen faux frais und Glück nicht sich isolieren."[150]

Für die Novelle, scheint mir, sind beide Seiten des Luxus relevant - sie werden von Rat Helbach repräsentiert, der dadurch gleichermaßen Ergänzung wie Gegensatz zu Balthasars Ökonomie darstellt: Komplementär zueinander stehen der 'Alte vom Berge' und Helbach angesichts der produktiven Anteile des Luxus. Sie erweisen sich als Pole aufeinander bezogenen Wirtschaftens, das letztlich beides zur Entfaltung des Kapitalismus beiträgt.[151] Im Gegensatz stehen beide, wenn man den unproduktiven Charakter des Luxus im Blick hat: Rat Helbach verkörpert dann den, mit Bataille ausgedrückt, "verfemten Teil der Ökonomie"[152] gegenüber der herrschenden produktionsorientiert- akkumulierenden Wirtschaft Balthasars. In beiden Fällen wird das Verhältnis Balthasar-Helbach über die Ökonomie bestimmbar.

In engstem Zusammenhang mit der Ökonomie entwickelt Rat Helbach in den Gesprächen seine Ästhetik. Ein Zusammenhang, der übrigens auch in den zeit-

---

150 Th. W. Adorno: Velbens Angriff, a.a.O., S. 99.

151 Voraussetzung für die marktstimulierende Kraft des Luxus ist nämlich, "daß schon genug sparsame Leute da sein werden, um die nötige Reproduktion und Akkumulation des Kapitals zu sichern".(Werner Sombart: Liebe, Luxus und Kapitalismus, a.a.O., S. 141f.).

152 Vgl. a.a.O.: Das theoretische Werk I, S. 49ff, bes. S. 64ff.

genössischen ökonomischen Luxus- und Bedürfnislehren hergestellt wird, und zwar von jenen, die die Luxus- und Bedürfnisentfaltung befürworten:[153]

> "Während der Mangel *die mechanischen Künste erfunden hat, so ist der Überfluß eine Mutter der schönen Künste*. In dem Maße, in dem die Menschen ihre Bedürfnisse vermehrten,*mußten sie vor ihr Vergnügen sorgen, und so entstanden die schönen Künste.*"[154]

Die schönen Künste, die bei Rat Helbach aus dem Überfluß geboren werden, sind allerdings einzig die des Zubereitens und Verschlingens von Mahlzeiten. Geschmack ist bei ihm wörtlich zu verstehen und bezieht sich schlicht aufs Essen. Dem Genuß daran - ein zentraler Begriff bei Helbach - wird mehrfach der Rang von Kunst und Wissenschaft zugesprochen[155], er verlange "denkende Esser"[156]. Die empfohlene Geschmacksbildung schildert Helbach als Schulung des ästhetischen Urteilsvermögens, dessen Ursprünge bereits in der "Vorwelt", bei der "Bildung unserer Voreltern" zu finden sei, denn die spiele "in diese Tastatur unsres schmeckenden, prüfenden und genießenden Wesens hinein" und von Kindheit an müsse "unsre Zunge und Gaumen (...) zu bestimmten Empfin-

---

153 Vgl. Artikel 'Bedürfnis'. In: GeschGb, Bd. I, S 472ff. Vgl. im Zusammenhang mit einer Interpretation von Tiecks 'Des Lebens Überfluß': Ingrid Oesterle: Des Lebens Überfluß. In: Romane und Erzählungen zwischen Romantik und Realismus. Hrsg. von Paul Michael Lützeler. Stuttgart 1983, S. 240f.

154 Carl Friedrich Flögel: Geschichte des menschlichen Verstandes <1765>. Zitiert nach: GeschGb, Bd. I, S. 472.

155 Vgl. auch Tiecks Novelle 'Die Gemälde' (1823), wo sich eine ganz ähnliche Verteidigung des Genusses (diesmal des Weines) findet. Auch hier wird Genuß als Übung bedürfende Kunst und Wissenschaft dargestellt. (In: Schr. 17, bes. S. 81ff).

156 AvB, Schr. 24, S. 252; vgl. ähnlich auch "wissende Speiser" (S. 251). Der gedankenlos leichtsinnig scheinende Rat erweist sich in der Ästhetik als strenger Verfechter des Maßvollen: "Schwelgen, Uebermaß, Seltenheiten, neue Moden, das zu Gepfefferte, zu Gewürzreiche, alle diese Sachen, meine Herren, sind es, die jetzt nur so oft einem Gastmahle sein Lob bereiten, und doch sind es gerade diese Dinge, von denen sich der denkende Esser mit Geringschätzung verachtend abwenden wird. (...) Es fehlt immer (...) das feine sichre Maß (...)." (S. 252).

dungen, Sympathieen und Antipathieen erzogen und gebildet sein".[157] Genuß wird dabei als umfassende Erfahrung begriffen, über die sich - so Helbach - gleichsam die ganze Welt erschließt:

> "Wir sprechen (...) von Universalität, und in der Kunst, wo uns die Natur selbst angewiesen hat, universell zu seyn, ich meine in der des Essens, verschmähen es so viele, und meinen, sie sind edler, wenn sie die ganze Wissenschaft mit Verachtung behandeln. Und doch fliegt der Schwarm der Zugvögel, schwimmen die wandernden Fische nur für unsern Gaumen in das Netz, und *Luft, Klima und ferner Welttheil geht im Genuß in unserm Innern auf.* Wer empfindet nicht in den Austern, wenn der Sinn für sie ihm geworden ist, alle Kraft und Frische des Meeres?"[158]

Ist der ironische Unterton in Helbachs Ausführungen ohnehin unverkennbar, so erst recht hier. Seine Rede liest sich als Anknüpfung und Verzerrung bestimmter Positionen in der Diskussion um Genuß im 18. Jahrhundert, vor allem der Herders. Während Kant ja den Genuß sowohl als ästhetisches wie moralisches Kriterium verwarf[159], begriff Herder Genuß nicht nur in seiner Bedeutung als "sich freuen", sondern im Sinne eines "aufschließenden Besitzergreifens"[160]. Herders Satz: "...Existenz ist (...) ein Genuß, der über alle Begriffe

---

157 AvB, Schr. 24, S. 252f.

158 AvB, Schr. 24, S. 255f /Hervorhebungen H.G.

159 Vgl.: Immanuel Kant: Kritik der Urteilskraft, a.a.O., S. 121: "Daß aber eines Menschen Existenz an sich einen Wert habe, welcher bloß lebt (und in dieser Absicht noch sehr geschäftig ist), um *zu genießen,* sogar, wenn er dabei andern, die alle eben so wohl nur aufs Genießen ausgehen, als Mittel dazu aufs beste beförderlich wäre (...): das wird sich die Vernunft nie überreden lassen. Nur durch das, was er tut, ohne Rücksicht auf Genuß, in voller Freiheit und unabhängig von dem, was ihm die Natur auch leidend verschaffen könnte, gibt er seinem Dasein als der Existenz einer Person einen absoluten Wert; und die Glückseligkeit ist, mit der ganzen Fülle ihrer Annehmlichkeit, bei weitem nicht ein unbedingtes Gut."

160 Vgl. hierzu und zur Begriffsgeschichte den vorzüglichen Aufsatz von Wolfgang Binder: "Genuss" in Dichtung und Philosophie des 17. und 18. Jahrhunderts. In: Archiv für Begriffsgeschichte. Bd. XVII, 1973, S. 66-92.

geht"[161] , meint nicht - so hat Wolfgang Binder gezeigt - "es ist eine Freude zu leben", sondern ist als ursprünglicher Zugriff auf Wirklichkeit überhaupt gedacht:

> "HERDER zielt auf einen transzendentalen Genuß, eine Genußstruktur des Daseins, welche diesem erst erlaubt, sich de facto Wirklichkeit anschauende oder denkend anzueignen."[162]

Eine solche Wirklichkeitsaneignung qua Genuß praktiziert in der Tieck'schen Novelle Rat Helbach, freilich ohne jede Transzendenz. Es geht ihm nicht - nach Herders Worten - um "höheren geistigen Genuß", sondern um den "grob sinnlichen Genuß".

> "Der grobe sinnliche Genuß *verwandelt in sich* und zerstört den Gegenstand, nach dem wir begehrten. Er ist also *lebhaft*: denn hier findet völlige Vereinigung statt; allein er ist auch *grob* und *vorübergehend*. Es giebt Menschen, die den Genuß nur auf der Zunge haben, (...) der Genuß ist hier *Vereinigung*, (...) er ist aber auch eben damit geendet: denn nun ist der Gegenstand verschlungen, zerstöret."[163]

Solcher Abwertung stellt Rat Helbach gewissermaßen eine (ironische) Rehabilitation des sinnlich-groben Genusses entgegen, zugleich ein Plädoyer für die leiblich sinnliche Erfahrung. Die Aneignung der Welt erfolgt seiner Ansicht nach nicht denkend, sondern unmittelbar verschlingend, und gerade das wird zur Voraussetzung wahrer Erkenntnis erhoben:

> "O Spargel, wer dich nicht zu genießen versteht, der weiß nichts von den Geheimnissen, die die träumende Pflanzenwelt uns offenbart. Kann man

---

161 Johann Gottfried Herder: Gott <1787>. In: Sämtliche Werke. Hrsg von Bernhard Suphan. Bd. XVI. Reprint der Ausgabe Berlin 1888. Hildesheim 1967, S. 536.

162 Wolfgang Binder: "Genuss", a.a.O., S. 85.

163 Johann Gottfried Herder: Liebe und Selbstheit <1782>. In: SW, a.a.O., Bd. XV, S. 307. Im Unterschied zum grob-sinnlichen Genuß sei der geistige G. andauernd und entwickele Achtung vor dem begehrten Objekt.

was von Weltgeschichte oder Poesie wissen, wenn man in allen diesen Naturgefühlen ein Fremdling ist, und nicht einmal den Werth einer Schnepfe oder gar eines Steinbutt zu würdigen weiß?"[164]

Man beachte, daß ausgerechnet hier, denkbar weit von jeder Bergbauromantik entfernt, deren Bedeutungsebenen thematisiert sind: besondere Erkenntnisse, unmittelbarer Naturbezug, Zugang zu Geschichte und Kunst. All dies wird, statt von einem asketischen Bergmann vermittelt, von Rat Helbach karikiert. Es scheint, daß in der Welt und Zeit des 'Alten vom Berge' nicht nur die Montanfaszination anachronistisch geworden ist, sondern auch die durch entsprechende Motive thematisierten besonderen Erkenntnis- und Erfahrungsmöglichkeiten. Ein exklusiver unmittelbarer Zugang zu Geschichte, Natur und Kunst ist in der Novelle keiner der Personen mehr möglich. Die Tiefe erscheint weder als 'heile Welt' noch als ambivalentes Faszinosum, sie kommt überhaupt nicht vor. Alles Leben spielt an der 'Oberfläche'. Als einziges gewissermaßen 'tieferes' Motiv, das den Handlungen und Ansichten der Figuren direkt oder indirekt zugrundeliegt, erweist sich die Ökonomie.

"Lachen kann jeder, aber das Schauen ist nicht Vielen vergönnt..." (AvB, Schr. 24, S. 152)

5. Der 'Neue' vom Berge: Ironie oder Happy end

Als durchgängiges Thema der Novelle wurde in der Interpretation die Ökonomie herausgestellt: Mit Kunz, Balthasar und Rat Helbach sind jeweils bestimmte Positionen verkörpert, die sich in Ihrem Zusammen- und Widerspiel als Diskussion neuer, im Zuge der Industrialisierung aufkommender Phänomene lesen lassen. Zum Abschluß sei hier auf die letzte in diesem Zusammenhang wichtige Figur/Position, auf Eduard, eingegangen. Damit wird zugleich die Frage nach den politischen Implikationen berührt, die sich wesentlich an der Bewertung seiner Person und des Novellenschlusses festmacht.

164 AvB, Schr. 24, S. 256.

Die fast einhellige Stellung der Forschung dazu ist, Eduard als Vorbildfigur zu werten, dem es als Einzigem gelungen sei, die schmale Linie "zwischen Wahn und Wahrheit, zwischen Schein und Wirklichkeit (...) hinlaufend"[165] zu wahren. Sein 'Happy end' wird allgemein auch als das der Novelle angesehen.[166] Dies gilt vor allem für solche Interpretationen, die im 'Alten vom Berge' den Sieg des Wunderbaren verwirklicht sehen. So meint etwa Peter Wesollek, in der Erzählung sei zwar die Macht des Bösen und die "Misere der Welt" auf das ernsthafteste gestaltet, aber letztlich nur, damit "die Beschwörung der Liebe, die das Wunderbare ist, als letzter Schutz vor den Consequenzen der Verzweiflung erkennbar wird"[167]. Solche harmonisch-glättende Wertungen übersehen nicht nur Tiecks eigenen Kommentar zur Novelle[168], sondern auch die Brechungen, die die Figur Eduard und damit zugleich das 'happy end' erhalten. Das Unbehagen, das einige ob des kitschig-philiströsen Schlusses äußern, zeugt davon.[169] Eduard, der vielfach als naiv-kindliches Gemüt mit festem Glauben an Gott und die Welt erscheint, ist anders als seine "Kollegen" Elis, Christian oder

165 AvB, Schr. 24, S. 174.

166 Soweit ich sehe, ist es nur Joachim Müller, der den angeblich so positiven Ausgang relativiert. Er hält den Schluß für "halb satirisch, halb sentimental" - das positive Bild Eduards bleibt aber auch bei ihm ungetrübt. Vgl. J. M.: Tiecks Novelle, a.a.O., S. 320f.

167 P. W.: Weltumsegler, a.a.O., S. 182.

168 Tieck an Josef Max am 3.4.1828: "Vielleicht ist mir noch keine meiner Arbeiten so schwer geworden, wenigstens hat keine so viele Störungen erlitten und ist so oft aufgeschoben worden als dieser *Alte vom Berge*. Ich fing ihn mit Freude an, dann wurde ich krank, dann kamen die Irrungen seinetwegen (...)dazwischen einige dringende Arbeiten, wieder Krankheiten, auch Geschäfte dazwischen (...)." Und am 14.5.1828: "Ich hoffe, obgleich die *Novelle* nicht die Länge erreicht hat, die Sie vermutheten, die Entwicklung ist Ihnen und unsern Freunden in *Breslau* nicht ungenügend. *Die Aufgabe selbst ist eine sonderbare, und die ernsthafteste, ja finsterste aller meiner Erzählungen.*" Zitiert nach: Dichter über ihre Dichtungen. Bd. 9/1. Ludwig Tieck. Hrsg von Uwe Schweikert. München 1971, S. 322f (Hervorhebungen H.G.).

169 Vgl. etwa Josef Dürler: Bedeutung Bergbau, a.a.O., S. 183: "Was Tieck auf den zwei, drei letzten Seiten seiner Erzählung noch als versöhnlichen Schluß aufzudrängen versucht, wirkt in keiner Weise überzeugend."

Heinrich ein Pragmatiker durch und durch. Weder Naturmächte noch das "Geldungeheuer" oder die sozialen Mißstände vermögen ihn zu bedrücken.[170] Skrupel, wie Kunz und Balthasar sie gelegentlich der Naturausbeutung bzw. den Geschäften formulierten, kennt Eduard nicht. Gelassen bleibt er auch nach der Entlarvung der Diebe und dem Tod Eliesars infolge der von ihm installierten Schußanlagen, als die ganze Gegend in allgemeine "Verwirrung" gerät und "alles Maß, woran der Mensch sich erkennt, (...) eine Zeit lang (...) verloren gegangen war".[171] Eduard kommentiert die für ihn so günstigen Geschehnisse mit einer unglaublichen Nüchternheit, Selbstlosigkeit und Ruhe - im Stile eines 'Krisenmanagements':

> "Beruhigen Sie sich nur, fuhr er fort, unser aller Leben hier hat plötzlich eine gewaltsame Umänderung erlitten, wir alle müssen diese Erschütterung überstehn, um uns wieder in die Bahn des Rechten zu finden."[172]

> "Ich will Ihnen in dieser Stunde, die Ihnen fürchterlich seyn muß, antwortete Eduard, nicht noch einmal meine Wünsche vortragen, Sie selbst haben sich an sie erinnert, sonst würde ich auch diese Worte unterdrükken. Aber freilich muß ich jetzt bei ihnen bleiben, das Schicksal selbst zwingt mich dazu, und legt es mir als eine heilige Pflicht auf."[173]

Daß die Geschichte für Eduard im folgenden so gut verläuft, liegt nun nicht an seinem Glauben an die Liebe als sinnstiftendes Prinzip o.ä.[174], sondern an den

---

170 Auch zum Montanwesen hat Eduard, obwohl Oberaufseher der Bergwerke, keine besondere Beziehung.

171 AvB, Schr. 24, S. 246.

172 AvB, Schr. 24, S. 249 (gegenüber Röschen).

173 AvB, Schr. 24, S. 247f (gegenüber Balthasar).

174 Vgl. Peter Wesollek: Weltumsegler, a.a.O., S. 178ff. Wie ein solches Thema gestaltet sein kann, ist sehr schön an Eduard von Bauernfelds 'Parallelstück' (Der Alte vom Berge. In: E.B. : Dramatischer Nachlaß. Hrsg. von Ferdinand von Saar. Stuttgart 1893, S. 43-94) von 1873 zu sehen. Bauernfeld, der sich mehrfach an Tiecks Werke anlehnte, verwertete hier den Stoff der gleichnamigen Novelle; allerdings steht bei ihm der Sieg der Liebe - sogar über den Pessimismus des Alten - tatsächlich im Zentrum. Im Vergleich beider Werke ist

Ereignissen, die sich vortrefflich für ihn zusammenfügen. Dies geschieht so reibungslos, daß der 'Alte vom Berge' dieses 'Schicksal' sarkastisch kommentiert und damit eine, in der Forschung beharrlich übersehene Brechung des positiven Bildes von Eduard vornimmt:

> "Gewiß das Schicksal! sagte der Alte mit seinem bittern Lächeln; Sie sind dem Röschen gut, Sie hören, sie ist schon versprochen, das treibt Sie von mir, aber vor dem Abschiede muß Ihrer Ehre genug geschehen, und Sie schießen mir zum Andenken meinen theuersten Vertrauten, den Mann meiner Seele von der Seite. Nun ist Röschen frei, Sie sind ungebunden, der Nebenbuhler fort, und das Schicksal hat alles ganz vortrefflich gemacht. Ob dieser Schuß mir aber nicht selbst ins Herz gegangen ist, ob er mir wohl nicht das innerste Heiligthum meiner Seele zerrissen und zersprengt hat, darnach wird nicht gefragt. Wie eine unendliche Lücke gähnt es aus meinem Geiste herauf, - Vertrauen, -Glaube, - alles - sag' ich doch: das Gute nur ist das wahre Böse.- "[175]

Es wäre mit Sicherheit überzogen, hier die Unterstellung eines vorsätzlichen Handelns von Eduard herauszulesen, ihn als jemand darzustellen, der über Leichen geht. Mehrfach läßt Tieck aber dahingehende Verdachtsmomente anklingen:

So fand Balthasar die Anlage des Selbstschusses "einem vorsätzlichen Morde nahe verschwistert".[176] Selbst Röschen zweifelt unmittelbar nach den Ereignissen: "...daß Sie ihn todtschießen würden, Sie, der liebste und freundlichste aller Menschen (...) Ach! Eduard! Sind Sie denn auch wirklich ein so guter Mensch, wie ich immer geglaubt habe, oder sind Sie auch vielleicht recht böse? Nicht

---

deutlich erkennbar, wie durch die Reduktion der Tieck'schen Brechungen und Differenzierungen die eigentliche Handlung zu bloßem Kitsch verkommt. Zum (leider nicht sehr kritischen) Vergleich siehe: Josef Hirschvogel: Der Alte vom Berge von Bauernfeld verglichen mit Tiecks gleichnamiger Novelle. Diss. hs. Wien 1904.

175 AvB, Schr. 24, S. 248.

176 AvB, Schr. 24, S. 227 vgl. außerdem die Szene am Totenbett Balthasars, als dieser Eduard mit Eliesar verwechselt.

wahr, Sie habe es nicht gern gethan, daß der Eliesar so sterben muß?"[177] Schließlich bezichtigt ihn sein Gegenspieler Eliesar[178] der Schadenfreude: "Nun ja, Ihr habt nun endlich über mich gesiegt. Dahin ist schon seit langem Euer Trachten gegangen."[179] Angesichts solcher Kommentare kann Eduard zumindest unbeabsichtigte Skrupellosigkeit unterstellt werden, so daß ein Rest Unbehagen ob des glatten Endes der Geschichte bleibt. Mehr soll nicht behauptet werden. Eduard hat eben 'Glück' - in schon bekannter Mehrdeutigkeit - gehabt:

> "Dieses Unglück, sagte Eduard, kann Sie, den Vater, mich und uns alle in Zukunft glücklich machen."[180]

Wenn von Eduard gesagt wird, mit ihm werde ein "neuer Geist in die Öde des Gebirges einziehen und ihre Schauer für immer bannen"[181], so trifft dies sicher zu, aber neue Schauer zeichnen sich ab: Es ist nämlich geradezu unheimlich, wie hier das 'Schicksal' den neuen Mann des Gebirges - in jedem Sinn ein Repräsentant des neuen Zeitgeistes - und zukünftigen "Führer der wichtigsten Ge-

---

177 AvB, Schr. 24, S. 249.

178 Eliesar und Eduard sind ähnliche Kontrahenten wie die beiden Bergleute. Auch sie sind in vielerlei Hinsicht Repräsentanten der alten und neuen Zeit. Der Pragmatiker steht gegen den Magiker, der Verfechter des Realitätsprinzips und der Vernunft gegen den Alchimisten: "Vernunft! rief der kleine Mann (=Eliesar /H.G.), und zog unzählige Falten in sin dürres Gesicht. Diese Vernunft dürfte wohl die rechte Chimäre seyn und immer nur Fabeln ausgeboren haben."(AvB, Schr. 24, S. 218).

179 AvB, Schr. 24, S. 245.

180 AvB, Schr. 24, S. 250.

181 Christian Gneuss: Der späte Tieck, a.a.O., S. 49.

schäfte"[182] begünstigt. So gesehen ist die Warnung, die der 'Alte vom Berge' kurz vor seinem Tod äußerte, nicht die Folge geistiger Umnachtung gewesen:

> "...nimm Dich nur vor dem Eduard in Acht, der ist klug und gut. Wenn der einen Verdacht auf Dich hat, so bist Du verloren."[183]

---

182 AvB, Schr. 24, S. 262.

183 AvB, Schr. 24, S. 250f.

VI. Zusammenfassung und Ausblick

Die vorliegende Untersuchung hatte sich zum Ziel gesetzt, Ursache und Bedeutung der Bergbaufaszination in der deutschen Literatur der Romantik nachzugehen. Das Interesse galt den Elementen der Texte, die "unabhängig von dem Stoff, in dessen Rahmen sie auftauchen, und unabhängig von der Textgattung oder von der Symbolwelt, in denen sie sich entfalten, in größeren Textzusammenhängen in wiedererkennbarer Weise auf()tauchen und aus sich heraus Kontexte auf()bauen".[1] Es galt den Motiven des Bergbaus. Die ausgewählten Interpretationen markierten dabei einzelne Stationen und Aspekte der Montanmotive und legten Zeugnis ab sowohl vom Wandel als auch von den Kontinuitäten der Konnotationen. Wir können nun, am Ende, die eingangs beschriebenen Bedeutungen näher bestimmen und weiterführende Dimensionen der Interpretation aufzeigen.

1. Entwicklungen der Montan- und Literaturgeschichte

Die Konjunktur der Bergbaumotive fällt in eine Zeit, da der Bergbau sozial und technikgeschichtlich im Umbruch, seine Entwicklung von Ungleichzeitigkeiten geprägt war. Das Montanwesen am Vorabend der Frühindustrialisierung war bestimmt durch ein "Gewebe von Herkommen und Fortschritt", durch ein "Fluidum" aus "überliefertem Fundus, Innovationsimpetus und gelenkter Traditionspflege".[2] Eine Situation, wie sie sonst in keinem anderen Gewerbezweig Deutschlands vorzufinden war. Ob im Übergang von den heimarbeitenden Webern zur Textilfabrik, vom Handwerk zum Manufakturbetrieb - stets folgte re-

1 Manfred Frank: Unendliche Fahrt, a.a.O., S. 9.

2 Gerhard Heilfurth: Bergbau und industrielle Revolution, a.a.O., S. 44.

lativ rasch die Ablösung der alten Produktionsformen durch die neuen. Die Sonderstellung des Bergbaus beruht dagegen auf einer *Konstruktion*, die Tradition und Progress zu verbinden sucht. Vor allem im preußischen Bergbau wurde bei gleichzeitiger Bewahrung traditioneller Formen und unter Bedingungen relativer sozialer Sicherheit die Integration fortgeschrittener Technik, aufgeklärter Organisation und wissenschaftlich fundierter Praxis unternommen. Für eine kurze Zeitspanne zumindest schien diese Konstruktion zu gelingen, so daß einer der gegenwärtig renommiertesten Montanhistoriker, Klaus Tenfelde, die "Grundfrage" stellt, ob dieses Modell zu einer Alternative tauglich gewesen wäre - einer Entwicklung des Kapitalismus und der Industrialisierung "unter gemilderten sozialen Begleitumständen".[3] Die Novalis'sche Hoffnung, daß es einen 'schönen Bergbau' geben könne, hat hier sicher *nicht* ihre Ursache, möglicherweise aber einen Impuls erhalten. Spätestens mit der Liberalisierung des Bergbaurechts (1861-65), frühestens um 1830 (vgl. Abschnitt II), ereilte den Bergbau dann dasselbe Schicksal - Stichwort: "Verproletarisierung" - wie die anderen Gewerbezweige im Zuge der einsetzenden Industrialisierung. An einen wie immer gearteten Modellcharakter war nicht mehr zu denken. Das Bewußtsein eines bergbaulichen Sonderstatus' entbehrte zunehmend realer Grundlagen und wurde zur Ideologie.

Es ist kein Zufall, daß in dieser unübersichtlichen Zeit des Umbruchs der Bergbau für die Literatur besondere Attraktivität gewann. Zu dem ohnehin reichhaltigen Symbolrepertoire der Gegensätze Oben-Unten, Oberfläche-Tiefe, Licht-Dunkel traten neue Bezugsmöglichkeiten. Elemente verschiedener Entwicklungen wurden aufgegriffen. *Konstruktion* ist denn auch das durchgängige Merkmal des literarisch gestalteten Bergbaus. Während in den Texten von Novalis und Hoffmann disparate Formen - Rekurs auf mittelalterlich-alchimistische Praktiken auf der einen und Antizipation fortgeschrittener ökonomischer Entwicklungen auf der anderen Seite - noch in einer Figur vereint zur Darstellung kommen, gestaltet sie der späte Tieck mittels Konfrontation zweier Bergleute. Es gibt nurmehr die Abfolge von Alt und Neu, nicht mehr deren Verschränkung: Ausdruck ausgehender Bergbauromantik parallel der histo-

---

3 Vgl. K. T.: Sozialgeschichte Ruhr, a.a.O., S. 77.

risch geschwundenen Sonderstellung des Gewerbes.[4] Tiecks Novelle von 1828 markiert signifikant den Umschlagspunkt. Beide Bergleute sind Fremde: der alte Kunz stammt aus einer Gegend "entfernt von hier", der junge wandernde Bergmann aus dem Ausland. Im Widerspiel beider wird die am Ort des Geschehens vorherrschende Ansicht über den Bergbau definiert. Sie schwankt in der Novelle unentschieden zwischen schon fremd gewordenen Traditionen und dem noch fremden zweckrationalen Pragmatismus der Moderne.

Theodore Ziolkowski spricht bei den romantischen Bergbaudarstellungen von einem Weg "from spiritualization to demonization".[5] Als letzte Etappe ist dem die *Ironisierung* und *Trivialisierung* hinzuzufügen, als alternative Antworten auf den Verlust symbolischer Anknüpfungsmöglichkeiten, der mit dem Ende des bergbaulichen Sonderstatus einhergeht. Die eine Linie repräsentiert etwa Heinrich Heines 'Harzreise' und Achim von Arnims 'Wunder über Wunder', die andere z.B. Franz Dingelstedts Roman 'Unter der Erde'. So wie das ständische Bewußtsein der Bergleute in Ideologie umschlug, nachdem ihre Lage eine andere geworden war, so geriet die literarische Vorstellung einer heilen Bergbauwelt als Gegenbild zur Gesellschaft zum Kitsch. In der fünften Dekade des 19. Jahrhunderts, als Dingelstedts Roman erschien, war auch in Deutschland die Epoche der 'Verproletarisierung' der Bergarbeiter eingeleitet und aus England drang die Kunde fortgeschrittener Zustände deutlich ins Bewußtsein der Öffentlichkeit.[6] Zustände, deren literarische Rezeption dann

4 Schon Josef Dürler (Bedeutung Bergbau, a.a.O., S. 70) konstatierte: "Eine Freiheit um die andere sank ins Grab, und man wird das Gefühl nicht los, daß viel Romantik des Bergbaustandes mit dem Ausgang der literarischen Romantik ein für allemal zu Ende ging."

5 Th. Z.: Mines of the soul, a.a.O., S. 386.

6 1845 erschien Friedrich Engels Bericht von seiner Englandreise (Vgl. F. E.: Die Lage der arbeitenden Klassen in England. Stuttgart ^{2}1892). Ein Jahr zuvor informierte ein zweiteiliger Artikel der 'Illustrirten Zeitung' über die Recherche einer englischen Kommission 'Über die Beschäftigung der Kinder in den englischen Fabriken und Bergwerken'. Der Leser erfuhr von Zuständen, "wie sie wohl niemand zu fürchten gewagt hatte" und erhielt den "traurigen Beweis", daß von allen Arbeitszweigen, in denen Kinder beschäftigt waren, im Vergleich zur Arbeit in den Kohlengruben "die Fabrikarbeiten, welche man anfänglich als die Grenze aller Grausamkeit betrachtet hatte, noch die humansten (...) waren". (Bd. 3, Juli-Dec. 1844, S. 218ff).

der Naturalismus Gerhart Hauptmanns, Émile Zolas oder Vincent van Goghs und später die Arbeiterliteratur übernahmen. Die Stellung des Bergwerks wandelte sich dabei vom Motiv zur Kulisse, Thema wurde die 'sociale Frage'.[7]

2. Erkenntnis, Protest, Hoffnung: Das Eingedenken ausgegrenzter Territorien

Die historisch befristete Sonderrolle des Bergbaus um die Wende zum 19. Jahrhundert ist nur ein Grund, der Hinter-Grund, für die literarische Sonderrolle dieses Gewerbes in der Romantik. Sie etablierte die symbolisch ohnehin besondere Stellung des Bergwerks - unter der Oberfläche und abseits des Lichts - auch gegenüber der gesellschaftlichen Entwicklung als Ort besonderer Erkenntnis. *Kritik* und *Utopie* sind die Funktionen, die die Bergbaumotive aus solcher (Erkenntnis-)Position heraus übernehmen. Als kritischer Einspruch gegen Entwicklungen, deren schlimmes Ende man fürchtete, und als Hoffnung eines realisierbaren 'anderen Wegs' fungieren die literarischen Bergbaukonstrukte. Der Zeitraum, in dem die Montanmotive diese beiden Funktionen übernehmen, ist kurz - an den Bergbau geknüpfte Utopieentwürfe scheinen ungebrochen nur in der Frühromantik denkbar - die Kritikposition hielt sich bis in die Mitte des 19. Jahrhunderts. Solange blieb das Bergwerk ein Territorium besonderer Erkenntnis.

Wenn Erkenntnisse unter Tage, im Dunkeln und Verborgenen gesucht werden[8], zeugt dies von der Erfahrung einer zuvor gescheiterten zugänglicheren Erkenntnis. Es zeugt davon, daß das Zeitalter, welches sich das Licht zum Symbol erkor[9], offenbar nicht genug erhellen konnte, daß im gleißenden Licht einer

---

7 Vgl. etwa Gerhart Hauptmanns Drama 'Vor Sonnenaufgang' <1889>, Émile Zolas Roman 'Germinal'<1885>, Vincent van Goghs frühe Zeichnungen des belgischen Kohlengrubenmileus <1879-1882> oder Käthe Kollwitz' 'Germinal'-Illustrationen <1893>.

8 Gleiches gilt, wenn das Bild des Maulwurfs plötzlich positiviert wird, wie Karlheinz Stierle für diese Zeit gezeigt hat. Vgl. K. S.: Der Maulwurf, <Fassung 1984> a.a.O, S. 123f.

9 Sichtbarsten Ausdruck fand das in der sprachlichen Gleichsetzung von Aufklärung und Licht in vielen Sprachen: "Die Aufklärung heißt seit Mitte des 18. Jahrhunderts enlight-

bloß instrumentellen Vernunft auch viel Schatten ist: ausgegrenzte Territorien, Nachtseiten. Es zeugt von der Dialektik der Aufklärung. Davon, daß eine Aufklärung, die sich nicht auf sich selbst besinnt, umschlägt, indem "die Unterwerfung alles Natürlichen unter das selbstherrliche Subjekt zuletzt gerade in der Herrschaft des blind Objektiven, Natürlichen gipfelt".[10] Diese Erfahrung kommt in der Gestaltung der Bergbaumotive in der Romantik zum Ausdruck.

Finsternis ist der dualistische Widerpart des Lichts. Höhlen und erst recht Bergwerke sind nun nicht einfach nur Finsternis, Gegenwelt des Lichts, sondern eine "Unterwelt zu der Sphäre natürlichen Lichts und natürlichen Dunkels, eine Region des Abschirmens und des Vergessens"[11]. Literarisch-romantischer Bergbau ist zu begreifen als *kritisches Eingedenken* dieser verdrängten Regionen. Es gilt den verborgenen, weil ausgegrenzten Strukturen von Natur, Ökonomie, Geschichte und des erkennenden Subjekts selbst. Es gilt jeder Repräsentationsform des Naturhaften, dem Trieb, dem Unbewußten, dem Weiblichen, der Sinnlichkeit und es gilt dem Traum und der Phantasie - dem 'Anderen der Vernunft'[12]. Wenn Erkenntnis bedeutet: Eingedenken des Verdrängten, dann ist die Figur der Erkenntnis folgerichtig Erinnern, Anamnese.[13] In der Tat kennzeichnet das den Modus des Erkennens im literarisch-romanti-

---

ment, le siècle éclairé, le siècle les lumières, (...) illuminismo, ilustración, siglo de las luces." HistWbPhil, Bd. V, Sp. 287.

10 Max Horkheimer/ Theodor W. Adorno: Dialektik der Aufklärung, a.a.O., S. 5. Vgl. ebd. S. 15: "Jeder Versuch, den Naturzwang zu brechen, indem Natur gebrochen wird, gerät nur um so tiefer in den Naturzwang hinein."

11 Hans Blumenberg: Licht als Metapher der Wahrheit. Im Vorfeld der philosophischen Begriffsbildung. In: Studium Generale. Heft 7, Jg. 10, 1957, S. 437.

12 Vgl. die beachtenswerte Studie von Hartmut und Gernot Böhme, die unter dem Titel 'Das Andere der Vernunft' (Frankfurt/M. 1985) die Entwicklung der Rationalitätsstrukturen am Beipiel Kants untersucht.

13 Die Parallelen zur Psychoanalyse sind deutlich, beiden ist die Erkenntnisfigur der Anamnese gemeinsam. Vgl. Odo Marquard: Über einige Beziehungen zwischen Ästhetik und Therapeutik in der Philosophie des neunzehnten Jahrhunderts <1962>. In: O.M.: Schwierigkeiten mit der Geschichtsphilosophie. Aufsätze. Frankfurt/M. 1973, S. 85ff.

schen Bergwerk. Räume und Personen, die wundersam bekannt 'dünken', das Fremde, das plötzlich schon immer vertraut erscheint - erkennen ist stets wiedererkennen. Bei den Versuchen, sich diesen wiederentdeckten Bereichen zu nähern, sie womöglich zu integrieren, findet man - es geht ja um Interaktions- und Kommunikationsprobleme - verschiedene Ebenen der Vermittlung. Für die Bergbaumotive lassen sie sich mit den Stichworten *Ästhetik*, *Psychologie* und *Ökonomie* umreissen. Das Bergwerk als der Kunst verwandter Bezirk, als Ort der Identitätsfindung, als tellurischer Ursprung des Warenverkehrs - diese Bedeutungen verschmelzen zu einem *Kontext-Gefüge*, das allen hier interpretierten Texten gemeinsam ist.

3. Stationen eines Motivs

Innerhalb dieses Gefüges (Ästhetik / Psychologie/ Ökonomie) gibt es verschiedene Gewichtungen, die paradigmatisch in den 'Stationen des Motivs' erfaßt wurden. Schon ein erster Blick auf die Schwerpunkte der drei Interpretationen zeigt die Akzentverschiebung: Beim 'Ofterdingen'-Roman galt sie vordringlich der Kunst, bei Hoffmanns Novelle der Subjektkonstitution und beim 'Alten vom Berge' der durchgängig ökonomischen Motivierung. Bei Präsenz jeweils auch der anderen Themen geht der Weg also von der Dominanz ästhetischer über die psychologische hin zur ökonomischen Vermittlung. Man kann diesen Weg als Weg zunehmender Säkularisierung beschreiben - geht man von der 'Spiritualisierung' des Bergwerk bei Novalis (mit engem religiösen Bezug) aus. Es ist dies zugleich - und das ist zentral - der Weg von unmittelbar-geglückten Erkenntnissen unter Tage zur Problematisierung auch dieses Erkenntnisortes hin zum Erkenntnisverlust.[14] Diese Entwicklungslinie läßt sich an mehreren wichtigen Elementen der Bergbaumotive verfolgen:

Das *bekannte Fremde*, dem sich Novalis' Figuren stets vertrauensvoll hingeben können, weil der fremd gewordene Naturzusammenhang innen liegt und

14 Es ist weiter der Weg harmonischer Naturkommunikation zur Erfahrung janusköpfiger Natur (zerstörend und verführend) hin zur Natur als bloßem Konsumgegenstand sinnlichen Genusses.

gefahrlos wiederentdeckt werden kann, ist bei E.T.A. Hoffmanns Novelle - psychologisch gewendet - zwar auch erkenntnisverheißend doch zugleich bedrohlich: Einfallstor archaisch ungebändigter Mächte.[15] Das völlige Fehlen dieser Struktur des 'Bekannten Fremden' im 'Alten vom Berge' weist auf eine Leerstelle - hier ist jeder Zugang verschüttet, es gibt keine andere, erkenntnisreiche, wiederzuentdeckende Welt jenseits der 'oberflächlichen'. Bestenfalls - und das ist bittere Ironie - Freude am sinnlichen Genuß der gegebenen. Statt Entfremdung aufzuheben - was Wiedererkennen des Fremden ja wäre - wird sie vermehrt. Der Erzähler berichtet, daß (nach Eliesars Entlarvung) in der Gegend "alles Maß, woran der Mensch sich erkennt (...) verloren gegangen."[16]

Wo nichts mehr zu entdecken ist, gibt es auch nichts mehr zu vermitteln, so fehlen in Tiecks Spätwerk alle die *medialen und integrativen Elemente*, die zwischen den verschiedenen Sphären vermitteln können.[17] Niemand steht hier außerhalb des Weltlaufs wie die *kindlich frommen Gemüter* bei Hoffmann, Eichendorff, dem jungen Tieck oder Novalis und hat unmittelbaren Zugang zu tiefer Einsicht.[18] Auch dem jungen Helden Eduard in Tiecks später Novelle mag Naivität innewohnen - aber die ist von anderer Natur: Blind und ohne jede

15 Vgl. ähnlich im 'Runenberg' der fremde alte Mann, dem Christian begegnet, er "dünkte dem Jünglinge bald ein alter Bekannter zu sein". (KA, Bd. 6, S. 187) und im 'Marmorbild' die Gestalt des Ritters Donati, der Florio dadurch vertraut wird, daß er "genau bekannt mit der Gegend seiner Heimat" war. (In: Werke in sechs Bänden, a.a.O., Bd. 2, S. 393).

16 AvB, Schr. 24, S. 246. Zur Erfahrung des Fremdwerdens gehört das Vergessen. So wünscht Eduard - nach den verweigerten Heiratsplänen - alle Erinnerungen ans Bekannte (Haus, Gegend) "mit sicherer Hand nach und nach auslöschen zu können"(S. 225).

17 Im HvO sind dies der Vater und der Traum, in den BzF Torbern und der Traum, im 'Marmorbild' der Ritter Donati, im 'Runenberg' der alte Fremde - allesamt außer bei Novalis ambivalente Figuren, die auch Grauen erzeugen.

18 Vgl. die entsprechenden Charakterisierungen im 'Runenberg' (KA, Bd. 6, S. 194 und S. 202, wo der Vater Christians konstatiert: "dein kindlicher Sinn ist von Trotz, Wildheit und Übermut verschüttet") und im 'Marmorbild' (In: Werke in sechs Bänden, a.a.O., Bd. 2, S. 425, wo Fortunato Florio zu den "jungen sorglosen Gemütern" rechnet). In allen Werken nach Novalis ist die besondere Erkenntnismöglichkeit des 'kindlich frommen Gemüts' an den Preis besonderer Labilität gebunden.

Offenbarung gerät sie zu gedankenlosem Pragmatismus. Die Stellung des *Traumes* verändert sich ebenfalls im Laufe der 'Stationen des Motivs'. Er büßt seine entscheidende Bedeutung ein. Den vorausahnenden, erkenntnisvermittelnden Träumen der Protagonisten im 'Heinrich von Ofterdingen' und in den 'Bergwerken zu Falun' stehen Tiecks Gestalten im 'Alten vom Berge' traum- und schlaflos[19] gegenüber: Eduard, Eliesar, Balthasar kommen nicht zur Ruhe.[20]

Nirgends so deutlich wie im Symbol der *Verflüssigung* kommt die Entwicklung des Motivs zum Ausdruck: Die bei Novalis euphorisch vorgetragene "gewaltige Sehnsucht nach dem Zerfließen"[21], die Suche nach dem 'menstruum universale'[22], das Sich-weich-machen gegenüber allen verhärtet ausgegrenzten

19 Der einzige Traum, der in der Novelle vorkommt, ist ein *zitierter* Traum und ein Alptraum dazu. Er findet sich in den Aufzeichnungen Balthasars, die "wohl schon viele Jahre alt seyn mochten".(AvB, Schr. 24, S. 236 und vgl. S. 240f). Überhaupt wäre zu zeigen, daß es im AvB die 'Alten' sind - Balthasar und Kunz, bei denen noch Verhaltensweisen und Charakterzüge vorzufinden sind, die vormals die jungen Protagonisten auszeichneten (ein kindliches Gemüt und besondere Nähe zur Natur bei Kunz, Traumerfahrung bei Balthasar).

20 Eliesar experimentiert nachts (Ebd., S. 216f), Balthasar, schon als Kind oft schlaflos (S. 166), geht in seinem Zimmer auf und ab "bald schwer seufzend, bald mit Aechzen und Klagelauten mit sich selbst sprechend"(S. 262). Kunz ist schlaflos seit er betrunken überlistet wurde (S. 242). Von Eduard ist eine "unruhige(), meist durchwachte() Nacht" bezeugt und eine, die er Rechnungsbücher und Manuskripte lesend verbrachte (S. 241).

21 Schr. I, S. 104 (Lehrlinge zu Sais). Vgl. ebd.:"Die Berauschten fühlen nur zu gut diese überirdische Wonne des Flüssigen, und am Ende sind alle angenehme Empfindungen in uns mannichfache Zerfließungen, Regungen jener Urgewässer in uns." Vgl. auch den differenzierten Gebrauch der Flüssigkeitsmetapher im HvO: Während dort Heinrich in seinem Traum in einer "Flut" badet, die ihm "eine Auflösung reizende Mädchen" schien (Schr. I, S. 197), findet der Vater im Paralleltraum eine erstarrte Frauenfigur "in Marmor gehauen" im Innern des Berges vor.

22 Der Alkahest gilt in der Alchemie als 'menstruum universale', als Universalmittel, das alle Substanzen in klare Flüssigkeiten verwandelt. Vgl. 'Die Lehrlinge zu Sais': "Ein Alkahest scheint über die Menschen ausgegossen zu seyn. Nur augenblicklich scheinen ihre Wünsche, ihre Gedanken sich zu verdichten."(Schr I, S. 79).

Bereichen wird abgelöst durch Metaphern der Erstarrung: Wo das Bergwerk als Ort grundlegender Konflikterfahrung gilt, ist die stete Gefahr der Erstarrung/Versteinerung präsent. In Hoffmanns Novelle, ebenso wie im 'Runenberg' oder dem 'Marmorbild', werden die Möglichkeit der Zerstörung durch Naturmächte heraufbeschworen. Karfunkel, kaltes Metall, Steintafel und ernstes Antlitz der Frau repräsentieren ihre bedrohliche wie verführerische Faszination. Die Auflösung des Ichs "im grenzenlosen Gestein", nachdem Elis das "starre Antlitz" der Bergkönigin geschaut hat, heißt für ihn nicht Entzücken, sondern "namenlose (!) Angst".[23] Verflüssigung und Erstarrung ist für die dritte Gruppe der untersuchten Texte in dieser Bedeutung kein Thema mehr. Eliesars Suche nach dem Stein der Weisen (zur Vollendung der Natur /Wandlung der Metalle) ist ohne Erfolg und erscheint lächerlich verschroben. Erstarrt sind in Tiecks Gesprächsnovelle die Personen in einem anderen Sinn. Nicht weil der naturhaft 'nächtliche' Bereich sie bedroht, sondern weil die prosaischen (ökonomischen) Verhältnisse übermächtig sind und Charakter und Handlungsstrukturen fast vollständig dominieren. Folgerichtig meint Balthasar, "daß die allerwenigsten Menschen etwas erleben".[24] So wie ihre Gespräche nur Austausch von *festen Stellung*nahmen sind - nie wird jemand überzeugt, nie wirklich kommuniziert - so erscheint ihr Handeln zwanghaft gemäß vorgegebenen Konstellationen.[25] Hier begegnen sich verschiedene Typen, keine Individuen. Assoziationen zu der Automate-Kritik einer maschinenhaft funktionierenden Gesellschaft werden wach. Die Verhältnisse sind hart geworden:

---

23 BzF, SB I.2, S. 279 /Hervorhebung H.G.

24 AvB, Schr. 24, S. 210.

25 Vgl. AvB, Schr. 24, S. 226: "Was wir so nach sogenannten Ueberzeugungen, nach raisonnirendem Hin- und Herdenken thun, ist selten weit her. Alles Feste, Eigenthümliche, Wahrhafte unsers Wesens ist Instinkt, Vorurtheil, nennen Sie es Aberglaube. Ein Abschluß ohne Frage und Untersuchung, ein Handeln, *weil man nicht anders kann*." (Hervorhebungen H.G.).

"Im Gespenst des Daseins (...) gehn alle Widersprüche und Gegensätze auf, um im Wahnsinn als unauflöslicher Fluch zu *versteinern*."[26]

Der Wandel ist immer derselbe, der sich in den drei Stationen des Motivs - Bergbau als Zugang zu einer besseren Welt, Bergbau als grundlegende Konflikterfahrung, Bergbauromantik als Zitat - niederschlägt (und damit der Dreiteilung der exemplarischen Interpretationen erneut Sinn gibt): Da werden in Gestaltung der Montanmotive bisher ausgegrenzte Bereiche entdeckt, zunächst enthusiastisch gefeiert und integriert (a), dann auch deren bedrohliches Potential registriert (b). Dabei schon geht zunehmend die Chance einer Re-Integration des Ausgegrenzten verloren, es läuft auf Alternativen heraus: Erkenntnis mit der Gefahr des Wahnsinns oder Leben in der Enge bürgerlicher Existenz, für das der "kleine beschränkte Garten" im 'Runenberg'[27] ein sinnfälliges Bild abgibt - ohne Gefahr, aber auch ohne jede Offenbarung. Die Übermacht des Realitätsprinzips erdrückt zuletzt selbst noch diese alternativen Möglichkeiten (c). Übrig bleibt nur ein eindimensionaler, ökonomisch determinierter Weg. Zu erkennen ist höchstens das Zwanghafte dieses Wegs; beständig redet der 'Alte vom Berge' ja vom Wahnsinn der Normalität, vom Gespenst des Daseins. Dazu gibt es verschiedene Verhaltensweisen, die *anstelle von Utopie* getreten sind: Resignation (Balthasar), Ignoranz (Eduard u. Röschen) oder Ironie (Helbach).

Diese Entwicklung zeichnet sich ab auch im Wandel der *Gattungen* der hier vorgestellten Werke. Nicht zufällig nämlich wird der mehrfach motivierte exemplarische Dreischritt repräsentiert durch die drei Formen: Roman-Novelle-Gesprächsnovelle. Die homogene Entwicklung des Heinrich von Ofterdingen findet ihren Ausdruck in homogener Erzählung, in einer Form, die mit der Etablierung des selbstbewußten bürgerlichen Individuums korrespondiert, dem Roman. Demgegenüber stellt die Novelle einen Verlust an Geschlossen-

26 AvB, Schr. 24, S. 213 / Hervorhebungen H.G.

27 KA, Bd. 6, S. 188.

heit dar. Im "Konflikt des Gesetzlichen und Ungebändigten"[28] wird die Übermacht der Ereignisse über die Personen erkennbar.[29] Das Thema Bedrohung der Subjektkonstitution findet darum in der Novelle adäquaten Ausdruck. Vollends gilt das für die Novelle mit dem vorherrschenden Konversationston. Hier wird ein ästhetisches Äquivalent zur zurückgedrängten Subjektivität und zur Entfremdung geschaffen: Die höchst moderne Erfahrung, auf die später das Montageprinzip reagieren wird, die Krise des Erzählens, erhält Ausdruck in einer Gestaltungsform, die anstelle einheitstiftender Erzählung die Vorstellung sich wechselseitig relativierender Standpunkte setzt. Das Zitieren verschiedener Positionen macht im 'Alten vom Berge' die eigentliche Novelle aus, die Handlung besteht nur in der konsequenten Ausführung dieser Positionen. Dem Erkenntnisverlust auf der inhaltlichen Ebene entspricht der in der Form: Der Erzähler kann dem Leser nur mehr die "verschiedenen möglichen Spielformen in der Relation Subjekt-Wirklichkeit"[30] präsentierten; die Gesprächsform gibt dazu den Rahmen, einen letzten Zusammenhalt.

4. Der Rekurs auf ein vorneuzeitliches Naturverständnis und die Thematisierung des Weiblichen

Jenseits des Wandels und der Ausdifferenzierung der Bergbaumotive erweisen sich zwei Elemente ihrer Gestaltung als auffällig und kontinuierlich wiederkehrend. Sie sind im Kontext romantisch-literarischer Montandarstellungen in fast allen Texten zu finden, ja man kann sagen, sie sind ein wesentlicher Bestandteil ihrer Gestaltung und machen romantische Bergbaumotive erst aus:

---

28 Johann Wolfgang v. Goethe in den 'Wahlverwandtschaften' (II. Teil, 10. Kap.) zit. n. Josef Kunz: Novelle, a.a.O., S. 33.

29 "Als Kunstform entstand die Novelle in einer geistbeherrschten und selbstbewußten Gesellschaft, als sie erkannte, daß wie alle menschliche Lebensform so auch ihre schöne und abgehobene Ordnung dem entstaltenden Einwirken der Mächte offenstehe ..." . Paul Hankamer: Spiel der Mächte. Zit. n. Josef Kunz: Novelle, a.a.O, S. 245.

30 Helmut Endrulat: Ludwig Tiecks Altersnovellistik, a.a.O., S. 80.

Das ist zum einen - personifiziert in der Gestalt eines *alten Bergmanns* - der Rückgriff auf vergangene Formen des Bergbaus: auf herkömmliche Berufsauffassung, eine bewußt rückständige Technik und auf traditionelle Vorstellungen von Natur und Arbeit.

Zum anderen ist das die Begegnung mit *zentralen Frauengestalten*: der verlockend/vernichtenden Frau (im Berg), die dem Bergwerk eine sinnlich-erotische Dimension verleiht, und der Frau als Mutter mit ausdrücklich gewürdigter Bedeutung für die Sozialisation der männlichen Protagonisten. Das Bergwerk stellt für beide Frauenbilder das Symbolreservoir zur Verfügung: als Innen-Raum der Intimität (Mutter)[31] und als Raum untergründiger Strukturen: des Unbewußten, Trieb- und Naturhaften (archaische Königin).

Beide Elemente romantisch-literarischer Montandarstellung, der Rekurs auf traditionelle Bergbau- und Naturvorstellungen und die zentrale Stellung des Weiblichen stehen in engem Zusammenhang.

Die 'alten' Bergmänner vertreten einen 'alten' Bergbau. Das heißt, sie knüpfen an archaisch-mythologische Vorstellungen an, die mindestens seit der Antike belegt und bis ins 16. Jahrhunderte bestimmend sind und im alchimistischen Denken tradiert wurden.[32] Was in Tiecks Novelle vom Bergmann Kunz explizit zur Sprache gebracht wird, ist indirekt bei seinen -gleichfalls alten- Berufskollegen im 'Ofterdingen', 'Runenberg' oder den 'Bergwerken zu Falun' vorausgesetzt: Der Bergmann versteht sich als Mitarbeiter der Natur, der für geringen Lohn und ohne Interesse an Profit und Ausbeutung arbeitet. Die Natur wird als

31 Niemand hat deutlicher als Novalis die Verbindung Mutter-Bergwerk hergestellt, als er seiner Mutter Auguste zum 49. Geburtstag das Gedicht 'Die Fundgrube Auguste' <1798> widmete: "Glück auf, Fundgrube, das Seculum/ Ist nun zur Hälfte für dich bald um./ Viel edle Geschicke hast du bescheert/ Und gute Wetter uns immer gewährt./ Zum Glück des Bergmanns streiche dein Gang/ Geschaart mit freundlichen Gängen noch lang." (Schr. I, S. 405).

32 Die Herkunft im Einzelnen ist hier nicht von Interesse, ebensowenig unterschiedliche Ansätze - wie z.B.. zum Steinwachstum, wo mindestens drei Erklärungen existieren - sie alle speisen sich aber aus einem organischen Naturverständnis, das nachfolgend skizziert wird.

lebender Organismus verstanden. Der Makrokosmos gilt als analog zum Mikrokosmos des menschlichen Leibes strukturiert, in dem alles mit jedem in sinnstiftender Beziehung steht. Den Steinen, Kristallen und Erzen wohnt ebenso wie den Pflanzen und Tieren Leben inne, also gibt es in diesem Naturverständnis auch keine Scheidung organischer und anorganisch-toter Materie.[33] Der Umgang mit einer solchen gänzlich vitalen Natur fordert entsprechende Sorgfalt. Dem wird Rechnung getragen durch einen rituellen Umgang. Davon zeugen Initiationsriten, Meditation, Fasten, Askese und sexuelle Abstinenz der Beteiligten. Einige Berufe sind in hervorragender Weise betroffen: der Schmied, der Metallurg, der Bergmann. Letzterer begreift sich als 'Geburtshelfer' der gebärenden Erde, deren Wachstumsprozesse er lediglich beschleunigt.[34] Das bedingt eine enorme Verantwortung. Unvorsichtige Eingriffe, wie z.B. die Anlage unnützer Stollen seien

> "...nicht viel anders, als wann man zu den menschlichen Hertzen wollte räumen und man finge an der Pulßader an, an der Hand, und metzelte durch den gantzen Leib hindurch, da würde man ein fein Blut-Bad anrichten".[35]

Repräsentiert wird diese Leibmetaphorik durch das Weibliche - Mutter Natur. Die belebte Erde ist feminin.[36] Diese vitalistische (weibliche) Naturvorstellung wird abgelöst durch das mechanistische Weltbild der Neuzeit. Descartes und

---

33 Vgl. Ernst Schneider: Das 'Wachsen' des Erzes, a.a.O., S. 18ff.

34 Im Analogiedenken der Alchimie mit der Vorstellung sexualisierter Naturabläufe war von jeher der Bergmann von großer Bedeutung. In symbolischen Darstellungen alchimistischer Prozeduren wird ihm darum häufig ein besonderer Platz eingeräumt. Vgl. dazu E.E. Ploss/ Heinz Roosen-Runge/ Heinz Schipperges/ Herwig Buntz: Alchimia. Ideologie und Technologie. München 1970, bes. S. 81, 128f und 137.

35 Basthus Valentinus: Chymische Schriften II <1677>. Zit. n. Horst Bredekamp: Die Erde, a.a.O., S. 17.

36 Die Vorstellung einer weiblichen Erde/Natur ist interkulturell gültig: "Die() Erdkraft ist, ob sie nun als eine bestimmte Macht aufgefaßt wird, oder zu einer persönlich gestalteten Göttin geworden, nirgends ganz vom Dinglichen gelöst. Immer aber ist sie als eine weibliche Kraft angesehen." (HwbdtAg, Bd. II, Sp 895).

Newton gelten als Kronzeugen des Wandels. An die Stelle des Organismusmodells tritt das Maschinenmodell. Sinnfälligen Ausdruck findet das in veränderten Vorstellungen vom künstlichen Menschen. Aus dem alten Entwurf eines alchimistisch gezeugten Homunkulus wird die Vision eines perfekt-mechanisierten Automaten.[37] Die Mechanik wird zum bestimmenden Orientierungsrahmen des Denkens. Dieser Umbruch - "The death of nature"[38]- wird im 16. Jahrhundert eingeleitet. Ihm gilt gegenwärtig besonders im Zusammenhang mit der Frauen- und Ökologiebewegung das außerordentliche Interesse der Forschung[39]: Die Geschichte der Ausgrenzung von Natur und Weiblichem wird synonym begriffen. Insofern bedingen sich der romantische Rekurs auf die organische Naturauffassung und die gleichzeitige Thematisierung der Frau gegenseitig. Beides sind Repräsentationsformen einer anti-mechanistischen Position im Diskurs um Natur und Naturbeherrschung. In der Gestaltung der Bergbaumotive fallen beide Formen zusammen.

Der neuzeitliche Wandel des Naturbegriffs hatte Folgen für die Praxis und umgekehrt reagierte er auf eine sich verändernde Praxis. Die Verschiebung der leitenden Metaphorik (vom Organismus zur Maschine) wirkte als "kultureller

---

37 Vgl. Horst Bredekamp: Die Erde, a.a.O., S. 22. Insofern läßt sich am Automate-Motiv (wie bereits im Vorwort angesprochen) die gleiche Kritikintention verfolgen wie bei den Bergbaumotiven. Vgl. dazu vom Verf.: 'Menschen sind Maschinen der Engel'. Die Automate. In: Literatur im Industriezeitalter. (=Marbacher Kataloge 42) Hrsg. von Ulrich Ott. Marbach/N. 1987, Bd. 1, S. 13ff.

38 So nennt Carolyn Merchant die Abkehr vom organischen Naturbild. Dt. Ausgabe: Der Tod der Natur: Ökologie, Frauen und neuzeitliche Naturwissenschaft. München 1987.

39 Neben der Arbeit von C. M. sind zu nennen: Hartmut und Gernot Böhme: Das Andere der Vernunft, a.a.O., bes. Kap. I; Elisabeth Lenk: Die unbewußte Gesellschaft. Über die mimetische Grundstruktur in der Literatur und im Traum. München 1983, bes. S. 202ff; Sigrid Weigel: Die nahe Fremde - das Territorium des 'Weiblichen'. Zum Verhältnis von 'Wilden' und 'Frauen' im Diskurs der Aufklärung. In: Die andere Welt. Studien zum Exotismus. Hrsg. von Thomas Koebner und Gerhart Pickerodt. Frankfurt/M. 1987, S. 171ff. Bei den älteren Arbeiten zum Thema ist auf die hervorragende Studie Horst Bredekamps (Erde als Lebenwesen, a.a.O) und auf die Arbeiten Mircea Eliades (bes. Schmiede und Alchemisten, a.a.O.) hinzuweisen.

Freibrief"[40] für einen qualitativ veränderten Zugriff auf die Natur, der mit den neuen technischen Errungenschaften zunächst der Mechanik, später, in der industriellen Revolution, mit der Dampf- und Elektrotechnik, möglich geworden war. Die Abkehr vom Modell eines organischen Naturmodells bewirkte die Abkehr von damit verbundenen Handlungsnormen, die bis dahin die Eingriffe in die Natur beschränkten.

Nirgends deutlicher als im Bergbau ist dieses Prozeß zu verfolgen. Nicht zufällig demonstriert darum Carolyn Merchant gerade an diesem Gewerbe, wie sich der Umbruch organische Natur - tote Natur konkretisierte, denn hier ist der Zusammenhang zwischen Naturbild und Praxis explizit: Mindestens seit der Antike, so zeigt die Autorin, wurden aus der Vorstellung einer belebten mütterlichen Erde und der daraus erwachsenen besonderen Verantwortung des Bergmanns *normative Handlungshemmungen* abgeleitet[41]: Die Bergbautreibenden mußten sich mit ständigen Vorwürfen auseinandersetzen: Das Gewerbe sei Ursache der Habgier, der Umweltzerstörung (Abholzen der Wälder, Verunreinigung der Flüsse, Verwüstung der Felder), und explizit findet sich sogar die Anklage des Bergbaus als "Muttermord".[42]

> "Du Mörder, schau sie dir an (die Erde /H.G.), wenn du noch einen Funken kindlichen Gefühls im Leibe hast (...). In dir ist keine Spur von Liebe zu der, die dich gebar. Sieh die Risse, die du verursacht hast, sieh

---

40 Carolyn Merchant: Tod der Natur, a.a.O., S. 18.

41 Vgl. Carolyn Merchant: Tod der Natur, a.a.O., S. 41ff.

42 Vgl. das kaum beachtete Werk von Paulus Niavis (=Paul Schneevogel): Iudicium Iovis oder Gericht der Götter über den Bergbau <1475>. Ein literarisches Dokument aus der Frühzeit des deutschen Bergbaus. Dt. Übersetzung von Paul Krenkel. Berlin 1953. Dieses wohl erste Zeugnis der deutschen Bergbauliteratur diskutiert vierzig Jahre vor Agricola das Für und Wider des Bergbaus (vor dem Hintergrund expansiver bergbaulicher Entwicklungen im Schneeberger Raum). Der ausführliche Titel enthält die Anklage (in dtsch. Übers.): "Das Gericht des Jupiter, gehalten im Tale der Schönheit, vor das der sterbliche Mensch von der Erde wegen der auf dem Schneeberge und an vielen anderen Orten angelegten Bergwerke gefordert worden ist und vor dem er schliesslich des *Muttermordes* angeklagt wird."(S. 7).

das Blut, das aus dem Körper deiner Mutter rinnt, schau ihr blasses Gesicht, du, ihr Pflegesohn! (...) Du (...) verwundest deine Mutter und, was ganz abscheulich ist, versuchst ihre Eingeweide zu zerreißen."[43]

Wenn überhaupt Bergbau zu rechtfertigen war, dann durfte er nur mit der größten Umsicht betrieben werden. Raubbau und habgierige Expansion galten als Verbrechen. Das zeitweilige Stillegen der Bergbauanlagen wurde verlangt und war Usus, um Mutter Erde das Nachwachsen ihrer Schätze zu ermöglichen. Die Arbeit des Bergmanns war also durch vielfache Rechtfertigungen, Rücksichtnahmen und Zugeständnisse bestimmt und restringiert.

Georg Agricola erkannte darum folgerichtig, daß es zur Durchsetzung eines effizienteren, expansiveren Montanwesens galt, genau diese Rücksichtnahmen aus dem Weg zu räumen. Es galt, "jeden Irrtum" der Gegner und Skeptiker zu widerlegen, "die von dem Berg- und Hüttenwesen schändlich reden, um es zu verkleinern"[44]. Er setzte sich deshalb dezidiert mit den Argumenten, die den Bergbau problematisierten und einschränkten, auseinander.[45] Argumente, die

43 Paul Niavis: Iudicium Iovis, a.a.O., S. 18. Die Erde erscheint als Frau "züchtig und freimütig mit blassem Gesicht; sie trug ein grünes Gewand (...), das Kleid hing zerrissen herab, und man konnte sehen, wie ihr Leib vielfach durchbohrt war."(S. 15f) Ihre Klage wird von Merkur, Bacchus, Ceres, Minerva, Pluton, Nais, Charon und den Faunen vertreten. Die Beschuldigungen werden von den Menschen findig zurückgewiesen, die Erde wird für die Härte der menschlichen Eingriffe selbst verantwortlich gemacht, weil sie "so knauserig und geizig" gegen ihre "Kinder" sich zeige - wie eine "Stiefmutter"- da sie die Schätze so verborgen halte.(S. 33).

44 G. A.: Zwölf Bücher vom Berg- und Hüttenwesen. In: Vom Berg- und Hüttenwesen, a.a.O., S. 20.

45 Sein erstes Buch gilt nur diesen Einwänden. (Ebd., S. 1ff) Angesichts der Tatsache, daß immer schon "gar große Meinungsverschiedenheit über den Bergbau geherrscht", will Agricola die Sache "sorgfältig (...) erwägen, um die Wahrheit zu erforschen".(Ebd. S. 2) Der Kunstgriff seiner 'Erforschung' liegt in der Herangehenweise: "Ausgehen aber will ich von der Frage des *Nutzens*."(S. 2 /Hervorhebung H.G.) Damit ist das Ergebnis vorweg entschieden. Auf der Ebene einer Kosten-Nutzen Abwägung sind nämlich die Argumente der Gegner ohne Chance.

noch 1865 Theodor Haupt[46] glaubte aufgreifen zu müssen, weil sie sich offenbar beharrlich gehalten hatten. Argumente schließlich, die uns in den literarischen Texten der Romantik begegnet waren.

Die Aktualisierung des organischen Naturmodells mit seinen normativen Implikationen in der Romantik - in der Literatur wie in der Naturphilosophie und der dynamischen Wissenschaftsauffassung - intendierte dabei nicht - das konnte anhand der Texte gezeigt werden - eine Rückkehr zum vorneuzeitlichen Naturumgang. Vielmehr ging es um Kritik und daraus abgeleitete Utopieentwürfe gegenüber einer befremdet erfahrenen Gegenwart. Diese Kritik machte sich das vorneuzeitliche Naturverständnis nicht in toto zu eigen, sondern bezog sich vor allem auf die damit verbundenen Handlungsnormen, die einen Umgang mit der Natur verlangten, der dem zeitgenössisch herrschenden entgegengesetzt war.[47] Darum brauchen die 'alten Bergmänner' - paradigmatisch im 'Ofterdingen' - trotz Rekurs auf traditionelle Berufs- und Naturvorstellungen ihre konsequent aufgeklärte Position nicht aufzugeben. Ihre konstruierte Stellung ist eine Sekuritätsposition gegenüber mechanistischem Denken, Warenfetischismus und Naturentfremdung gleichermaßen wie gegenüber irrationalen Ängste und Naturübermacht. Aus ihr erwächst Kritik und aus gelungener Synthese der Entwurf einer Utopie des 'schönen Bergbaus'.

Wie der Rekurs auf das vorneuzeitliche Naturverständnis enthält auch die Thematisierung des Weiblichen in der Romantik eine Aktualisierung. Die Bilder von Mutter Natur, weiblicher Erde und Bergkönigin greifen zwar auf mythologische Urbilder zurück, aber in den literarischen Texten findet eine *Psychologisierung* dieser Vorstellungen statt. Besonders in Hoffmanns Novelle, ähnlich im 'Runenberg', im 'Marmorbild' oder in Achim von Arnims Ballade, waren die psychologisch stringenten Motivationen im Zusammenhang mit zen-

46 Vgl. Th. H.: Bausteine, a.a.O., Lief. I, S. 29f; III, S. 45ff; IV, S. 127ff.

47 Konstruktion war ja das bestimmende Merkmal der literarischen Bergleute. Kunz in Tiecks AvB ist hier eine Ausnahme. Der aufgeklärte Part wird dort von dem fremden Bergmann übernommen. Die Konstruktion entsteht durch das Widerspiel zweier separater Positonen.

tralen Frauenfiguren zu erkennen. Was hier vollzogen wird, ist die "Familialisierung mythologischer Konstellationen"[48]. Die in den archaischen Vorstellungen zum Ausdruck gebrachte Erfahrung einer janusköpfigen Natur als nährend und zerstörend (Fruchtbarkeit vs. Naturabhängigkeit) wird dabei verschmolzen mit der ambivalenten Erfahrung von der Mutter bei der Selbstbehauptung des Ichs: als fürsorglich-ernährend und zugleich übermächtig-emanzipationshindernd.[49]

Als Anlaß für die Psychologisierung mythologischer Bilder ist einmal allgemein der zivilisationsgeschichtliche Prozeß der Internalisierung äußerer physischer Zwänge zu sehen, wie ihn Norbert Elias oder Michel Foucault beschrieben haben[50], zum anderen konkret eine sozialgeschichtlich veränderte Sozialisations- und Familienstruktur. In mehreren Arbeiten wurde der Nachweis geführt, daß es um die Wende zum 19. Jahrhundert zur Herausbildung der Kleinfamilie mit Polarisierung der Geschlechtscharaktere kam.[51] Dabei wird der Frau der In-

---

48 So hat Gerhard Kaiser den Wandel des Mutter-Bildes anläßlich einer Bildkomposition von Asmus Jacob Carstens interpretiert. Vgl. G. K.: Mutter Nacht - Mutter Natur, a.a.O., S. 121.
Der hier verwendete Begriff der *Psychologisierung* in Zusammenhang mit den Bergbaumotiven ist noch umfassender. Er kennzeichnet auch - wie im folgenden gezeigt wird - Repräsentationsformen der Frau, die über familiäre Bezüge hinaus gehen (das Weibliche als triebhaft-wild). Wie sehr sich mythologische Bilder zur Psychologisierung eignen, läßt sich nicht zuletzt am Interesse der C.G. Jung verpflichteten Ansätze erkennen, die ja diese Bilder auf ihren psychologischen Gehalt hin interpretieren - und damit selbst noch zur Psycholgisierung beitragen.

49 Damit wird ein realer Erfahrungskern der ambivalenten Vorstellung behauptet. Ähnlich vgl. Gernot und Hartmut Böhme: Das Andere der Vernunft, a.a.O., S. 21: "Diese Ambivalenz (bedrohlich/fürsorglich /H.G.) beschreibt die *Realität* von Naturerfahrung und Erfahrung mit der Mutter in einem. Die Ambivalenz archaischer Mutter-Kind-Beziehung ist im Umgang mit Natur aufbewahrt."

50 Vgl. N. E.: Über den Prozeß der Zivilisation. Sozialgenetische und psychogenetische Untersuchungen <1936>. Bde. 1.2. Frankfurt/M [6]1978 und M. F.: Überwachen und Strafen. Die Geburt des Gefängnisses. Frankfurt/M. 1977.

51 Vgl. bes. Karin Hausen: Die Polarisierung der 'Geschlechtscharaktere'. Eine Spiegelung der Dissoziation von Erwerbs und Familienleben. In: Sozialgeschichte der Familie in der Neuzeit. Hrsg. von Werner Conze. Stuttgart 1976, S. 363ff; Edward Shorter: Der Wandel der Mutter-Kind-Beziehungen zu Beginn der Moderne. In: Geschichte und Gesellschaft.

nenraum zugeordnet, während der Vater außen agiert. Die Mutter prägt die konjugale Kernfamilie, in deren Zentrum die Mutter-Kind Beziehung steht.[52] Für die Söhne der Familien Fröbom, Ofterdingen und Helbach ist die neue Konstellation bereits bestimmend. Bei schwachen oder toten Vätern sind die Beziehungen zu den Müttern entscheidend. Sie schaffen z.T. eine solche Intimität und Identität, daß - wie im Märchen von Hyacinth und Rosenblüthchen - Verwechslungen zwischen Mutter und Kind nicht ausgeschlossen sind:

> "Rosenblüthchen, das gute Kind,/ Ist geworden auf einmal blind,/ *Denkt, die Mutter sey Hyacinth*,/ Fällt ihm um den Hals geschwind;/ Merkt sie aber das fremde Gesicht, Denkt nur an, da erschrickt sie nicht,/ Fährt, als merkte sie kein Wort,/ Immer nur mit Küssen fort."[53]

Nicht immer gelingt dabei die Ablösung wie bei den Novalis'schen Helden. Anhand von Elis' Entwicklung konnte die pathologische Variante gezeigt werden - die neue Intimität kann eben auch zerstören - und auch Wilhelm im 'Alten vom Berge' hat alle Mühe, der ödipalen Konstellation zu entgehen.[54] Eduard, ei-

---

Heft 1, 1975, S. 256f; ders.: Die Geburt der modernen Familie. Reinbeck b. Hamburg 1977, S. 196ff; Ingeborg Weber-Kellermann: Die Familie. Geschichte, Geschichten und Bilder. Frankfurt/M. 1976, S. 95ff und Dieter Schwab: Artikel 'Familie'. In: GeschGb. Bd. II, S. 271ff.

52 Vgl. Philipp Ariès: Geschichte der Kindheit. München 1978 und Elisabeth Badinter: Die Mutterliebe. Geschichte eines Gefühls vom 17. Jahrhundert bis heute. Zürich /München 1982. Vgl. auch den Hinweis von Friedrich A. Kittler auf die Flut psychologischer und medizinischer Schriften, "die die Mutter zur unersetzbaren Primärsozialisationsinstanz ernennen und für ihre neue Steuerungsaufgabe mit einem gesteuerten Wissen ausstatten". (F. A. K.: Über die Sozialisation Wilhelm Meisters. In: Gerhard Kaiser / F. A. K.: Dichtung als Sozialisationsspiel. Studien zu Goethe und Gottfried Keller. Göttingen 1978, S. 21f).

53 Lehrlinge zu Sais. Schr. I, S. 92/ Hervorhebung H.G.

54 Rat Helbach berichtet, wie sich seine Gattin nach der Geburt des Sohnes ganz zurückzog und ihn "oft vorsätzlich (verkannte)" (AvB, Schr. 24, S. 257): "So wurde mein Sohn mir ein Fremdling, vorsätzlich und mit Kunst in allen seinen Gefühlen von mir entfernt, aber die zu weiche, zu leidenschaftliche Mutter gewann nichts dabei, denn sie verlor ebenfalls das Herz des entarteten Wesens, auf das sie, als der Knabe erwachsen war, gar keinen Einfluß mehr haben konnte."(Ebd., S. 258) Grund der 'Entartung' war der Einspruch der Mutter

gentliches Pendant zu den anderen Protagonisten, hat bezeichnenderweise keine (Sozialisations-) Geschichte. Seinem Pragmatismus entspricht die Abwesenheit des mütterlich wie dämonisch Weiblichen. Im Sinne einer Stationsabfolge des Motivs ließe sich hier der Weg von der Erfahrung der guten zur ambivalenten hin zur gemiedenen Mutter zeichnen - entsprechend einer offenbarend-positiven, ambivalenten und schließlich ganz ausgegrenzten Natur.[55]

Bei der Thematisierung des Weiblichen in den romantisch-literarischen Texten zum Bergbau sind neben der Mutterfigur noch andere Erscheinungsformen der Frau charakteristisch: Die artig-redlichen Mädchen und die dämonisch-verführerischen Frauen. Es ist auffällig, daß die jungen Frauen: Mathilde (HvO), Rosenblüthchen (Lehrlinge zu Sais), Elisabeth (Runenberg), Ulla (BzF), Bianka (Marmorbild), Röschen (AvB), Dorothea (Unter der Erde) sich allesamt darin gleichen, daß sie als Liebende der männlichen Protagonisten mit diesen das 'kindlich-einfältige Gemüt' zwar teilen, im Unterschied zu ihnen aber ohne jede tiefere Einsicht und besondere Erkenntnisfähigkeit bleiben. Übrig bleiben dann nur die Attribute einfältig, unschuldig, bieder, brav und rein - übrig bleibt ein Klischeebild der 'domestizierten' (Haus-)Frau. Auf der anderen Seite gibt es die Frauen im Berg: Bergkönigin, Venusgöttin, Marmorbilder, verschleierte Isis, "strenge" nackte Frauengestalten und anschmiegsame Jungfrauen, deren Sinnlichkeit und Verführungsgewalt mit der Gefahr drohenden Untergangs gekoppelt ist.[56] Die sexualisierten Bilder und Träume von "dunkel wogende(m) Meer", flutenden Mädchenkörpern, und "Wogen eines blauen, durchsichtig fun-

gegen die Heiratswünsche des Sohnes: "das Mädchen, das Du liebtest, ist gut, wie es sich nachher erwiesen hat"(S. 259).

55 Vgl. Anmerkung 14 in diesem Abschnitt.

56 Ausnahme sind hier Novalis' Texte: Hier gibt es keine Abgründe. Die Frauengestalten sind durchweg positiv. Als *Einheit* ist bei ihm denkbar, was in anderen Texten auseinanderfiel in *verschiedene Frauentypen*: Rosenblüthchen etwa kann Hyacinth als "köstliches bildschönes Kind, (...) wie ein Püppchen gewachsen", begegnen *und* als "himmlische Jungfrau", bei der "auch der letzte irdische Anflug, wie in Luft verzehrt" schwand. (Lehrlinge zu Sais, Schr. I, S. 92 bzw. 95).

kelnden Nebels"[57], Erlebnisse höchster Lust, können umschlagen in größtes Entsetzen, d.h. in Identitätsverlust und Wahnsinn.

Beide Frauentypen: die kindlich Biedere und die dämonisch Verführerische erfüllen projektive Funktionen. Denis Diderot führt in seinem Essay 'Über Frauen' die zugrundeliegende Vorstellung in bemerkenswerter Deutlichkeit aus:

> "Die Zerstreuungen unseres (der Männer /H.G.) *beschäftigten* und kampferfüllten Lebens *zerbrechen* unsere *Leidenschaften*. Die Frau hütet die ihren. (...) Die Frauen unterliegen einer epidemischen Wildheit.(...) Sie sind zwar *äußerlich* zivilisierter als wir; aber *innerlich* sind sie wahre Wilde geblieben (...)."[58]

Außen zivilisiert, innen triebhaft ungebändigt (darum bedrohlich) - dieses Frauenbild erscheint im Kontext der Bergbaumotive aufgespalten in zwei Frauentypen: die artig Naive *oben/außen* - die irdische Geliebte in der prosaischen Alltagswelt - und die bedrohlich Verführerische *innen/unten* - die Geliebte im Berg(werk), in Regionen unterhalb des 'oberflächlichen' Lebens.[59]

---

57 Vgl. 'Runenberg', In: KA, Bd. 6, S. 192, HvO, Schr. I, S. 197, BzF, SB I.2, S. 191.

58 A.a.O. <1772> In: Erzählungen und Gespräche. Leipzig [4]1984, S. 207, 213, 217 (Hervorhebungen H.G.). Der Hinweis auf den Diderot Text bei Sigrid Weigel: Die nahe Fremde, a.a.O., S. 171.

59 Als späte Version der romantischen Bergköniginnen erscheinen jene Frauen, die Edward Bulwer Lytton in seinem 1871 erschienenen Zukunftsroman 'The coming race' beschreibt (vgl. dtsch.: Das Geschlecht der Zukunft. Leipzig 1907). Dort trifft der Ich-Erzähler nach einem Bergwerksunglück auf eine unterirdische Zivilisation, bei der gegenüber der Erdbevölkerung vor allem ihre technische Überlegenheit auffällt und die besondere Stellung der Frau. Die Frauen dort sind schon physisch größer und kraftvoller, auch intelligenter als die Männer und damit - wie der Protagonist entsetzt feststellt - entbehren sie "völlig den weichen und zurückhaltenden Ausdruck" (S. 18). In dieser Welt vertauschter Rollen dominieren die Frauen nicht nur in Wissenschaft und Technik, sondern haben auch in der Liebe den aktiven Part inne. Für den Erdbewohner haben sie damit "den wahren Reiz des Weibes" verloren (S. 120). Selbst die Tatsache, daß diese Frauen ihre Flügel (!) mit Eintritt in den Ehestand ablegen, vermag den Helden nicht zu beruhigen. Er flieht vor dem 'kommenden Geschlecht' zurück auf die Erdoberfläche und stellt zum Abschluß resigniert

So wie der Rekurs auf das vorneuzeitliche Naturverständnis nicht unvermittelt zu lesen ist, so geht es bei der Thematisierung des Weiblichen im Kontext der romantischen Montanmotive ebenfalls vor allem um dessen symbolisch-repräsentativen Gehalt. Das literarische Motiv des Bergwerks dient dazu, ein Symbolreservoir bereit zu stellen, das eine *Verschmelzung* mythologischer Vorstellungen mit psychodynamischem und aktuell gesellschaftlichem Erfahrungsgehalt ermöglicht und in den Diskurs über Naturbeherrschung und Aufklärung mündet.[60] Beide Motivelemente, so wurde gesagt, fungieren dabei als Repräsentanten des Ausgegrenzten der Aufklärung, einer antimechanistischen Position, als Anwalt des Leiblichen, Unbewußten, Organischen - als Statthalter des Naturhaften.

Vor diesem Hintergrund ist das Hin- und Hergerissensein der männlichen Helden Elis, Christian oder Florio zwischen den verschieden Frauentypen bzw. zwischen der Existenz in der eingegrenzt sicheren Enge der zivilisierten 'Gartenwelt' und dem verheißungsvollen, aber vom Untergang bedrohten Leben in den archaisch wilden Steinwelten *Projektion einer doppelten* Erfahrung: Zum einen wird ganz offensichtlich die 'zivilisierte' Alltagswelt als trist und bieder erlebt, es besteht ein 'Ungenügen an der Normalität'(Pikulik), Leiden am Ausgegrenztsein und an der eigenen Entfremdung. Zum anderen steckt in diesen Bildern aber auch die Erfahrung, daß dem, welchem die Frühromantiker, namentlich Novalis, sich euphorisch anvertrauten: allen Formen des Naturhaften, auch die Gefahr des Umschlags innewohnt. Der unvermittelte Rückgang zur Natur setzt nicht nur ihre mütterliche, sondern auch ihre bedrohliche Seite frei.[61]

---

fest, daß er zwar wie die meisten Menschen in der irdischen Liebe "einigermaßen enttäuscht worden" sei, aber "um so inniger bete ich, daß noch Jahrhunderte vergehen mögen, bevor unsere unvermeidlichen Zerstörer zum Sonnenlichte auftauchen."(S. 180).

60 Die Möglichkeit zunehmender Abstraktion ist dabei im Symbolreservoir des Motivs Bergwerk enthalten. Deshalb geht eine Interpretation, die von individueller Psychologie über allgemein psychodynamische Prozesse zu Problemen des Naturumgangs und der Arbeit fortschreitet -so geschehen in der BzF Interpretation- einem Zusammenhang der Sache nach.

Diese literarisch zum Ausdruck gebrachte Erfahrung korrespondiert mit einer Entwicklung, die Odo Marquard[62] für die Philosophie als *'Entzauberung der Romantiknatur'*[63] beschrieben hat. Ausgangspunkt seiner Überlegungen ist dabei zunächst die philosophische Wende zur Natur ("Kronzeuge Schelling"), die hervorgehe aus dem "Schwächezustand der 'in weltbürgerlicher Absicht' geschichtlichen Vernunft"[64]. Das Problem, das sich daraus nun ergibt, ist folgendes: Wie läßt es sich leben mit einer über Vernunft und Geschichte ermächtigten Natur, wie lassen sich deren bedrohliche Seiten aushalten? Denn:

> "Es gibt auf der Basis der bloßen Wende zur Natur und Unmittelbarkeit offenbar keine Chance einer wirksamen und lebbaren Unterscheidung zwischen Vernichtung und Befreiung (...)."[65]

Als Versuch, diesem Dilemma zu entgehen, erscheine dann als eine Möglichkeit die Etablierung der 'Romantiknatur'. Diese sei gekennzeichnet zunächst in ihrer 'transistorischen' Form als *Naturverklärung*, die von einer nur 'guten Natur' ausgeht und ihre zerstörerische Seite nicht wahrhaben will. Hier gehen Marquards Interpretation Schellings, übrigens auch die Gernot und Hartmut Böhmes[66], mit der hier vertretenen von Novalis Hand in Hand. Die Parallelen

---

61 Dies übersehen alle euphorischen Deutungen der Romantik wie z.B. Gisela Dischner (Gedankenspiele, a.a.O.).

62 Vgl. dazu O. M.s Aufsatz (Ästhetik und Therapeutik, a.a.O.) und vor allem die dazu grundlegende Habilitationsschrift von 1962, die erst kürzlich veröffentlicht wurde: Transzendentaler Idealismus, Romantische Naturphilosophie, Psychoanalyse. (=Schriftenreihe zur philosophischen Praxis Bd. 3) Köln 1987.

63 O. M. unterscheidet drei Naturbegriffe, mit denen hier im folgenden argumentiert wird: die *Triebnatur* (nicht zivilisierte, ungebändigt triebhafte Natur), die *Kontrollnatur* (Gegenstand der Naturwissenschaft und Technik, Natur der Naturgesetze) und die *Romantiknatur* (in Kunst und Gefühl präsente, erhaben oder schöne Natur) beherrschte N.). Vgl. O. M.: Transzendentaler Idealismus, a.a.O., S. 54ff.

64 O. M.: Ästhetik und Therapeutik, a.a.O., S. 91.

65 O. M.: Ästhetik und Therapeutik, a.a.O., S. 93.

zwischen Novalis und Schelling sind frappant. Gemeinsam ist ihnen nicht nur die Erkenntnisfigur der Anamnese - "...alles Philosophiren besteht in einem Erinnern des Zustandes, in welchem wir eins waren mit der Natur"[67] - sondern auch die Hoffnung auf die gute Natur, eine Natur die entgegenkommt[68]: "Die Natur soll moralisch werden."[69]

Neben die Naturverklärung trete - aufgrund der Einsicht, daß der Natur ihre Bedrohlichkeit nicht einfach aberkannt werden kann - als eigentliche Form der 'Romantiknatur' dann der Versuch ihrer *unriskanten Präsenz*, das heißt: ihre

---

66 Vgl.: Das Andere der Vernunft, a.a.O., S. 144f. Dort heißt es über Schelling: "Im Potenzierungsprozeß - Empfindung, Anschauung, Selbstbewußtsein - generiert sich die Naturmutter selbst. Psychoanalytisch entspricht dem eine Konstellation, in der der Wunsch der Mutter auf das selbstbewußte autonome Kind geht. (...) Schelling (...) denkt gewissermaßen in der Matrix einer guten Mutternatur und ihrer Obhut."

67 Friedrich W. J. Schelling: Allgemeine Deduktion des dynamischen Prozesses oder der Kategorien der Physik <1800>. In: Schellings Werke. Hrsg. von Manfred Schröter. (=Münchner Jubiläumsdruck) 2. Hauptbd. München 1927, S. 711 und zu Novalis bes. Abschnitt III, Kap. 3 dieser Arbeit.

68 Dies ist bei Novalis ja konkret bis in die Sozialisation der literarischen Helden zu verfolgen, die immer eine 'gute', d.h. zur Autonomie hinführende Mutter haben.

69 Schr. III, S. 252 und die Stellen im Novalis Abschnitt (III), Kap. 3 dieser Arbeit. Zu Schelling vgl. seine Äußerungen zur Potenzierungstheorie: "Nach unserer Weise zu reden, können wir also sagen: alle Qualitäten seyen Empfindungen, alle Körper Anschauungen der Natur - die Natur selbst eine mit allen ihren Empfindungen und Anschauungen gleichsam *erstarrte Intelligenz*." (Allgemeine Deduktion, a.a.O., 2. Hauptbd., S. 711) vgl. "Die vollendete Theorie der Natur würde diejenige seyn, kraft welcher die *ganze Natur sich in eine Intelligenz auflöste*. (...)- Das höchste Ziel, sich selbst ganz Objekt zu werden, erreicht die Natur erst durch die höchste und letzte Reflexion, welche nicht anderes (...) als das ist, was wir *Vernunft* nennen, *durch welche zuerst die Natur vollständig in sich selbst zurückkehrt*, und wodurch offenbar wird, daß die Natur ursprünglich identisch ist mit dem, was in uns als Intelligentes und Bewußtes erkannt wird."(System des transzendentalen Idealismus <1800>. In: Werke, a.a.O., 2. Hauptbd., S. 341/ Hervorhebungen H.G.).
Odo Marquard bringt diese Hoffnungsfigur auf die Formel: "Wo unangetastet der Bock (Natur/ H.G.) der Gärtner ist (Retter der Vernunft sein soll/ H.G.), bleibt als letzte Hoffnung die, daß Böcke wirklich zu Gärtnern sich zu steigern vermögen." (Ästhetik und Therapeutik, S. 105).

ästhetischen Präsenz.[70] Wenn Natur, auch mächtige Natur[71], nur im Reflex der ästhetischen Anschauung erscheint, sei ihre Bedrohlichkeit gebannt.

In dieser Funktion jedoch scheitere - so Marquard weiter - Ästhetik, weil sie keine Position der Wirklichkeit sei und damit der Gefährlichkeit der Natur nicht genug Unwirklichkeit verschaffen könne. Die 'Romantiknatur' werde entzaubert. Damit einher gehe das Hervortreten der 'Triebnatur': "das ermächtigte Nicht-Ich enthüllt sich (...) als Wille, Trieb und Drang". Später trete der Psychologismus (Therapeutik) als "Konkursverwalter romantisch-ästhetischer Naturverzauberung" ein.[72]

Betrachten wir vor diesem Hintergrund die literarischen Texte: Zunächst läßt sich wieder die Parallele Schelling-Novalis in der Figur der ästhetischen Vermittlung von Natur erkennen. Natur wird, das konnte bei Novalis gezeigt werden, immer in ästhetischen Kategorien - 'jenseits von Not und Nutzen'- präsentiert. Schon die Darstellungen der Natur im 'Runenberg', in den 'Bergwerken zu Falun' und anderen Texten[73] können nicht mehr zur 'Romantiknatur' gerechnet werden, sondern thematisieren deren Zerfall. Realangst und Unheimliches, letztlich die Erfahrung, daß das Ich "nicht einmal Herr ist im eigenen Hause" (Freud), sind nicht ästhetisch gemildert, sondern treten so bedrohlich

70 Daraus erklärt O. M. (Ästhetik und Therapeutik, a.a.O., S. 93ff), daß für Schelling die Ästhetik zunehmend zentral wird und noch seine Naturphilosophie überbietet, daß "dieses Reflektiertwerden des absolut Unbewußten und nicht=Objektiven nur durch einen *ästhetischen Akt* der Einbildungskraft möglich ist." (System des transzendentalen Idealismus, a.a.O., 2. Hauptbd., S. 351).

71 Dazu rechnet Marquard auch die ins Kunstwerk gebannte destruktive Natur: "das ästhetische Genie ... malt den Teufel an die Wand, damit er nicht komme."(Ästhetik und Therapheutik, S. 96).

72 O. M.: Transzendentaler Idealismus, a.a.O., S. 4. Die weitere Argumentation ist hier nicht mehr Thema. Überhaupt sei darauf hingewiesen, daß hier nur ein Abschnitt aus O. M.s Gedankengang skizziert wurde, nämlich die 'Entzauberung der Romantiknatur'.

73 Texte, in denen das Bergwerk als Ort grundlegender Konflikterfahrung gilt (Vgl. Abschnitt I, Kap. 2.3.

hervor, daß es für den Leser kein 'Geländer' gibt. Natur als 'Triebnatur' wird deutlich. Vor diesem Hintergrund kann gerade die Bergbauromantik nach Novalis, die ja wesentlich auf ihn rekurriert, als impliziter Diskurs über ästhetische Vermittlung und ihr Scheitern gelesen werden.

Davon ausgehend möchte ich die Hypothese formulieren, daß der Prozeß der 'Entzauberung der Romantiknatur', wie ihn Odo Marquard in "philosophischer Ausdrücklichkeit"[74] anhand von Schopenhauer, Nietzsche und Freud explizierte, in *literarischer Gestaltung* bereits *innerhalb* der Romantik wesentlich vorgezeichnet ist. Die Psychologisierung findet dabei in der Literatur selbst statt und destruiert deren Funktion, ästhetische Vermeidungs- und Heilkraft zu sein.

Desweiteren meine ich, daß die 'Entzauberung der Romantiknatur' - um in der Terminologie Marquards zu bleiben - nicht nur auf der einen Seite den Verlust der ästhetisch mildernden Wirkung gegenüber der 'Triebnatur', sondern auch auf der anderen gegenüber der 'Kontrollnatur' gebracht hat. Denn ästhetisch vermittelt wird ja beides - im Konzept des 'schönen Bergbaus' wurde das hier erörtert: Die Sekuritätsposition besteht gegenüber bedrohlicher Natur und Naturbeherrschung gleichermaßen. Es läßt sich also die These Marquards, "ästhetisch nackte Natur wird Triebnatur"[75], dahingehend ergänzen, daß "ästhetisch nackte Natur" in der Romantik *beides* unversöhnt zum Vorschein kommen läßt: *'Trieb- und Kontrollnatur'*![76]

Für die Literatur scheint mir dieser doppelte Entzauberungsprozeß deutlich: Einmal geht er, wie wir gesehen haben, über die *psychologische* Vermittlung (führt zur Triebnatur) - zum andern über die *ökonomische* Vermittlung (offenbart die Kontrollnatur). Der eine Aspekt ist an E.T.A. Hoffmanns 'Bergwerken zu Falun' nachzuvollziehen, der andere an Tiecks 'Der Alte vom Berge': Dort

---

74 O. M.: Transzendentaler Idealismus, a.a.O., S. 202.

75 O. M.: Transzendentaler Idealismus, a.a.O., S. 199.

76 Bei O. M. (Transzendentaler Idealismus) ist diese These schon angelegt, indem er konstatiert, daß der Entzauberungsprozeß ganz "allgemeiner Art" ist: "Denn das Resultat der betrachteten Bewegung ist ja dieses: die ästhetische Position ist keine Position der Wirklichkeit."(S. 198).

ist die 'Kontrollnatur' allgegenwärtig - andere Formen sind ausgegrenzt oder nurmehr zitiert. Der Mann der Zukunft auf dem Berge, der Pragmatiker Eduard, der die Gefahr der Ermächtigung des 'Andern der Vernunft' genau kennt, läßt sie darum besser ausgegrenzt:

> "Wir fühlen wohl, daß uns *die Vernunft nicht durchaus genügt* (...). Aber es mag *gefährlich* seyn, jene Regionen des Gefühls, der Anschauung und Ahndung zu Hülfe zu rufen. Sie wollen die Herrschaft führen und *entzweien sich leicht* mit der Vernunft, die *sie anfangs zu unterstützen scheinen*. Gelingt es ihnen, diese edle Vermittlerin, (...) zu unterdrücken und in Ketten zu schlagen, so erzeugt jeder edle Trieb einen Riesen als Sohn, der wieder den Himmel stürmen will (...) Darum, mein theurer, verehrter Freund, weil allenthalben um unser Leben her diese schwindelnden Abgründe liegen, *weil alle Wege von allen Richtungen her zu diesen führen*, - was bleibt uns übrig, als mit einem gewissen Leichtsinn (...) mit Heiterkeit, Scherz und Demuth dem Dasein und der Liebe (...) zu vertrauen (...), um so sicher und leicht unser Leben zu tragen, uns *der Arbeit* zu erfreun, und *im Wohlbehagen selbst* glücklich zu seyn(...)."[77]

Mit dem Scheitern ästhetischer 'Romantiknatur' - das wird dabei deutlich - geht auch eine Bastion gegen die verobjektivierte 'Kontrollnatur' verloren.

5. Bergbau und Kunst

Das 'innige Band' zwischen Bergbau und Romantik ist, wie in dieser Arbeit gezeigt wurde, wesentlich durch Kunst gestiftet. Bergbau und Kunst erscheinen in den literarischen Motiven in vielerlei Hinsicht eng verbunden:

Vor dem Hintergrund, daß der Weg der Philosophie zur Natur mit einer Wende zur Ästhetik einhergeht (VI, Kap. 4), ist es folgerichtig, daß die Kunst als Anwalt des Naturhaften erscheint. Sie präsentiert dabei nicht nur mit 'ästhetischer Vermeidungskraft' das Ausgegrenzte der Vernunft, sondern wird

---

77 AvB, Schr. 24, S. 213f/ Hervorhebung H.G. Der in den Ausführungen Eduards ebenfalls angesprochene religiöse Aspekt (Vertrauen in Liebe) sei hier ausgeklammert.

selbst zu ihrem Repräsentanten. Der Künstler steht in tiefem Einvernehmen mit den ausgegrenzten Regionen und verborgenen Strukturen und ist darin dem 'konstruierten' Bergmann verwandt - aber auch den Frauengestalten im Berg. Denn diese sind - das kommt zu ihrer bisherigen Deutung hinzu - auch als allegorisch mythologische Personifikationen der Poesie zu lesen.[78] Die hier mehrfach nachgewiesene 'Stationenfolge' der Bergbaumotive von der Offenbarung zur Ambivalenz (Pathologie) bis zur Ausgrenzung[79] gibt auch in diesem Kontext einen Sinn.

Der Bergbau als Chiffre für die Künstlerexistenz und Probleme der Kunst ist denn auch eine weitere große Entwicklungslinie (neben Trivialisierung, Ironisierung und Naturalismus)[80], die an der nachromantischen Verwendung des Motivs zu verfolgen ist. Sie führt - um nur einige Beispiele zu nennen[81] - über Hugo von Hofmannsthal ('Das Bergwerk zu Falun'), Georg Trakl ('Elis Gedichte'), Rainer Maria Rilke[82], Paul Celan[83] und Franz Kafka[84] bis hin zu

78 Vgl. Wilhelm Emrich: Urgeschichte, a.a.O., S. 36. Günter Oesterle hat in seiner Interpretation von Heines 'Tannhäuser' die Venusgestalt in den Kontext einer Auseinandersetzung mit der "verdrängte(n) Antike" gestellt. Vgl. G. Ö.: Heinrich Heines Tannhäusergedicht - eine erotische Legende aus Paris. Zur Entstehung eines neuen lyrischen Tons. In: Heinrich Heine und das neunzehnte Jahrhundert: Signaturen. Neue Beiträge zur Forschung. (=Literatur im historischen Prozeß NF 12) Hrsg. von Rolf Hosfeld. Berlin 1986, S. 27ff.

79 In der *Stadt*, in der Helbach weilt, ist Kunst völlig auf Vergnügen und Genuß reduziert, ähnlich jener 'Feierabendunterhaltung' der Kaufleute im 'Ofterdingen'. In der *Bergwelt* Balthasars im AvB ist ja jede Form von Kunst (Musik, Dichtung, Theater) untersagt, so daß Röschen mit Bedauern fragt: "...König und Obrigkeit lassen es doch zu, gelehrte Leute billigen es und schreiben und dichten die Sachen: kann es denn da wohl so gottlos seyn?" (AvB, Schr. 24, S. 161).

80 Vgl. VI, Kap. 1 dieser Arbeit.

81 Zu den französischen Symbolisten vgl. Werner Vordtriede: Novalis, a.a.O., S. 43ff.

82 Vgl. etwa die Gedichte 'Der Turm' und 'Orpheus. Eurydike. Hermes'. In: R. M. R.: Sämtliche Werke. Hrsg. vom Rilke Archiv in Verbindung mit Ruth Sieber-Rilke, besorgt durch Ernst Zinn. Bd. 1, Frankfurt/M. 1962, S. 532f und 542ff.

Günter Grass[85]. Sie führt zu den Autoren, die Max Messer wie folgt als 'mystische Künstler' charakterisiert:

> "Diese 'mystischen Künstler' richten ihr Auge nicht nach oben, in die himmelblauen Fernen der Zukunftsideale, sie schauen auch nicht um sich in das tägliche Leben der Realität, sondern sie graben in die Tiefe, sie bohren Schachte in jene dunklen, geheimnisvollen Tiefen, aus denen alles Lebendige entspringt. (...) Ihre unterirdische Arbeit schärft ihre Augen. Sie sehen und hören endlich wirklich mehr als der Mensch des Realen. Darf es uns wundern, wenn diese Künstler auch seltsam-eigene Formen wählen, um die Schätze, die sie fanden, uns, den Erdenkindern, die im hellen Licht der Wirklichkeit leben, überhaupt sichtbar zu machen."[86]

Schriftstellerische Arbeit als Graben /Untergraben "etablierte(r) Sinnsysteme() und Diskursformationen" - diese Vorstellung wurde, wie Karlheinz Stierle anhand der Maulwurfsmetaphorik zeigen konnte, im zwanzigsten Jahrhundert zum geläufigen Bild. Daß Künstler ihre Arbeit mit der von Bergleuten verglei-

---

83 Hinweise vor allem in der Untersuchung Klaus Voswinckels: Paul Celan: Verweigerte Poetisierung der Welt. Versuch einer Deutung. (=Poesie und Wissenschaft XXVI). Heidelberg 1974, bes. S. 36ff.

84 Vgl. vor allem die Erzählung 'Der Bau' und -allerdings nicht zum Kunstkontext - 'Ein Besuch im Bergwerk'. Beide in: F. K.: Sämtliche Erzählungen. Hrsg. von Paul Raabe. Frankfurt/M. 1981, S. 359ff bzw. S. 136f. Dazu vgl. die Ausführungen bei Karlheinz Stierle: Der Maulwurf, a.a.O., <Fassung 1982>, S. 134ff.

85 Vgl. das Schlußszenario im Bergwerk, in dem Brauxel's Vogelscheuchenfabrik liegt: 'Die hundertdritte und tiefunterste Materniade'(G.G.: Hundejahre <1963>. Danziger Trilogie 3. Darmstadt und Neuwied [15]1985, S. 450). Theodore Ziolkowski (Mines of the Soul, a.a.O., S. 389f) sieht darin "the ultimate inversion of Heinrich von Ofterdingen", "an absurd caricature of the mysterious old miner". Mir scheint dagegen, daß weniger die romantischen Bergbaumotive als vielmehr Dantes Höllenvision das Vorbild von Grass' karikierender Darstellung war.

86 M. M.: Drei Reiche der Kunst. Über Maurice Materlinck. <1899>. In: Die Wiener Moderne. Literatur, Kunst und Musik zwischen 1890 und 1910. Hrsg. von Gotthard Wunberg. Stuttgart 1981, S. 335. Die beiden anderen Möglichkeiten gegenwärtiger Kunst sind für M.M. die naturalistische und die idealistische Kunst. Hinweis auf die Textstelle bei Karlheinz Stierle: Maulwurf im Bildfeld, a.a.O, <Fassung 1982>, S. 132f.

chen, hat Tradition. Eher eine Beobachtung am Rande, für die Selbstverständlichkeit der Konnotation schon im 19. Jahrhundert gleichwohl signifikant, erscheint folgende Kuriosität: 1850 wurde in Stuttgart eine Künstlergesellschaft gegründet. Prominente Mitglieder waren Friedrich Wilhelm Hackländer, zeitweise Wilhelm Raabe und Ferdinand Freiligrath. Ihr Name: "Das Bergwerk"!

> "Das Bergwerk hatte ein seinem Namen entsprechendes Zeremoniell mit den dazu passenden Berufsbezeichnungen, sowie bei den Zusammenkünften eine Bergknappentracht. An der Spitze stand der Bergmeister, lange der Begründer Hackländer, unter ihm der Schichtmeister, die Ober- und Untersteiger und endlich die Knappen. Wer in die Gesellschaft eintreten wollte, war zunächst Tagewerksjunge; hatte er als solcher eine (...) entsprechene Probeleistung, sein Probegeding, abgelegt, so rückte er zum Knappschaftsjungen, dann zum Knappen auf (...). Die Sitzungen selbst hießen 'Schicht', die darüber geführten Protokolle 'Halde', die regelmäßig dargebotenen Leistungen (...) 'Erzstufen', ihre Anerkennung erfolgte durch 'Behämmerung' mit einem kleinen Holzhammer (...)."[87]

Was aus diesem Beispiel ebenso spricht, wie aus der Übernahme der Bergbaumotive in die Moderne, ist eine strukturelle Affinität zwischen künstlerischer und bergbaulicher Arbeit. Sie ist begründet in der *Affinität - oder sogar Analogie - der Erkenntnisstruktur* zwischen Kunst und Bergbau. Es gibt eine Verwandtschaft im Verhältnis zu den Dingen und zur 'oberflächlichen Realität' jenseits konkreter Inhalte. Sie beinhaltet eine Stellung gegenüber der Gesellschaft, die besondere Erkenntnisse möglich macht, die zur Kritik und zu Utopieentwürfen führen. Bergbaumotive thematisieren in je verschiedenen Kontexten immer auch diese Erkenntnismöglichkeit, thematisieren Erkenntnis selbst. Der 'schöne Bergbau' ist so gesehen nicht nur ästhetisch Sekuritätsposition gegen Naturmacht und Naturbeherrschung, sondern er enthält auch ein (alternatives) Erkenntnismodell. Das Modell einer Subjekt-Objekt Beziehung, die nicht Einver-

---

87 Karl Fricker: Wilhelm Raabes Stuttgarter Jahre im Spiegel seiner Dichtung. (=Veröffentlichung des Archivs der Stadt Stuttgart Heft 6). Stuttgart 1939, S. 21f und vgl. Jochen Meyer (Bearb.): Hie Welf! Hie Waiblingen! Wilhelm Raabe in Stuttgart 1862-1870. Marbacher Magazin. Bd. 20. 1981, S. 20ff.

leibung des Objekts, sondern "Erkenntnis als Teilnahme am Erkennenden"[88], als Sympathie, intendiert.

Nebenbei sei angemerkt, daß in der Aktualisierung dieses Erkenntnismodells derzeit Alternativen zum 'Kontroll- und Herrschaftswissen' zweckrationalen Denkens gesucht werden. Vorstellungen einer 'sanften Technologie', ebenso wie der Versuch der Etablierung eines anderen Naturbegriffs[89] stehen in vielfacher Hinsicht in der Tradition romantischer Entwürfe. Es sind Modelle eines kommunikativen Naturumgangs, eines 'Friedens mit der Natur'[90] - eines Umgangs, der Natur "statt als Gegenstand möglicher technischer Verfügung (...) als Gegenspieler einer möglichen Interaktion" sieht.[91]

Wenn, wie gezeigt, in den Bergbaumotiven übergreifend über das reichhaltige Symbolreservoir und das im einzelnen ausgewiesene Kontextgefüge die Frage der Erkenntnis steht, gilt es, sich das wie und was solcher Erkenntnis zu verge-

---

88 Gernot und Hartmut Böhme: Das Andere der Vernunft, a.a.O., S. 278f.

89 Vgl. etwa Gernot Böhme: Die Frage nach einem neuen Naturverständnis. In: Soziale Naturwissenschaft. Wege zu einer Erweiterung der Ökologie. Hrsg. von G.B. und Engelbert Schramm. Frankfurt/M. 1985, S. 123-140.

90 Vgl. den gleichnamigen Band hrsg. von Klaus M. Meyer-Abich. Freiburg/ Basel/ Wien 1979.

91 So referiert Jürgen Habermas die Position Herbert Marcuses. (Technik und Wissenschaft als 'Ideologie' <1968>. Frankfurt/M. [10]1979, S. 57. Über die Tragfähigkeit solcher Modelle kann hier nicht entschieden werden. Es sei allerdings für die gegenwärtige Diskussion auf die Kritik von J. H. an Marcuses Idee einer 'Neuen Technik' hingewiesen. J. H. hat gezeigt, daß die Struktur des wissenschaftlich-technischen Fortschritts erhalten bliebe, nur die dirigierenden Werte sich ändern würden: "Die Alternative zur bestehenden Technik (...) bezieht sich auf eine alternative Handlungsstruktur: auf symbolisch vermittelte Interaktion im Unterschied zum zweckrationalen Handeln. Das heißt aber, daß beide Entwürfe Projektionen der Arbeit und der Sprache sind, Projekte der Menschengattung *insgesamt* und nicht (...) einer überholbaren Situation. So wenig die Idee einer Neuen Technik trägt, so wenig läßt sich die einer Neuen Wissenschaft konsequent denken (...). Neue Werte würden in technisch lösbare Aufgaben übersetzt; das Neue wäre die *Richtung* dieses Fortschritts, aber der Maßstab der Rationalität selber bliebe unverändert."(Ebd., S. 57f).

genwärtigen. Als Erkenntnisfigur konnte in den Interpretationen die Anamnese identifiziert werden. Es ist der Weg der Erkenntnis in Vergangenheit und Tiefe. 'Tiefe' Erkenntnis zu erlangen - als Selbstvergewisserung und in Bezug auf Natur und Gesellschaft - ist das Ziel der in die Bergwerke Absteigenden.

Die Probleme, die sich dabei ergeben, hat Theodor W. Adorno am philosophischen Begriff der 'Tiefe' entwickelt[92]: Adorno hebt an dem Wunsch nach Tiefe den kritischen Impuls gegenüber der oberflächlichen Wirklichkeit hervor, beschreibt aber zugleich die Gefahr, einer fundamentalontologischen Vorspiegelung eines 'festen Bodens' zu erliegen, die etwas Urgründig-Wesenhaftes zu finden hofft.[93] Tiefe sei, richtig verstanden, nicht ein wie immer geartetes Ergebnis und weder in der Selbstversenkung des Subjekts[94] zu suchen, noch als 'Urgründiges' im Objekt:

> "Ich sage also, die Tiefe liegt im Verhältnis der Philosophie zu ihrem Objekt; wie tief nämlich der Gedanke von dem Objekt sich bewegen läßt. Nicht aber ist die Tiefe selbst ein zu erreichendes dinghaftes Objekt."[95]

Erkennen wir an diesem Problem nicht einen weiteren Grund für das Scheitern jener literarischer Helden, die bei ihrem Wunsch nach Bergung von Kristallisa-

---

92 Vgl. Adornos Vorlesungen zur Phil. Terminologie Nr. 11-15. In: Th. W. A.: Philosophische Terminologie. Zur Einleitung. Hrsg. von Rudolf zur Lippe. Bd. I. Frankfurt/M. [4]1982, S. 131ff.

93 Vgl ebd. S. 150: "Ich meine also, daß der Gedanke, auf eine Wahrheit zu drängen, die nicht sich erschöpft in dem Epiphänomen und dem Schein, der uns vorgegaukelt wird, indem er sich stillschweigend umsetzt in das Motiv des Glaubens an den sogenannten Ursprung, eine Art Verdinglichung dessen bewirkt, worauf es eigentlich geht."

94 Reine Selbstversenkung, so führt Adorno aus, gerate letztlich in einen "unendlichen Abgrund", in eine "Art von Tiefe als eine Spiegelung oder, wenn man es metaphysisch ausdrücken wollte, geradezu als die schlechte Unendlichkeit". Dies gelte für Kants Lehre des reinen, transzendentalen Subjekts *ebenso* wie für Ihren Gegenpol, die Freudsche Psychologie".(Ebd. S. 179f)

95 Ebd., S. 142 /Hervorhebungen H.G.

tionen, verfestigten Strukturen, Herzschriften usw. eben doch den 'tiefen Sinn' als etwas Dinghaftes nach Hause tragen möchten? Ihr Untergang wird folgerichtig immer dann besiegelt, wenn sie die Bewegung zwischen Innen und Außen, Oben und Unten, aufgeben und endgültig zugunsten einer Seite entscheiden wollen.

Dieses Subjekt-Objekt Problem besteht auch für die Kunst selbst, für die(se) Interpretation. Wenn Schreiben Bergmannsarbeit ist, dann erst recht Interpretieren. Es gilt die gleiche Dialektik:

> "Zur Erfahrung der Kunst gehört das Bewußtsein des ihr immanenten Antagonismus von Außen und Innen. (...) Wer nur *drinnen* ist, dem schlägt die Kunst nicht die Augen auf; wer nur *draußen* wäre, der fälscht durch Mangel an Affinität die Kunstwerke. Zu mehr als einem rhapsodischen Hin und Her zwischen den beiden Standpunkten jedoch wird Ästhetik, indem sie deren Ineinander an der Sache entwickelt."[96]

96 Th. W. Adorno: Ästhetische Theorie, a.a.O., S. 519f /Hervorhebungen H.G.

Literaturverzeichnis

1. Abgekürzt zitierte Nachschlagewerke und Zeitschriften

DBA	Deutsches Biographisches Archiv. Microfiche Edition. Hrsg. von Bernhard Fabian. München/ New York/ London/ Paris 1982
DtLitLex	Deutsches Literatur Lexikon von Wilhelm Kosch. Zweite vollständig neubearbeitete und erweiterte Auflage. Bd. 1-4. Bern 1949-58
DVjs	Deutsche Vierteljahrsschrift für Literaturwissenschaft und Geistesgeschichte. Stuttgart 1923ff.
GeschGb	Geschichtliche Grundbegriffe. Historisches Lexikon zur politisch-sozialen Sprache in Deutschland. Hrsg. von Otto Brunner, Werner Conze und Reinhard Kosellek. Stuttgart 1972ff
HbdtWiSogesch	Handbuch der deutschen Wirtschafts- und Sozialgeschichte. Hrsg. von Hermann Aubin und Wolfgang Zorn. Bde. 1.2. Stuttgart 1971-76.
HbPhilGb	Handbuch Philosophischer Grundbegriffe. Hrsg. von Hermann Krings, Hans Michael Baumgartner und Christoph Wild. Bd. 1-3. München 1973-74.
HistWbPhil	Historisches Wörterbuch der Philosophie. Hrsg. von Joachim Ritter und Karlfried Gründer. Darmstadt 1971ff.
HwbdtAg	Handwörterbuch des deutschen Aberglaubens. Hrsg. von Hanns Bächtold-Stäubli unter besonderer Mitwirkung von E. Hoffmann-Krayer u.a. Bd. 1-10. Berlin/Leipzig 1927-1942.
HwbSozwiss	Handwörterbuch der Sozialwissenschaften. Zugleich Neuauflage des Handwörterbuchs der Staatswissenschaften. Hrsg. von Erwin v. Beckerath u.a. Bd. 1-12. Stuttgart/ Tübingen/ Göttingen 1956-68.

HwbWiwiss	Handwörterbuch der Wirtschaftswissenschaften. Zugleich Neuauflage des Handwörterbuchs der Sozialwissenschaften. Hrsg. von Willi Albers u.a. Bd. 1-10. Stuttgart/ New York/ Tübingen/ Göttingen/ Zürich 1977-83.
LexMa	Lexikon des Mittelalters. Red. Liselotte Lutz u.a. München / Zürich 1980ff
WbSoz(Bernsdorf)	Wörterbuch der Soziologie. Hrsg. von Wilhelm Bernsdorf unter Mitarbeit von Horst Knospe. Stuttgart ^{2}1969.
WbSoz(Hartfiel)	Wörterbuch der Soziologie. Begründet von Günter Hartfiel. Neu bearbeitet von Karl Heinz Hillmann. Stuttgart ^{3}1983.

2. Quellen

Agricola, Georg: Vom Berg- und Hüttenwesen. Ausgabe nach dem lateinischen Orginal von 1556. Dtsch. Übersetzung von 1928. München ^{2}1980

anonym: Die Marienkrone zu Filisur. In: Fliegende Blätter. Nr. 3, 1845, S. 17-19

Arndt, Ernst Moritz: Reise durch Schweden im Jahre 1804. Bd. 1-4. Berlin 1806

Arnim, Achim von: Sämtliche Romane und Erzählungen. Hrsg. aufgrund der Erstdrucke von Walter Migge. Bd. 1-3. München 1962-65

Baudelaire, Charles: Les Fleurs du Mal. Die Blumen des Bosen <1861>. Ausgabe franz./dtsch. Übersetzung von Monika Fahrenbach-Wachendorff. Stuttgart 1980

Bauernfeld, Eduard: Dramatischer Nachlaß. Hrsg. von Ferdinand von Saar. Stuttgart 1893

Bergmann, Torbern Olaf: Grundriß des Mineralreiches, in einer Anordnung nach den nächsten Bestandtheilen der Körper. Aus dem Lateinischen mit einigen Zusätzen von D. J. Xaver Lippert. Wien 1787

Born, L.v. /Treba, F.W.H. v: Bergbaukunde. Bde. 1.2. Leipzig 1798

Brentano, Clemens: Werke. Hrsg. von Wolfgang Frühwald, Bernd Gajek und Friedhelm Kemp. Bd. 1-4. München 1963-68

Bulwer Lytton, Edward: Das Geschlecht der Zukunft <1871>. Leipzig 1907

Celan, Paul: Gesammelte Werke. Hrsg. von Beda Allemann und Stefan Reichert unter Mitwirkung von Rudolf Bücher. Bd. 1-5. Frankfurt/M. 1981

Dante, Alighieri: Die göttliche Komödie <1307-1321>. Vollständige Ausgabe. Aus dem Italienischen von Wilhelm G. Hertz. München ^{2}1982

Diderot, Denis: Erzählungen und Gespräche. Übersetzt von Katharina Scheinfuß. Mit einer Einführung von Victor Klemper. Leipzig ^{4}1984

Dingelstedt, Friedrich: Unter der Erde. Ein Denkmal für die Lebendigen. Bde. 1.2. Leipzig 1840

Eichendorff, Joseph von: Werke in sechs Bänden. Ausgabe Deutscher Klassiker Verlag. Hrsg. von Wolfgang Frühwald, Brigitte Schillbach und Hartwig Schultz. Frankfurt/M. 1985ff

Gatterer, D. Christian W. Jakob: Beschreibung des Harzes. Anleitung den Harz und andere Bergwerke mit Nutzen zu bereisen. 2 Teile in einem Band. Nürnberg 1792-93

Goethe, Johann Wolfgang von: Werke. Hrsg. im Auftrag der Großherzogin (Sophie) von Sachsen. Bd. 1-133. Weimar 1887-1919

Grass, Günter: Hundejahre <1963>. Danziger Trilogie 3. Darmstadt und Neuwied ^{15}1985

Haupt, Theodor: Bausteine zur Philosophie der Geschichte des Bergbaus. 4 Lieferungen in einem Band. Leipzig 1865-83

Hauptmann, Gerhart: Sämtliche Werke. Hrsg. von Hans Egon Hass. (=Centenar Ausgabe) Bd. 1-11. Frankfurt/M. /Berlin 1962-74

Hausmann, Joh.Friedrich Ludwig Reise durch Skandinavien in den Jahren 1806 und 1807. Bd. 1-5. Göttingen 1811-1818

Hebbel, Friedrich: Sämtliche Werke. Historisch-kritische Ausgabe. Besorgt von Richard Maria Werner. Bd. 1-24. Berlin 1901-07

Hebbel, Friedrich: Das erzählerische Werk. Hrsg. von Werner Keller und Karl Pörnbacher. München 1986

Hebel, Johann Peter: Sämtliche poetische Werke nebst einer Auswahl seiner Predigten, Aufsätze und Briefe. Hrsg. und eingeleitet von Ernst Keller. Bd. 1-6 in zwei Bde. Leipzig 1905

Heine, Heinrich: Historisch-kritische Gesamtausgabe der Werke. (=Düsseldorfer Ausgabe) Hrsg. von Manfred Windfuhr. Hamburg 1973ff

Herder, Johann Gottfried: Herders Sämmtliche Werke. Hrsg. von Bernhard Suphan. Bd. 1-33. Reprint der Ausgabe Berlin 1877-1913. Hildesheim 1967

Hoffmann, E.T.A.: Werke in Einzelbänden. Nach dem Text der Erstdrucke, unter Hinzuziehung der Ausgaben Carl Georg von Maassen und Georg Ellinger. Unter Mitwirkung von Walter Müller-Seidel, Friedrich Schnapp, Wolfgang Kron und Wulf Segebrecht. Bd. 1-4. Darmstadt 1985

Hofmannsthal, Hugo von: Gesammelte Werke in Einzelausgaben. Hrsg. von Herbert Steiner. Bd. 1-15. Stockholm/ Amsterdam/ Frankfurt/M. 1945-59

Holstein, Franz v.: Der Haideschacht. Oper in drei Akten. (=Breitkopf und Härtel's Text-Bibliothek Nr. 8) Leipzig o.J. (1868)

Kafka, Franz: Sämtliche Erzählungen. Hrsg. von Paul Raabe. Frankfurt/M. 1981

Kant, Imanuel: Kritik der Urteilskraft. (=Werkausgabe Bd. X) Hrsg. von Wilhelm Weischedel nach der Ausgabe ^{2}1793. Frankfurt/M. ^{4}1979

Kern, Johann Gottlieb: Bericht vom Bergbau. Academia Freibergensis. Bearbeitet von Julius Wilhelm v. Oppel. Leipzig 1772

Kleist, Heinrich v.: Werke. Kritisch durchgesehene und erläuterte Gesamtausgabe. Im Verein mit Georg Minde-Pouet und Reinhold Steig hrsg. von Erich Schmidt. Bd. 1-5. Leipzig und Wien 1904-06

Klingemann, Ernst August: Die Grube Dorothea. Ein Schauspiel in fünf Aufzügen <1814>. In: August Klingemanns dramatische Werke. Bd. 6, Wien 1820, S. 4-156

Körner, Theodor: Th. Körner's sämmtliche Werke. Einzig rechtmäßige Gesammtausgabe in einem Band. Hrsg. von Karl Streckfuß. Berlin/ Wien 1834

Lem, Stanislav: Eden. Roman einer außerirdischen Zivilisation <1974>. München ^{12}1985

Ludwig, Rudolf (Hrsg.): Die Gewinnung der Rohstoffe aus dem Innern der Erde, von der Erdoberfläche sowie aus dem Wasser. Leipzig /Berlin ^{5}1864

Mandeville, Bernhard: Die Bienenfabel oder Private Laster, Öffentliche Vorurteile <1714>. Frankfurt/M. 1968

Moritz, Karl Philipp (Hrsg.): Gnothi sauton oder Magazin der Erfahrungsseelenkunde als ein Lesebuch für Gelehrte und Ungelehrte <1783-93>. Bd. 1-10.: Reprint Lindau 1978

Moritz, Karl Philipp: Anton Reiser. Ein psychologischer Roman <1785>. Frankfurt/M, 1979

Müller, Adam: Vermischte Schriften über Staat, Philosophie und Kunst. Teile 1.2. Wien 1812

Musil, Robert: Grigia. (=Sanssouci Bücher achter Band) Potsdam 1923

Niavis, Paul (=Paul Schneevogel): Iudicium Iovis oder Gericht der Götter über den Bergbau <1475>. Ein literarisches Dokument aus der Frühzeit des deutschen Bergbaus. Dt. Übersetzung von Paul Krenkel. Berlin 1953

Novalis: Schriften. Die Werke Friedrich von Hardenbergs. Hrsg. von Paul Kluckhohn und Richard Samuel. Dritte, nach den Handschriften ergänzte, erweiterte und verbesserte Auflage in vier Bänden und einem Begleitband. (Bisher erschienen Bd. I-III, Bd. IV nach der Ausgabe 21975) Stuttgart 1977ff

Pröhle, Heinrich: Wie die Bergleute die Weber totgeschlagen haben <1846>. In: Die Weberrevolte 1844. Hrsg. von Lutz Kroneberg und Rolf Schloesser. Frankfurt/M. 1979, S. 521

Pückler-Muskau, Hermann von: Briefe eines Verstorbenen. Ein fragmentarisches Tagebuch aus Englande, Wales, Irland und Frankreich, geschrieben in den Jahren 1828 und 1829. Bde. 1.2. Berlin 1987

Richter, Jean Paul: Sämtliche Werke. Historisch-kritische Ausgabe. Hrsg. von E. v. Berend u.a. Weimar 1927ff

Rilke, Rainer Maria: Sämtliche Werke. Hrsg. vom Rilke Archiv. In Verbindung mit Ruth Sieber-Rilke besorgt durch Ernst Zinn. Bd. 1-6. Wiesbaden/ Frankfurt/M. 1955-66

Ritter, Johann Wilhelm: Fragmente aus dem Nachlasse eines jungen Physikers. Ein Taschenbuch für Freunde der Natur <1810>. Hrsg. von Steffen und Birgit Dietzsch. Leipzig / Weimar 1984

Rückert, Friedrich: Gesammelte poetische Werke in zwölf Bänden. Frankfurt/M. 1868-69

Schelling, Friedrich Wilh. J.: Schellings Werke. Nach der Orginalausgabe in neuer Anordnung hrsg. von Manfred Schröter. (=Münchner Jubiläumsdruck) Hauptbd. 1-6, Erg.bd. 1-6 u. ein Nachlaßbd. München 1927-59

Schiller, Friedrich: Schillers Werke. Auswahl in vier Bänden. Textkritisch hrsg. von Herbert Kraft und Dieter Schmidt. Frankfurt/M. 1966

Schubert, Gotthilf Heinrich: Ansichten von der Nachtseite der Naturwissenschaft. Dresden 1808

Steffens, Henrik: Was ich erlebte. Aus der Erinnerung niedergeschrieben. Bd. 1-10. Breslau 1840-44

Steffens, Henrik: Beyträge zur innern Naturgeschichte der Erde. Erster Teil. Freyberg 1801

Tieck, Ludwig: Schriften in zwölf Bänden.(= Ausgabe Dtsch. Klassiker Verlag) Hrsg. von Manfred Frank u.a. Frankfurt/M. 1985ff

Tieck, Ludwig: Schriften. Bd. 1-28. Reprint der Ausgabe Berlin 1828-54 Berlin 1966

Trakl, Georg: Dichtungen und Briefe. Historisch-kritische Ausgabe hrsg. von Walter Killy und Hans Szelenar. Bde. 1.2. Salzburg 1969

Wackenroder, Wilhelm Heinrich: Werke und Briefe. Hrsg. von Lambert Schneider. Berlin 1938

Wagner, Richard: Sämtliche Briefe. Hrsg. von Gertrud Strobel und Werner Wolf. Leipzig 1967

Wagner, Richard: Gesammelte Schriften. Hrsg. von Julius Kapp. Bde. 1-6. Leipzig o.J.

Wagner-Régeny, Rudolf: Das Bergwerk zu Falun von Hugo von Hofmannsthal. Opernfassung und Musik. Textbuch. Berlin/ Wiesbaden 1961

Werner, Zacharias: Martin Luther oder die Weihe der Kraft <1807>. Leipzig o.J.

Zola, Émile: Germinal <1885>. Aus dem Franz. von Johannes Schaf. München 1982

3. Sekundärliteratur

Adorno, Theodor W.: Philosophische Terminologie. Zur Einleitung. Bde. 1.2.: Frankfurt/M. 1973f.

Adorno, Theodor W.: Velbens Angriff auf die Kultur <1941>. In: Th. W. A.: Prismen. Kulturkritik und Gesellschaft. Frankfurt/M. 1969, S. 82-111

Adorno, Theodor W.: Stichworte.Kritische Modelle 2. Frankfurt/M. 1969

Adorno, Theodor W.: Warum ist die neue Kunst so schwer verständlich? In: Der Scheinwerfer. Blätter der städtischen Bühnen Essen. Hrsg. von Hannes Küpper. Heft 2, Jg. 5, 1931, S. 12-16

Adorno, Theodor W.: Ästhetische Theorie. Frankfurt/M. ^{5}1981

Adorno, Theodor W.: Negative Dialektik. Frankfurt/M. ^{2}1980

Adorno, Theodor W.: Philosophie der neuen Musik <1948>. Frankfurt/M. 1969

Adorno, Theodor W.: Über Walter Benjamin. Hrsg. von Rolf Tiedemann. Frankfurt/M. 1970

Alewyn, Richard: Die literarische Angst. In: Aspekte der Angst. Starnberger Gespräche 1964. Hrsg. von Hoimar von Ditfurth. Stuttgart 1965, S. 24-37

Alewyn, Richard: Die Lust an der Angst. In: R.A: Probleme und Gestalten. Essays. Frankfurt/M. 1974, S. 307-330

Altenhofer, Norbert: Harzreise in die Zeit. Zum Funktionszusammenhang von Traum, Witz und Zensur in Heines früher Prosa. (=Schriften der Heinrich-Heine Gesellschaft 5) Düsseldorf 1972

Altenhofer, Norbert: Die exilierte Natur. Kulturtheoretische Reflexionen im Werk Heines. In: Naturplan und Verfallskritik. Zu Begriff und Geschichte der Kultur. Hrsg. von Helmut Brackert und Fritz Wefelmeyer. Frankfurt/M. 1984, S. 180-211

anonym: Ueber die Beschäftigung der Kinder in den englischen Fabriken und Bergwerken. Nach den Berichten der auf königlichen Befehl zu Untersuchung der Sachlage zusammengestellten Commission. In: Illustrirte Zeitung. Bd. 3, Juli-December 1844, S. 218-221 und 250-251

Ariès, Philipp: Geschichte der Kindheit. Mit einem Vorwort von Hartmut von Hentig. München 1978

Arnold, Paul Joh.: Tiecks Novellenbegriff. In: Euphorion. Bd. 23, 1921, S. 258-127

Auhuber, Friedhelm: E.T.A. Hoffmanns produktive Rezeption der zeitgenössischen Medizin und Psychologie. In: Mitteilungen der E.T.A. Hoffmann-Gesellschaft. Heft 32, 1986, S. 89-100.

Bachelard, Gaston: Poetik des Raumes. Frankfurt/M. /Berlin /Wien 1975

Bachmann, Hans Gert: Abraham Gottlob Werner und sein Schüler Novalis. In: Der Anschnitt. Heft 5, Jg. 8, 1956, S. 13-15

Badinter, Elisabeth: Die Mutterliebe. Geschichte eines Gefühls vom 17. Jahrhundert bis heute. Zürich /München ^{2}1982

Baeumler, Alfred: Das mythische Weltalter <1926>. München 1965

Bänsch, Dieter (Hrsg.): Zur Modernität der Romantik. (=Literaturwissenschaft und Sozialwissenschaft 8) Stuttgart 1977

Bataille, Georges: Die Aufhebung der Ökonomie. In: G. B.:Das theoretische Werk. Hrsg. von Gerd Bergfleth unter Mitwirkung von Axel Matthes. Bd. 1. München 1975

Bausinger, Hermann: Arbeit und Freizeit. In: Funkkolleg Geschichte. Studienbegleitbrief 2. Weinheim/ Basel 1979, S. 43-86

Bax, Karl: Der deutsche Bergmann im Wandel der Geschichte, seine Stellung in der Gegenwart und die Frage seines Berufsnachwuchses. Berlin ^{2}1941

Beck, Hanno: Alexander von Humboldt als Bergmann. In: Der Anschnitt. Heft 4, Jg. 8, 1956, S. 7-9

Beck, Hans Joachim: Friedrich von Hardenbergs 'Oeconomie des Styls'. Die 'Wilhelm Meister' Rezeption im 'Heinrich von Ofterdingen'. Bonn 1976

Beck, Karl: E.T.A. Hoffmanns Erzählung: 'Die Bergwerke zu Falun'. In: Freiberger Forschungshefte. Reihe D 11, 1955, S. 264-272

Benjamin, Walter: J. P. Hebel. Ein Bilderrätsel zum 100. Todestage des Dichters <1926>. In: Gesammelte Schriften. Hrsg. von Rolf Tiedemann und Hermann Schweppenhäuser. Bd. II.1, Frankfurt/M. 1977, S. 280-283

Benjamin, Walter: Der Erzähler. Betrachtungen zum Werk Nikolai Lesskows <1936>. In: W.B.: Über Literatur. Frankfurt/M. 1975, S. 33-61

Benjamin, Walter: Der Begriff der Kunstkritik in der deutschen Romantik <1919>. Frankfurt/M. ^{2}1978

Benjamin, Walter: Charles Baudelaire. Ein Lyriker im Zeitalter des Hochkapitalismus. Zwei Fragmente. Hrsg. und mit einem Nachwort versehen von Rolf Tiedemann. Frankfurt/M. 1969

Bennholdt-Thomsen, Anke / Guzzoni, Alfred: Der Irrenhausbesuch. Ein Topos in der Literatur um 1800. In: Aurora. Jahrbuch der Eichendorff-Gesellschaft. Bd. 42, 1982, S. 82-110

Bergakademie Freiberg. Festschrift zu ihrer Zweihundertjahrfeier am 13. November 1965. Hrsg. von Rektor und Senat der Bergakademie. Bde. 1.2. Freiberg 1965

Bergfleth, Gerd: Theorie der Verschwendung. In: Bataille, Georges: Das theoretische Werk. Bd. 1. München 1975, S. 289-406

Berthold, Werner: Das Phänomen der Entfremdung bei E.T.A. Hoffmann. Diss. Leipzig 1953

Beyrer, Klaus: Die Postkutschenreise. (=Untersuchungen des Ludwig-Uhland Instituts der Universität Tübingen Bd. 66) Tübingen 1985

Beyrer, Klaus : Ab geht die Post! Zur Reisekultur der Kutschenzeit. In: Stuttgarter Zeitung vom 9.8.1986, (Sonntagsbeilage) S. 50

Biedermann, Flodoard Frh. v. (Hrsg.): Goethes Gespräche. Leipzig ^{2}1909-1911

Binder, Wolfgang: "Genuss" in Dichtung und Philosophie des 17. und 18. Jahrhunderts. In: Archiv für Begriffsgeschichte. Bd. XVII, 1973, S. 66-92

Bloch, Ernst: Hebel, Gotthelf und bäurisches Tao <1926>. In: Gesamtausgabe der Werke. Bd. 9, Frankfurt/M. 1965, S. 365-384

Bloch, Ernst: Das Prinzip Hoffnung <1959>. Bde. 1-3. Frankfurt/M. ^{5}1978

Bloch, Ernst: Spuren <1969>. Frankfurt/M. 1983

Blumenberg, Hans: Licht als Metapher der Wahrheit. Im Vorfeld der philosophischen Begriffsbildung. In: Studium Generale. Heft 7, Jg. 10, 1957, S. 432-447

Blumenberg, Hans: Das dritte Höhlengleichnis. (=Edizioni di "Filosofia") Turin 1961

Blumenberg, Hans: Die Lesbarkeit der Welt. Ausgabe nach der zweiten, durchgesehenen Auflage. Frankfurt/M. 1986

Blumenberg, Hans: Licht als Metapher der Wahrheit. Im Vorfeld der philosophischen Begriffsbildung. In: Studium Generale. Heft 7, Jg. 10, 1957, S. 432-447

Boerlin-Brodbeck, Yvonne (Bearb.): Caspar Wolf 1735-1783. Landschaft im Vorfeld der Romantik. Katalog Kunstmuseum Basel. Basel 1980

Böhme, Gernot: Die Frage nach einem neuen Naturverständnis. In: Soziale Naturwissenschaft. Wege zu einer Erweiterung der Ökologie. Hrsg. von G. B./ Engelbert Schramm. Frankfurt/M. 1985, S. 123-140

Böhme, Gernot/ Grebe, Joachim: Soziale Naturwissenschaft - Über die wissenschaftliche Bearbeitung des Stoffwechsels Mensch-Natur. In: Soziale Naturwissenschaft. Wege zu einer Erweiterung der Ökologie. Hrsg. von G. B./ Engelbert Schramm. Frankfurt/M. 1985, S. 19-41

Böhme, Hartmut: Montan-Bau und Berg-Geheimnis. Zum Verhältnis von Bergbauwissenschaft und hermetischer Naturästhetik bei Novalis. In: kultuRRevolution. Zeitschrift für angewandte diskurstheorie. Hrsg. Von Jürgen Link und Ulla Link-Heer. Heft 12, Juni 1986, S. 39-44

Böhme, Hartmut: Romantiksche Adoleszenzkrisen. Zur Psychodynamik der Venuskult-Novellen von Tieck, Eichendorff und E.T.A. Hoffmann. In: Literatur und Psychoanalyse. Hrsg. von Klaus Bohnen und Sven-Aage Joergensen. Kopenhagen/ München 1981, S. 133-176

Böhme, Hartmut und Gernot: Das Andere der Vernunft. Zur Entwicklung von Rationalitätsstrukturen am Beispiels Kants. Frankfurt/M. 1985

Bohnen, Klaus / Joergensen, Sven-Aage (Hrsg.): Literatur und Psychoanalyse. (=Text & Kontext Sonderreihe Bd. 10) Kopenhagener Kolloquien zur deutschen Literatur Bd. 3. Kopenhagen / München 1981

Bohrer, Karl Heinz: Die Modernität der Romantik. Zur Tradition ihrer Verhinderung. In: Merkur. Heft 3, Jg. 42, 1988, S. 179-198

Boldt, Gerhard: Die Einwirkungen der industriellen Revolution auf das Bergarbeitsrecht in Deutschland. In: Der Anschnitt. Heft 2/3, Jg. 29, 1977, S. 88-101

Bollnow, Otto Friedrich: Der 'Weg nach innen'bei Novalis <1942>. In: O. F. B.: Unruhe und Geborgenheit im Weltbild neuerer Dichter. Stuttgart 1953, S. 178-206

Bolz, Norbert W.: Die Öffnung der Geschichte. Zur Subjekt-Objekt-Beziehung in der Frühromantik. In: Romantische Utopie - Utopische Romantik. Hrsg. von Gisela Dischner und Richard Faber. Hildesheim 1979, S. 119-134

Bongs, Rolf: Novalis: Bergmannsleben. In: Der Anschnitt. Heft 1, Jg. 5, 1953, S. 4-5

Bongs, Rolf: Der Bergbau im Wort der Dichter. In: Der Anschnitt. Heft 1, Jg. 4, 1952, S. 6-7

Bongs, Rolf: Hugo von Hofmannsthal: Das Bergwerk von Falun. In: Der Anschnitt. Heft 6, Jg. 4, 1952, S. 7-9

Brecht, Walther: Über Hugo von Hofmannsthals 'Das Bergwerk zu Falun'. In: Corona. Heft 2, Jg. 3, 1932, S. 210-235

Bredekamp, Horst: Die Erde als Lebewesen. In: Kritische Berichte. Heft 4/5, Jg. 9, 1981, S. 5-37

Brinkler-Gabler, Gisela: Wissenschaftlich-poetische Mittelalterrezeption in der Romantik. In: Romantik. Ein literaturwissenschaftliches Studienbuch. Hrsg. von Ernst Ribbat. Königstein/Ts. 1979, S. 80-97

Brinkmann, Richard (Hrsg.): Romantik in Deutschland. Stuttgart 1978

Bürger, Christa: Der blonde Eckbert. Tiecks romantischer Antikapitalismus. In: Literatursoziologie II. Beiträge zur Praxis. Hrsg. von Joachim Bark. Stuttgart u.a. 1974, S. 139-158

Calhoon, Kenneth S.: Language and Romantik irony in Novalis' *Die Lehrlinge zu Sais*. In: The Germanic Review. Vol. LVI, 1981, S. 51-61

Cardinal, Roger: Werner, Novalis and the signature of stones. In: Deutung und Bedeutung. Studies in German and comparative literature. Hrsg. von Brigitte Schludermann u.a., Paris 1973, S. 118-133

Cohn, Alfons Fedor: Ludwig Tiecks Reise nach London und Paris im Jahre 1817. Aus Wilhelm von Burgdorffs Tagebüchern. In: Zeitschrift für Bücherfreunde. Jg. 1.2, 1910, S. 343-364

Cronin, John D. Die Gestalt der Geliebten in den poetischen Werken E.T.A. Hoffmanns. Diss. Bonn 1967

Daemmrich, Horst S. und Ingrid: Wiederholte Spiegelungen. Themen und Motive in der Literatur. Bern/ München 1978

Depenbrock, Gerd :Gründung der ersten Aktiengesellschaft in Schweden. Zeitzeichen. Stichtag 16. Juni 1288. Masch. Manuskript. Westdeutscher Rundfunk. Köln 1983

Dischner, Gisela: Gedankenspiele zum orphischen Narzißmus. In: Romantische Utopie. Utopische Romantik. Hrsg. von G.D. und Richard Faber. Hildesheim 1979, S. 270-300

Donat, Walter: Die Landschaft bei Tieck und ihre historischen Voraussetzungen. (=Deutsche Forschungen Heft 14) Frankfurt/M. 1925

Doppler, Alfred: Der Abgrund. Studien zur Bedeutungsgeschichte eines Motivs. Graz/ Wien/ Köln 1968

Duerr, Hans Peter: Sedna oder Die Liebe zum Leben. Frankfurt/M. 1984

Duerr, Hans Peter : Traumzeit. Über die Grenze zwischen Wildnis und Zivilisation. Frankfurt/M. 1985

Dürler, Josef: Die Bedeutung des Bergbaus bei Goethe und in der deutschen Romantik. (=Wege zur Dichtung 24) Frauenfeld/ Leipzig 1936

Eisenbeiss, Ulrich: Das Idyllische in der Novelle der Biedermeierzeit. (=Studien zur Poetik und Geschichte der Literatur Bd. 36) Stuttgart 1973

Eliade, Mircea: Mythen, Träume und Mysterien. (=Reihe Wort und Antwort Bd. 25) Salzburg 1961

Eliade, Mircea: Schmiede und Alchemisten. Stuttgart ^{2}1980

Elias, Norbert: Über den Prozeß der Zivilisation. Sozialgenetische und psychogenetische Untersuchungen <1936>. Bde. 1.2. Frankfurt/M. ^{6}1978

Elrado, Ronald: The maw as infernal medium in 'Ritter Gluck' and 'Die Bergwerke zu Falun'. In: New German Studies. Vol. 9, 1981, S. 29-49

Emrich, Wilhelm: Begriff und Symbolik der 'Urgeschichte' in der romantischen Dichtung <1942>. In: W.E.: Protest und Verheißung. Frankfurt/M. 1960, S. 25-47

Endrulat, Helmut: Ludwig Tiecks Altersnovellistik und das Problem der ästhetischen Subjektivität. Diss. Münster 1957

Engelhardt, Dietrich v.: Romantik - im Spannungsfeld von Naturgefühl, Naturwissenschaft und Naturphilosophie. In: Romantik in Deutschland. Hrsg. von Richard Brinkmann. Stuttgart 1978, S. 167-174

Engels, Friedrich: Die Lage der arbeitenden Klassen in England. Stuttgart ^{2}1892

Faber du Faur, Curt von: Der Abstieg in den Berg. Zu Hofmannsthals 'Bergwerk zu Falun'. In: Monatshefte für den Deutschunterricht. Nr. 43, 1951, S. 1-14

Faber, Richard: Die Phantasie an die Macht. (=Texte Metzler 12) Stuttgart 1970

Feldges, Brigitte / Stadler, Ulrich: E.T.A. Hoffmann: Epoche - Werk- Wirkung. München 1986

Field, Jean Clark: Das Wunderbare bei Ludwig Tieck. Diss. Zürich 1939

Fischer, Elfriede: Zeiteinflüsse auf Tiecks Novellen. Diss. Wien 1948

Fischer, Karl-Heinz: Wertform und Dichtung. Grundzüge einer ideologiekritischen Literaturtheorie erläutert an Texten von Novalis. (=Europäische Hochschulschriften I, Bd. 482) Bern/ Frankfurt/M. 1982

Fischer, Wolfram: Wirtschaft und Gesellschaft im Zeitalter der Industrialisierung. Aufsätze-Studien-Vorträge. Göttingen 1972

Foucault, Michel: Überwachen und Strafen. Die Geburt des Gefängnisses. Frankfurt/M. 1977

Foucault, Michel: Die Ordnung der Dinge. Eine Archäologie der Humanwissenschaften. Frankfurt/M. [3]1980

Frank, Manfred: Eine Einführung in Schellings Philosophie. Frankfurt/M. 1985

Frank, Manfred: Die unendliche Fahrt. Ein Motiv und sein Text. Frankfurt/M. 1979

Frank, Manfred: Steinherz und Geldseele. Ein Symbol im Kontext. In: Das kalte Herz. Texte der Romantik. Ausgewählt und interpretiert von M.F. Durchgesehene und erweiterte Ausgabe Frankfurt/M. [2]1981, S. 253-387

Frank, Manfred: Das Motiv des 'kalten Herzens' in der romantisch-symbolistischen Dichtung. In: Euphorion. Bd. 71, 1977, S. 383-405

Frenzel, Elisabeth: Motive der Weltliteratur. Stuttgart [2]1980

Frenzel, Elisabeth: Stoff-, Motiv- und Symbolforschung. Stuttgart 1963

Frenzel, Elisabeth: Stoffe der Weltliteratur. Ein Lexikon dichtungsgeschichtlicher Längsschnitte. Stuttgart [5]1981

Freud, Sigmund: Studienausgabe. Hrsg. von Alexander Mitscherlich, Angela Richards und James Strachey. (verschied. Aufl.) Frankfurt/M. 1969ff

Freud, Sigmund: Werkausgabe in zwei Bänden. Hrsg. von Anna Freud und Ilse Grubrich-Simitis. Bde. 1.2. Frankfurt/M. 1978

Fricker, Karl: Wilhelm Raabes Stuttgarter Jahre im Spiegel seiner Dichtung. (=Veröff. des Archivs der Stadt Stuttgart 6) Stuttgart 1939

Friedmann, Georg: Die Bearbeitungen der Geschichte von dem Bergmann von Fahlun. Diss. Berlin 1887

Fritz, Horst : Instrumentelle Vernunft als Gegenstand von Literatur. Studie zu Jean Pauls 'Dr. Katzenberger', E.T.A. Hoffmanns 'Klein Zaches, Goethes 'Novelle' und Thomas Manns 'Zauberberg'. (=Literaturgeschichte und Literaturkritik Bd. 4) München 1982

Fühmann, Franz: Fräulein Veronika Paulmann aus der Pirnaer Vorstadt oder Etwas über das Schauerliche bei E.T.A. Hoffmann. München 1984

Gaier, Ulrich: Krumme Regel. Novalis' Konstruktionslehre des schaffenden Geistes' und ihre Tradition. Tübingen 1970

Gallant, Christel: Der Raum in Novalis' dichterischem Werk. (=Europäische Hochschulschriften I, Bd. 233) Bern/ Frankfurt/M./ Las Vegas 1978

Gneuss, Christian: Der späte Tieck als Zeitkritiker <1948>. (=Literatur in der Gesellschaft Bd. 4) Düsseldorf 1971

Gold, Helmut: 'Menschen sind Maschinen der Engel'. Die Automate. In: Literatur im Industriezeitalter. (=Marbacher Kataloge 42) Hrsg. von Ulrich Ott. Bd. I. Marbach/N. 1987, S. 13-42

Göttner-Abendroth, Heide: Die Göttin und ihr Heros. Die matriarchalen Religionen in Mythos, Märchen und Dichtung. München 1980

Grahl-Möegelin, Walter: Die Lieblingsbilder im Stil E.T.A. Hoffmanns. Diss. Greifswald 1914

Grassl, Anton: Die Romantik, ein Gegenpol der Technik. Geschichtsphilosophische und kulturgeschichtliche Betrachtungen einer Kulturbewegung. Bonn 1954

Grieb, Wolfgang: Reiseliteratur im späten 18. Jahrhundert. In: Hansers Sozialgeschichte der deutschen Literatur vom 16. Jahrhundert bis zur Gegenwart. Hrsg. von Rolf Grimminger. Bd. 3. München 1980, S. 739-764

Grob, Hans Peter: Puppen, Engel, Enthusiasten. Die Frauen und die Helden im Werke E.T.A. Hoffmanns. (=Europäische Hochschulschriften I. Bd. 779) Bern/ Frankfurt/M./ New York 1984

Grossert, Niels Axel: Versuch einer Anwendung von tiefenpsychologischen Kategorien bei einer Analyse der Werke Hugo von Hofmannsthals. Bemerkungen zu *Das Bergwerk zu Falun* und *Die Frau ohne Schatten*. In: Literatur und Psychoanalyse. Hrsg von Klaus Bohnen und Sven-Aage Joergensen. Kopenhagen / München 1981, S. 67-111

Gundolf, Friedrich: Ludwig Tieck <1929>. In: Ludwig Tieck. Hrsg. von Wulf Segebrecht. Darmstadt 1976, S. 191-265

Günzel, Klaus: E.T.A. Hoffmann. Leben und Werk in Briefen, Selbstzeugnissen und Zeitdokumenten. Düsseldorf 1979

Habermas, Jürgen: Soziologische Notizen zum Verhältnis von Arbeit und Freizeit. In: Konkrete Vernunft. Festschrift für Erich Rothacker. Hrsg. von Gerhard Funke. Bonn 1958, S. 219-232.

Habermas, Jürgen: Technik und Wissenschaft als 'Ideologie'. Frankfurt/M. ^{10}1979

Habermas, Jürgen: Theorie des kommunikativen Handelns. Bde. 1.2. Frankfurt/M. 1981

Hamburger, Käte: Das Bergwerk von Falun <1959>. In: K.H.: Kleine Schriften. (=Stuttgarter Arbeiten zur Germanistik Nr. 25). Stuttgart 1976, S. 175-180

Hanisch, Ernst: Der 'vormoderne' Antikapitalismus der politischen Romantik. Das Beispiel Adam Müller. In: Romantik in Deutschland. Hrsg. von Richard Brinkmann. Stuttgart 1978, S. 132-145

Haufe, Eberhard: Die Aufhebung der Zeit im 'Heinrich von Ofterdingen' <1957>. In: Gestaltung und Umgestaltung. Festschrift zum 75. Geburtstag von Hermann August Korff. Hrsg. von Joachim Müller. Leipzig 1957, S. 178-188

Hausen, Karin: Die Polarisierung der 'Geschlechtscharaktere'. Eine Spiegelung der Dissoziation von Erwerbs- und Familienleben. In: Sozialgeschichte der Familie in der Neuzeit. Hrsg. von Werner Conze. Stuttgart 1976, S. 363-393

Hayes, Charles N.: Phantasie und Wirklichkeit im Werke E.T.A. Hoffmanns. In: Klaus Peter/ Dirk Grathoff/ C. N. H./ Gerhard Loose: Ideologiekritische Studien zur Literatur. Essays I. Frankfurt/M. 1972, S. 169-214

Haym, Rudolf: Die romantische Schule. Ein Beitrag zur Geschichte des deutschen Geistes. Berlin 1870

Heftrich, Eckhard: Novalis. Vom Logos der Poesie. Frankfurt/M. 1969

Hegener, Johannes: Die Poetisierung der Wissenschaften bei Novalis. (=Abhandlungen zur Kunst- Musik- und Literaturwissenschaft Bd. 170) Bonn 1975

Heilfurth, Gerhard: Das Montanwesen als Wegbereiter im sozialen und kulturellen Aufbau der Industriegesellschaft Mitteleuropas. (=Leobener grüne Hefte 140) Wien 1972

Heilfurth, Gerhard: Der Bergbau und seine Kultur. Eine Welt zwischen Dunkel und Licht Zürich 1981

Heilfurth, Gerhard: Das Bergmannslied. Eigenbesitz einer Berufsgemeinschaft. In: Der Anschnitt. Heft 3, Jg. 6, 1954, S. 9-17

Heilfurth, Gerhard: Bergbau und Bergmann in der deutschsprachigen Sagenüberlieferung Mitteleuropas. Bd. I: Quellen. Marburg 1967

Heilfurth, Gerhard: Bergbau und industrielle Revolution-soziokulturelle Ausgangspositionen und Auswirkungen. Einleitende Bemerkungen und Überlegungen. In: Der Anschnitt. Heft 2/3, Jg. 29, 1977, S. 34-47

Heine, Roland: Transzendentalpoesie. Studien zu Friedrich Schlegel, Novalis und E.T.A. Hoffmann. Bonn [2]1985

Heiner, Hans-Joachim: Das goldene Zeitalter in der deutschen Romantik. Zur sozialpsychologischen Funktion eines Topos <1972>. In: Romantikforschung seit 1945. Hrsg. von Klaus Peter. Königsstein/Ts. 1980, S. 280-303

Heinichen, Jürgen: Das späte Novellenwerk Ludwig Tiecks. Eine Untersuchung seiner Erzählweise. Diss. Heidelberg 1963

Heinisch, Klaus Joachim: Deutsche Romantik Interpretationen. Paderborn 1966

Heller, Joseph Elias: Solgers Philosophie der ironischen Dialektik. Ein Beitrag zur Geschichte der romantischen und spekulativ-idealistischen Philosophie. Diss. Berlin 1928

Hellge, Rosemarie: Motive und Motivstrukturen bei Ludwig Tieck. (=Göppinger Arbeiten zur Germanistik Nr. 123) Göppingen 1974

Henning, Friedrich Wilhelm: Die Industrialisierung in Deutschland 1800-1914. Paderborn [5]1984

Heukenkamp, Ursula: Die Wiederentdeckung des 'Wegs nach innen'. Über die Ursachen der Novalis-Renaissance in der gegenwärtigen bürgerlichen Literaturwissenschaft. In: Weimarer Beiträge. Heft 12, Jg. 19, 1973, S. 105-128

Heydenreich, Eduard: Geschichte und Poesie des Freiberger Berg- und Hüttenwesens. Freiberg 1892

Hienger, Jörg: Romantik und Realismus im Spätwerk Ludwig Tiecks. Diss. Köln 1955

Himmel, Hellmuth: Geschichte der deutschen Novelle. Bern /München 1963

Hirschvogel, Josef: Der Alte vom Berge von Bauernfeld verglichen mit Tiecks gleichnamiger Novelle. Diss. (hs.) Wien 1904

Hoffmann, Henriette: Eine Untersuchung über Kapital, Industrie und Maschine von Goethe bis Immermann. Diss. Wien 1942

Hoffmann, Josef: Der ewige Bergmann. Bd. 1.2. Rheinhausen 1958

Hoffmann, Walter: Bergakademie Freiberg. Freiberg und sein Bergbau. Die sächsische Bergakademie. (=Mitteldt. Hochschulen Bd. 7) Frankfurt/M. 1957

Holtei, Karl von (Hrsg.): Briefe an Ludwig Tieck. Bde. 1-4. Breslau 1864

Holzhausen, Walter: Die Blütezeit bergmännischer Kunst. In: Der Bergbau in der Kunst <1958>. Hrsg. von Heinrich Winkelmann. Essen ^{2}1971, S. 113-243

Hörisch, Jochen: "Übergang zum Endlichen". Zur Modernität des 'Heinrich von Ofterdingen'. Nachwort zu der vom Autor herausgegebenen 'Heinrich von Ofterdingen' - Ausgabe. Frankfurt/M. 1982, S. 221-242

Hörisch, Jochen: Herrscherwort, Geld und geltende Sätze. Adornos Aktualisierung der Frühromantik und ihre Affinität zur poststrukturalistischen Kritik des Subjekts. In: Materialien zur ästhetischen Theorie Th. W. Adornos Konstruktion der Moderne. Hrsg. von Burkhardt Lindner und W. Martin Lüdke. Frankfurt/M. 1980, S. 397-141

Horkheimer, Max/ Adorno, Theodor W.: Dialektik der Aufklärung <1947>. Frankfurt/M. 1981

Hue, Otto: Die Bergarbeiter. Historische Darstellung der Bergarbeiterverhältnisse von der ältesten bis in die neueste Zeit. Bd. 1.2. Stuttgart 1910 /Bochum 1923

Huch, Ricard: Die Romantik. Ausbreitung, Blütezeit und Verfall. Tübingen/ Stuttgart 1951

Imbusch, Heinrich: Arbeitsverhältnis und Arbeiterorganisationen im deutschen Bergbau <1908>. Mit einer Einleitung zum Nachdruck von Klaus Tenfelde. Berlin/ Bonn 1980

Jacobs, Margaret: Hugo von Hofmannsthal: Das Bergwerk zu Falun. In: Hofmannsthal. Studies in Commemoration. Hrsg. von F. Norman. London 1963, S. 53-82

Jaffé, Aniela: Bilder und Symbole aus E.T.A. Hoffmanns Märchen der goldene Topf. In: Carl Gustav Jung: Gestaltungen des Unbewußten. Zürich 1950, S. 239-593

Janz, Rolf Peter: Autonomie und soziale Funktion der Kunst. Studien zur Ästhetik von Schiller und Novalis. Stuttgart 1973

Jennings, Lee B.: The Downward Transcendence. Hoffmann's Bergwerke zu Falun. In: DVjs. Heft 2, Jg. 59, 1985, S. 278-289

Jung, Carl Gustav: Gesammelte Werke. Hrsg. von Lilly Jung-Merker und Elisabeth Rüf. (versch. Aufl.) Freiburg $^{4-6}$1985ff

Jünger, Friedrich Georg: Glück und Unglück. In: Was ist Glück? Ein Symposion. München 1976, S. 7-25

Kaiser, Gerhard: Mutter Nacht - Mutter Natur. Anläßlich einer Bildkomposition von Asmus Jacob Carstens. In: Die Austreibung des Geistes aus den Geisteswissenschaften. Programme des Poststrukturalismus. Hrsg. von Friedrich A. Kittler. Paderborn u.a. 1980, S. 87-141

Kals, Hans: Die soziale Frage in der Romantik. Köln /Bonn 1974

Kapitza, Peter: Die frühromantische Theorie der Mischung. Über den Zusammenhang von romantischer Dichtungstheorie und zeitgenössischer Chemie. (=Münchner Germanistische Beiträge Bd. 4) München 1968

Kerényi, Karl : Die Mythologie der Griechen. Bd. I: Die Götter- und Menschheitsgeschichten. Bd. II: Die Heroengeschichten. München [7]1984 bzw. [6]1983

Kern, Johannes P.: Ludwig Tieck. Dichter einer Krise. Heidelberg 1977

Kirnbauer, Franz: Die Quellen und Grundlagen der Bergmannssagen. In: Der Anschnitt. Heft 6, Jg. 6, 1956, S. 16-19

Kittler, Friedrich A.: Literatur und Literaturwissenschaft als Word Processing. In: Germanistik - Forschungsstand und Perspektiven. Hrsg. von Georg Stötzel. Bd. 2. Berlin/ New York 1985, S. 410-419

Kittler, Friedrich A.: Der Dichter, die Mutter, das Kind. Zur romantischen Erfindung der Sexualität. In: Romantik in Deutschland. Hrsg. von Richard Brinkmann. Stuttgart 1978, S. 102-114

Kittler, Friedrich A.: Die Irrwege des Eros und die 'absolute Familie'. Psychoanalytischer und diskursanalytischer Kommentar zu Klingsohrs Märchen in Novalis' 'Heinrich von Ofterdingen'. In: Psychoanalytische und psychopathologische Literaturinterpretationen. Hrsg. von Bernd Urban und Winfried Kudszus. Darmstadt 1981, S. 421-470

Kittler, Friedrich A.: Über die Sozialisation Wilhelm Meisters. In: Gerhard Kaiser, F.A.K.: Dichtung als Sozialisationsspiel. Studien zu Goethe und Gottfried Keller. Göttingen 1978, S. 12-124

Kloppmann, Wolfgang: Eine materialistische Lektüre des Bergmann-Kapitels im 'Ofterdingen'. In: Romantische Utopie. Utopische Romantik. Hrsg. von Gisela Dischner und Richard Faber. Hildesheim 1979, S. 222-240

Klussmann, Paul Gerhard: Die Zweideutigkeit des Wirklichen. Ludwig Tiecks Märchennovellen. In: Zeitschrift für Deutsche Philologie. Bd. 83, 1964, S. 426-452

Kocks, Klaus: Montangeschichten und Montangeschichte: zum Motiv der Langen Schicht. In: Der Anschnitt. Heft 6, Jg. 35, 1983, S. 201-208

Koehler, Gisela: Narzißmus, übersinnliche Phänomene und Kindheitstrauma im Werk E.T.A. Hoffmanns. Diss. Frankfurt/M. 1971

Köpke, Rudolf: Ludwig Tieck. Erinnerungen aus dem Leben eines Dichters nach dessen mündlichen und schriftlichen Mittheilungen. 2 Theile in einem Band. Leipzig 1855

Kosch, Wilhelm: Das Bergwesen in der deutschen Romantik. Akademische Antrittsvorlesung gehalten an der Montanistischen Hochschule in Leoben. In: Der Wächter. Heft 1, Jg. 4, 1921, S. 218-225

Kreuzer, Ingrid: Novalis: 'Die Lehrlinge zu Sais'. Fragen zur Struktur, Gattung und immanenten Ästhetik. In: Jahrbuch der Deutschen Schillergesellschaft. Jg. 23, 1979, S. 276-308

Kroker, Werner: Der Bergbau organisiert sich. In: Museum. Deutsches Bergbaumuseum Bochum. Braunschweig [2]1981, S. 38-47

Kunz, Josef (Hrsg.): Novelle. (= Wege der Forschung Bd. LV) Darmstadt [2]1973

Kurzke, Hermann: Novalis. (=Beck'sche Autorenbücher 606) München 1988

Laiblin, Wilhelm: Das Urbild der Mutter <1936>. In: W.L.: Märchenforschung und Tiefenpsychologie. Darmstadt 1969, S. 100-150

Lenk, Elisabeth: Die unbewußte Gesellschaft. Über die mimetische Grundstruktur in der Literatur und im Traum. MÜnchen 1983

Lepenies, Wolf: Das Ende der Naturgeschichte. Wandel kultureller Selbstverständlichkeiten in den Wissenschaften des 18. und 19. Jahrhunderts. München /Wien 1976

Leroy, Robert/ Pastor, Eckart: Die Initiation des romantischen Dichters. Der Anfang von Novalis' Heinrich von Ofterdingen. In: Romantik. Ein literaturwissenschaftliches Studienbuch. Hrsg. von Ernst Ribbat. Kronberg/Ts. 1979, S. 38-57

Lewy, Käthe: Die Problemwelt in Ludwig Tiecks Novellen aus den Jahren 1820-30. Diss. Greifswald 1923

Lieske, Rudolf: Tiecks Abwendung von der Romantik. (=Germanische Studien Heft 134) Berlin 1933

Lindemann, Klaus: Von der Naturphilosophie zur christlichen Kunst. Zur Funktion des Venusmotivs in Tiecks 'Runenberg' und Eichendorffs 'Marmorbild'. In: Literaturwissenschaftliches Jahrbuch im Auftrage der Görres Gesellschaft. NF Bd. 15, 1974, S. 101-121

Lindroth, Sten: Gruvbrytning och Kopparhandtering vid Stora Kopparberget intill 1800-Talets Början. Bd. 1: Gruvan och gruvbrytningen. Bd. 2: Kopparhanteringen. Uppsala 1955

Link, Hannelore: Abstraktion und Poesie im Werk des Novalis. Stuttgart 1971

Link, Jürgen: Über ein Modell synchroner Systeme von Kollektivsymbolen sowie seine Rolle bei der Diskurs-Konstitution. In: Bewegung und Stillstand in Metaphern und Mythen. Fallstudien zum Verhältnis von elementarem Wissen und Literatur im 19. Jahrhundert. Hrsg. von Jürgen Link und Wulf Wülfing. Stuttgart 1984, S. 63-92

Lorenz, Emil Franz: Die Kindheitserinnerungen des Baron de la Motte Fouque. (=Vom wahren Wesen der Kinderseele I) In: Imago. Bd. 2, 1913, S. 513-519

Lorenz, Emil Franz: Die Geschichte des Bergmanns von Falun, vornehmlich bei E.T.A. Hoffmann, Richard Wagner und Hugo von Hofmannsthal. In: Imago. Bd. 3, 1914, S. 250-301

Lukács, Georg: Die Romantik als Wendung in der deutschen Literatur <1945>. In: Romantikforschung seit 1945. Hrsg. von Klaus Peter. Königsstein/Ts. 1980, S. 40-52

Magris, Claudio: Die andere Vernunft. E.T.A. Hoffmann. (= Literatur in der Geschichte, Geschichte in der Literatur Bd. 1) Königsstein/Ts. 1980

Mähl, Hans Joachim: Novalis: Hemsterhuis-Studien <1965>. In: Romantikforschung seit 1945. Hrsg. von Klaus Peter. Königsstein/Ts. 1980, S. 180-198

Mähl, Hans Joachim: Novalis' Wilhelm Meister Studien des Jahres 1797. In: Neophilologus. Bd. XLVII, 1963, S. 286-305

Mähl, Hans Joachim: Die Idee des goldenen Zeitalters im Werk des Novalis. Studien zur Wesensbestimmung der frühromantischen Utopie und zu ihren ideengeschichtlichen Voraussetzungen. Heidelberg 1965

Mähl, Hans Joachim : Novalis und Plotin <1962>. In: Novalis. Beiträge zu Werk und Persönlichkeit Friedrich von Hardenbergs. Hrsg. von Gerhard Schulz. Darmstadt 1970, S. 357-423

Mahoney, Dennis F.: Die Poetisierung der Natur bei Novalis. Beweggründe, Gestalten, Folgen. Bonn 1980

Mahr, Johannes: Übergang zum Endlichen. Der Weg des Dichters in Novalis' 'Heinrich von Ofterdingen'. Diss. Würzburg 1968

Marcuse, Herbert: Triebstruktur und Gesellschaft. Ein philosophischer Beitrag zu Sigmund Freud. Frankfurt/M. 1965

Mayer, Jiri: Die Bergbautechnik im Verlauf der industriellen Revolution in den mitteleuropäischen Revieren (1830-1914). In: Der Anschnitt. Heft 2/3, Jg. 29, 1977, S. 48-65

Mangold, Hartmut: Grobes Raster. In: Mitteilungen der E.T.A. Hoffmann Gesellschaft. Heft 32, 1986, S. 128-129

Marquard, Odo: Zur Bedeutung der Theorie des Unbewußten für eine Theorie der nicht mehr schönen Kunst. In: Die nicht mehr schönen Künste. Grenzphänomene des Ästhetischen. Hrsg. von Hans Robert Jauß. München 1968, S. 375-392

Marquard, Odo: Transzendentaler Idealismus, romantische Naturphilosophie, Psychoanalyse.(= Schriftenreihe zur phil. Praxis Bd. 3) Köln 1987

Marquard, Odo: Schelling - Zeitgenosse inkognito. In: Schelling - Eine Einführung in seine Philosophie. Hrsg. von Hans Michael Baumgartner. Freiburg/ München 1975, S. 9-26

Marquard, Odo: Über einige Beziehungen zwischen Ästhetik und Therapeutik in der Philosophie des neunzehnten Jahrhunderts <1962>. In: O.M.: Schwierigkeiten mit der Geschichtsphilosophie. Aufsätze. Frankfurt/M. 1973, S. 85-106

Mason, Stephen Finney: Geschichte der Naturwissenschaft in der Entwicklung ihrer Denkweisen. Stuttgart ^{2}1974

Matenko, Percy/ Zeydel, H. Edwin/ Masche, Bertha M. (Hrsg.) : Letters to and from Ludwig Tieck and his circle. Unpulished Letters from the period of German Romanticims including the unpublished correspondence of Sophie and Ludwig Tieck. Chapel Hill 1967

Matzker, Reiner: Wahnsinn und Initiation bei Jean Paul und E.T.A. Hoffmann.(= Berliner Beiträge zur neueren deutschen Literaturgeschichte. Bd. 6) Frankfurt/M. /Bern/ New York/ Nancy 1984

Mayer, Hans: Von Lessing bis Thomas Mann. Pfullingen 1959

Mayer, Hans: Die Wirklichkeit E.T.A. Hoffmanns <1959>. In: Romantikforschung seit 1945. Hrsg. von Klaus Peter. Königsstein/Ts. 1980, S. 116-144

Merchant, Carolyn: Der Tod der Natur: Ökologie, Frauen und neuzeitliche Naturwissenschaft. München 1987

Merz, Giuliano: Ludwig Tieck 1773-1853 und das romantische Kunstmärchen. Diss. Padova/ Verona 1972

Messer, Max: Drei Reiche der Kunst. Über Maurice Maeterlinck. In: Die Wiener Moderne. Literatur, Kunst und Musik zwischen 1890 und 1910. Hrsg. von Gotthard Wunberg. Stuttgart 1981, S. 334-336

Meyer, Jochen (Bearb.): Hie Welf! Hie Waiblingen!. Wilhelm Raabe in Stuttgart 1862-1870. Marbacher Magazin. Bd. 20. 1981

Meyer-Abich, Klaus M. (Hrsg.): Frieden mit der Natur. Freiburg/ Basel/ Wien 1979

Middleton, Christopher: Two mountain scenes in Novalis and the question of symbolic style <1965>. In: C. M.: Bolshevism in Art and other expository writings. Manchester 1978, S. 258-309

Minder, Robert: Un Poète romantique allemand: Ludwig Tieck (1773-1853). (=Publications de la Faculté des Lettres de L'université de Strasbourg Fascicule 72). Paris 1936

Minder, Robert: Wandlungen des Tieck Bildes. In: Romantik heute. Bonn /Bad Godesberg 1972, S. 60-76

Minor, Jakob: Tieck als Novellendichter <1884>. In: Ludwig Tieck. Hrsg. von Wulf Segebrecht. Darmstadt 1976, S. 45-127

Mitscherlich, Alexander: Auf dem Weg in die vaterlose Gesellschaft. Ideen zur Sozialpsychologie. (Neuausgabe) München [14]1982

Momberger, Manfred: Sonne und Punsch. Die Dissemination des romantischen Kunstbegriffs bei E.T.A. Hoffmann.(=Literatur und Gesellschaft NF 9) München 1986

Mörtl, Hans: Ironie und Resignation in den Alterswerken Ludwig Tiecks <1925>. In: Ludwig Tieck. Hrsg. von Wulf Segebrecht. Darmstadt 1976, S. 128-171

Müller, Joachim: Tiecks Novelle 'Der Alte vom Berge'. Ein Beitrag zum Problem der Gattung <1958/59>. In: Ludwig Tieck. Hrsg. von Wulf Segebrecht. Darmstadt 1976, S. 303-321

Negt, Oskar /Kluge, Alexander: Geschichte und Eigensinn. Frankfurt/M. 1981

Negus, Kenneth G.: E.T.A. Hoffmanns other World. The Romantik author and his 'new Mythology'. Philadelphia 1955

Nehring, Wolfgang: E.T.A. Hoffmanns Erzählwerk. Ein Modell und seine Variationen. In: Zu E.T.A. Hoffmann. Zeitschrift für deutsche Philologie. Sonderheft Bd. 95, 1976, S. 3-24

Neumann, Erich: Zur Psychologie des Weiblichen. Zürich 1953

Neumann, Erich: Kunst und schöpferisches Unbewußtes. Zürich 1954

Neumann, Erich: Die große Mutter. Eine Phänomenologie der weiblichen Gestaltungen des Unbewußten. Freiburg ^{2}1974

Nibbrig, Christiaan L. Hart: Die Auferstehung des Körpers im Text. Frankfurt/M. 1985

Nivelle, Armand: Der symbolische Gehalt des 'Heinrich von Ofterdingen'. In: Revues les langues vivantes. Bd. 16, 1950, S. 404-427

Nyborg, Eigil: Zur Theorie einer tiefenpsychologischen Literaturanalyse. In: Literatur und Psychoanalyse. Hrsg. von Klaus Bohnen und Sven-Aage Joergensen. Kopenhagen/ München 1981, S. 53-66

Obermeit, Werner: 'Das unsichtbare Ding, das Seele heißt'. Die Entdeckung der Psyche im bürgerlichen Zeitalter. Frankfurt/M. 1980

Ochsner, Karl: E.T.A. Hoffmann als Dichter des Unbewußten. Diss. Teildruck. Frauenfeld 1936

Oesterle, Günter: Heinrich Heines Tannhäusergedicht - eine erotische Legende aus Paris. Zur Entstehung eines neuen lyrischen Tons. In: Signaturen. Heinrich Heine und das 19. Jahrhundert. Neue Beiträge zur Forschung. (=Literatur im historischen Prozeß NF 12) Hrsg. von Rolf Hosfeld. Berlin 1986, S. 6-48

Oesterle, Günter: Der goldene Topf. In: Interpretationen. Erzählungen und Novellen des 19. Jahrhunderts. Bd. 1. Stuttgart 1988, S. 188-220

Oesterle, Ingrid: Ludwig Tieck: 'Des Lebens Überfluß'. In: Romane und Erzählungen zwischen Romantik und Realismus. Hrsg. von Paul Michael Lützeler. Stuttgart 1983, S. 237-267

Paulin, Roger: Der alte Tieck. In: Zur Literatur der Restaurationsepoche 1815-1848. Forschungsreferate und Aufsätze. Hrsg. von Jost Hermand und Manfred Windfuhr. Stuttgart 1970, S. 247-262

Paulin, Roger: Ludwig Tieck. A literary biography. Oxford 1985

Paulin, Roger: Ludwig Tieck. (=Realien zur Literatur Bd. 185) Stuttgart 1986

Perrig, Alexander: Leonardo: Die Anatomie der Erde. In: Jahrbuch der Hamburger Kunstsammlungen. Bd. 25. Hamburg 1980, S. 51-80

Peter, Klaus (Hrsg.): Romantikforschung seit 1945. (=Neue Wissenschaftliche Bibliothek Bd. 93) Königsstein/Ts. 1980

Pfeiffer, Johannes: Die Geschichte von dem Bergmann zu Fahlun. In: J. P.: Wege zur Erzählkunst. Über den Umgang mit dichterischer Prosa. Hamburg 1953, S. 46-52

Pfotenhauer, Helmut: Aspekte der Modernität bei Novalis. Überlegungen zu Erzählformen des 19. Jahrhunderts, ausgehend von Hardenbergs 'Heinrich von Ofterdingen'. In: Zur Modernität der Romantik. Hrsg. von Dieter Bänsch. Stuttgart 1977, S. 111-142

Pfotenhauer, Helmut: Ästhetische Erfahrung und gesellschaftliches System. Untersuchungen zu Methodenproblemen einer materialistischen Literaturanalyse am Spätwerk Walter Benjamins. Stuttgart 1975

Phelan, Anthony: 'Das Centrum das Symbol des Goldes': Analogie und money in *Heinrich von Ofterdingen*. In: German Life and Letters. Heft 4, Jg. 37, Juli 1984, S. 307-321

Pickerodt, Gerhart: Das Bergwerk zu Falun. In: G.P.: Hofmannsthals Dramen. Kritik ihres historischen Gehalts. Stuttgart 1968, S. 93-108

Pikulik, Lothar: Romantik als Ungenügen an der Normalität. Am Beispiel Tiecks, Hoffmanns, Eichendorffs. Frankfurt/M. 1969

Ploss, E.E. / Roosen-Runge, Heinz/ Schippergers, Heinz / Buntz, Herwig: Alchimia. Ideologie und Technolgie. München 1970

Prang, Helmut (Hrsg.): E.T.A. Hoffmann. (=Wege der Forschung Bd. 486). Darmstadt 1976

Preisendanz, Wolfgang: Eines matt geschliffnen Spiegels dunkler Widerschein. E.T.A. Hoffmanns Erzählkunst. In: E.T.A. Hoffmann. Hrsg. von Helmut Prang. Darmstadt 1976, S. 270-291

Prigogine, Ilya / Stengers, Isabelle: Dialog mit der Natur. Neue Wege naturwissenschaftlichen Denkens. München/ Zürich 1980

Rainer, Ulrike: Georg Trakls Elis-Gedichte: Das Problem der dichterischen Existenz. In: Monatshefte für deutschen Unterricht, deutsche Sprache und Literatur. No. 4, Vol. LXXII, 1980, S. 401-415.

Raub, J.: Bergmännische Privilegien im Schwazer Bergbuch. In: Der Anschnitt. Heft 1/2, Jg. 9, 1957, S. 35-41

Reuschel, Karl : Über Bearbeitungen der Geschichte des Bergmanns zu Falun.(=Studien zur vergleichenden Literaturgeschichte Vol. III) Berlin 1903

Ribbat, Ernst: Ludwig Tieck. Studien zur Konzeption und Praxis romantischer Poesie. Kronberg/Ts. 1978

Ritter, Heinz: Der unbekannte Novalis. Göttingen 1967

Ritter, Joachim: Landschaft. Zur Funktion des Ästhetischen in der modernen Gesellschaft <1963>. In: J. R.: Subjektivität. Frankfurt/M. 1980, S. 141-165

Röhring, Klaus: Der heilende Blick. Von der Befähigung, die ökologische Partitur des Planeten zu lesen. In: Frieden mit der Natur. Hrsg. von Klaus M. Meyer-Abich. Freiburg/ Basel/ Wien 1979, S. 39-58

Romantik heute: Friedrich Schlegel. Novalis. E.T.A. Hoffmann. Ludwig Tieck. Mit Beiträgen von Reinhold Grimm u.a. Bonn-Bad Godesberg 1972

Rothacker, Erich: Das 'Buch der Natur'. Materialien und Grundsätzliches zur Metapherngeschichte. Aus dem Nachlaß herausgegeben und bearbeitet von Wilhelm Perpeet. Bonn 1979

Rothert, Liebetraut: Umwelt und Arbeitsverhältnisse von Ruhrbergleuten in der zweiten Hälfte des 19. Jahrhunderts. Münster/Westf. 1976

Safranski, Rüdiger: E.T.A. Hoffmann. Das Leben eines skeptischen Phantasten. München/ Wien 1984

Samuel, Richard: Die poetische Staats- und Geschichtsauffassung Friedrich von Hardenbergs (Novalis). Studien zur romantischen Geschichtsphilosophie. (=Deutsche Forschungen 12) Frankfurt/M. 1925

Samuel, Richard: Novalis. Heinrich von Ofterdingen. In: Der deutsche Roman. Vom Barock bis zur Gegenwart. Struktur und Geschichte. Hrsg. von Benno v. Wiese. Bd. I. Düsseldorf 1963, S. 252-300

Schanze, Helmut: Romantik und Aufklärung. Untersuchungen zu Friedrich Schlegel und Novalis. (=Erlanger Beiträge zur Sprach- und Kunstwissenschaft Bd. 27) Nürnberg ^{2}1976

Schaum, Marta: Das Kunstgespräch in Tiecks Novellen. (=Giessener Beiträge zur deutschen Philologie XV). Giessen 1925

Scherer, Michael: Die Bergwerke zu Falun. Eine Studie zu E.T.A. Hoffmann und J.P. Hebel. In: Blätter für den Deutschlehrer. Jg. 2, 1958, S. 9-16

Schiedlausky, Günther: Theodor Körner als Freiberger Bergstudent. In: Der Anschnitt. Heft 3, Jg. 5, 1953, S. 14-17

Schiedlausky, Günther: Goethe und das Gestein. In: Der Anschnitt. Heft 4, Jg. 4, 1952, S. 8-12

Schivelbusch, Wolfgang: Geschichte der Eisenbahnreise. Zur Industrialisierung von Raum und Zeit im 19. Jahrhundert. Frankfurt/M. /Berlin 1979

Schläfer, Ute: Das Gespräch in der Erzählkunst Ludwig Tiecks. Diss. München 1969

Schlaffer, Heinz: Faust Zweiter Teil. Die Allegorie des 19. Jahrhunderts. Stuttgart 1981

Schlumm, Hans-B.: Blauer Tagtraum - Goldenes Zeitalter. Die Versöhnung von Mensch und Natur bei Novalis. (=Materialis MT 5). Frankfurt/M. 1981

Schmid, Christoph: Die Mittelalterrezeption des 18. Jahrhunderts zwischen Aufklärung und Romantik. Frankfurt/M. /Bern /Las Vegas 1979

Schmidt, Arno: 'Funfzehn'. Vom Wunderkind der Sinnlosigkeit. In: A.S.: Die Ritter vom Geiste. Von vergessenen Kollegen. Karlsruhe 1965, S. 208-281

Schmidt, Arno: Nachrichten aus dem Leben eines Lords. Frankfurt/M. 1981

Schnabel, Franz: Deutsche Geschichte im neunzehnten Jahrhundert: Die Erfahrungswissenschaften. Freiburg/ Basel/ Wien 1965

Schneider, Ernst: Das 'Wachsen' des Erzes. In: Der Anschnitt. Heft 1, Jg. 8, 1956, S. 18-21

Schreiber, Georg: Der Bergbau in Geschichte, Ethos und Sakralkultur. Köln /Opladen 1962

Schröder, Rolf: Novelle und Novellentheorie in der frühen Biedermeierzeit. Tübingen 1970

Schulz, Gerhard: Die Berufstägigkeit Friedrich von Hardenbergs (Novalis) und ihre Bedeutung für seine Dichtung und seine Gedankenwelt. Diss. Leipzig 1958

Schulz, Gerhard: Die Poetik des Romans bei Novalis. In: Deutsche Romantheorien. Hrsg. von Reinhold Grimm. Bd. I. Frankfurt/M. 1974, S. 125-154

Schulz, Gerhard: Novalis und der Bergbau. In: Freiberger Forschungshefte. Reihe D 11, 1955, S. 242-263

Schulz, Gerhard: Der Fremdling und die blaue Blume. Zur Novalis Rezeption. In: Romantik heute. Bonn- Bad Godesberg 1972, S. 31-47

Schulz, Gerhard (Hrsg.): Novalis. Beiträge zu Werk und Persönlichkeit Friedrich von Hardenbergs. (=Wege der Forschung Bd. 248) Darmstadt 1970

Schulz, Gerhard: "Der ist der Herr der Erde..." Betrachtungen zum ersten Bergmannslied in Novalis' 'Heinrich von Ofterdingen'. In: Der Anschnitt. Heft 3, Jg. 11, 1959, S. 10-13

Schulz, Gerhard: Die Verklärung des Bergbaues bei Novalis. Betrachtungen zum zweiten Bergmannslied im 'Heinrich von Ofterdingen'. In: Der Anschnitt. Heft 4, Jg. 11, 1959, S. 20-23

Schulz-Vellinghausen, Albert: 'Das Bergwerk zu Falun'. Drama in fünf Akten von Hugo von Hofmannsthal. Uraufführung am Deutschen Theater in Konstanz. In: Theater der Zeit. Blätter für Bühne, Film und Musik. Heft 6, Jg. 4, Juni 1949, S. 38

Schunicht, Manfred: Der 'Falke am Wendepunkt'. Zu den Novellentheorien Tiecks und Heyses <1960>. In: Novelle. Hrsg. von Josef Kunz. Darmstadt 1973, S. 439-468

Schweikert, Uwe (Hrsg.): Dichter über ihre Dichtungen 9. Ludwig Tieck. Bd. 1-3. München 1971

Segebrecht, Wulf: Ludwig Tieck. (=Wege der Forschung Bd. CCCLXXXVI) Darmstadt 1976

Shorter, Edward: Der Wandel der Mutter-Kind Beziehungen zu Beginn der Moderne. In: Geschichte und Gesellschaft. Jg. 1, 1975, S. 256-287

Shorter, Edward: Die Geburt der modernen Familie. Reinbeck b. Hamburg 1977

Sieferle, Rolf Peter: Fortschrittsfeinde? Opposition gegen Technik und Industrie von der Romantik bis zur Gegenwart. (=Sozialverträglichkeit von Energiesystemen Bd. 5) München 1984

Sieferle, Rolf Peter: Der unterirdische Wald. Energiekrise und Industrielle Revolution. München 1982

Siegel, Josef: Franz von Baader. Ein Bild seines Lebens und seines Wirkens. München 1957

Simmel, Georg: Philosophie des Geldes. Leipzig 1900

Soerensen, Bengt Algot: Symbol und Symbolismus in den ästhetischen Theorien des 18. Jahrhunderts und der deutschen Romantik. Munksgaard/ Kopenhagen 1963

Sohn-Rethel, Alfred: Warenform und Denkform. Aufsätze. Frankfurt/M. /Wien 1971

Sombart, Werner: Liebe, Luxus und Kapitalismus. Über die Entstehung der modernen Welt aus dem Geist der Verschwendung <1912>. Text nach der 2. Auflage 1922. Berlin o.J. (1983)

Sombart, Werner: Der moderne Kapitalismus. Historisch-systematische Darstellung des gesamteuropäischen Wirtschaftslebens von seinen Anfängen bis zur Gegenwart <1902>. Berlin 1969

Spaemann, Robert: Genetisches zum Naturbegriff des 18. Jahrhunderts. In: Archiv für Begriffsgeschichte. Bd. XI, Bonn 1967, S. 59-74

Stadler, Ulrich: Die Auffassung vom Gelde bei Friedrich von Hardenberg. In: Romantik in Deutschland. Hrsg. von Richard Brinkmann. Stuttgart 1978, S. 147-156

Stadler, Ulrich: Die theuren Dinge. Studien zu Bunyan, Jung-Stilling und Novalis. Bern/ München 1980

Stadler, Ulrich: Novalis: Heinrich von Ofterdingen (1802). In: Romane und Erzählungen der deutschen Romantik: Neue Interpretationen. Hrsg. von Paul Michael Lützeler. Stuttgart 1981, S. 141-162

Stamm, Ralf: Ludwig Tiecks späte Novellen. Grundlage und Technik des Wunderbaren. (=Studien zur Poetik und Geschichte der Literatur Bd. 31) Stuttgart u.a. 1973

Stegmann, Inge: Deutung und Funktion des Traumes bei E.T.A. Hoffmann. Diss. Bonn 1973

Stegmann, Inge: Die Wirklichkeit des Traumes bei E.T.A. Hoffmann. In: Zeitschrift für deutsche Philologie. Sonderheft Nr. 95, 1976, S. 64-93

Stenzel, Jürgen: Zum Erhabenen tauglich - Spaziergang durch Schillers 'Elegie'. In: Jahrbuch der deutschen Schillergesellschaft. Bd. XIX, 1975, S. 167-191

Stierle, Karlheinz: Der Maulwurf im Bildfeld. In: Archiv für Begriffsgeschichte. Bd. XXIV, 1982, S. 101-143

Stierle, Karlheinz: Der Maulwurf im Bildfeld. In: Bewegung und Stillstand in Metaphern und Mythen. Fallstudien zum Verhältnis von elementarem Wissen und Literatur im 19. Jahrhundert. Hrsg. von Jürgen Link und Wulf Wülfing. Stuttgart 1984, S. 121-141

Stinchcombe, John: Trakl's 'Elis Poems' and E.T.A. Hoffmann's 'Die Bergwerke zu Falun'. In: Modern Language Review. Vol. 59, London 1964, S. 609-615

Strohschneider-Kohrs, Ingrid: Die romantische Ironie in Theorie und Gestaltung. Tübingen ²1977

Sturm, M.: Ein Romantiker über den Kapitalismus. In: Aufbau. Kulturpolitische Monatsschrift mit literarischen Beiträgen. Nr. 5, Jg. 1949, S. 559-560

Suhlig, Lothar: Bergbau, Territorialherrschaft und technologischer Wandel. Prozeßinnovationen im Montanwesen der Renaissance am Beispiel der mitteleuropäischen Silberproduktion. In: Technik-Geschichte. Hrsg. von Ulrich Troitzsch und Gabriele Wohlauf. Frankfurt/M. 1980, S. 139-179

Suhlig, Lothar: Bergbau und Hüttenwesen in Mitteleuropa zur Agricola Zeit. In: Georg Agricola: Vom Berg- und Hüttenwesen. Ausgabe nach dem lat. Orginal von 1556. Dt. Übersetzung von 1928. München ^{2}1980, S. 570ff.

Tenfelde, Klaus: Sozialgeschichte der Bergarbeiterschaft an der Ruhr im 19. Jahrhundert. Bonn ^{2}1981

Thalmann, Marianne: Probleme der Dämonie in Ludwig Tiecks Schriften. (=Forschungen zur neueren Literaturgeschichte Bd. LIII) Reprint der Ausgabe Weimar 1919. Hildesheim 1978

Thalmann, Marianne: Ludwig Tieck 'Der Heilige von Dresden'. Aus der Frühzeit der deutschen Novelle. (=Quellen zur Sprach- und Kulturgeschichte der germanischen Völker NF 3, Nr. 127) Berlin 1960

Thalmann, Marianne: Romantik und Manierismus. Stuttgart 1963

Treue, Wilhelm: Wirtschaft, Gesellschaft und Technik vom 16. bis zum 18. Jahrhundert. (=Gebhardt Handbuch der dtschen Geschichte Bd. 12) München ^{2}1976

Treue, Wilhelm: Gesellschaft, Wirtschaft und Technik Deutschlands im 19. Jahrhundert. (=Gebhard Handbuch der dtschen Geschichte Bd. 17) München ^{2}1977

Treue, Wilhelm: Georg Agricola - Eine Biographische Skizze. In: Georg Agricola: Vom Berg- und Hüttenwesen. Ausgabe nach dem lat. Orginal von 1556. Dt. Übersetzung von 1928. München ^{2}1980, S. 565-569

Trier, Eduard: Der Bergbau im Bild des industriellen Zeitalters. In: Der Bergbau in der Kunst <1958>. Hrsg. von Heinrich Winkelmann. Essen ^{2}1971, S. 325-446

Uber, Wolfgang: E.T.A. Hoffmann und Sigmund Freud- ein Vergleich. Bde. 1.2. Diss. Berlin 1974

Unverfehrt, Gabrielle /Kroker, Evelyn : Der Arbeitsplatz des Bergmanns in historischen Bildern und Dokumenten. (=Veröffentlichung aus dem Deutschen Bergbaumuseum Bochum Nr. 15) Bochum ^{2}1981

Veen, Frans van der: Sozialgeschichte der Arbeit. Bd. 1-3. Frankfurt/M. 1972

Vietta, Silvio: Romantikparodie und Realitätsbegriff im Erzählwerk E.T.A. Hoffmanns. In: Deutsche Philologie. Heft 4, Bd. 100, 1981, S. 575-591

Vonessen, Renate: Natur und Entfremdung. Der Eigentumsbegriff bei Novalis im Anschluß an das "Blütenstaub"-Fragment Nr. 13. Diss. Freiburg i.Br. 1974

Vordtriede, Werner: Novalis und die französischen Symbolisten. Zur Entstehungsgeschichte des dichterischen Symbols. Stuttgart 1964

Voswinckel, Klaus: Paul Celan: Verweigerte Poetisierung der Welt. Versuch einer Deutung. (=Poesie und Wissenschaft XXVI). Heidelberg 1974

Vredeveld, Harry: Ludwig Tieck's 'Der Runenberg': An Archetypal Interpretation. In: The Germanic Review. Vol. XLIX, 1974, S. 200-214

Wächtler, Eberhard: Fortschritt und Tradition im deutschen Bergbau von 1807 bis 1848. Studien zur Rolle der Tradition in der Geschichte. (=Freiberger Forschungshefte D 68) Leipzig 1970

Wächtler, Eberhard: Die Lebens- und Arbeitswelt der Bergarbeiterschaft vor und nach der industriellen Revolution. In: Der Anschnitt. Heft 2/3, Jg. 29, 1977, S. 102-109

Wagenbreth, Otfried: Novalis und der Beginn der Braunkohleerkundung im sächsisch-thüringischen Raum. In: Novalis und Freiberg. (=Veröffentlichung des wissenschaftlichen Informationszentrums der Bergakademie Freiberg Nr. 53) Freiberg 1972

Wagenbreth, Otfried: Goethe und der Ilmenauer Bergbau. Weinheim 1984

Walbiner, Rudolf (Hrsg.): Reisebriefe deutscher Romantiker. Berlin 1979

Walzel, Oskar F.: Deutsche Romantik. Eine Skizze. Leipzig 1908

Weber, Klaus : Das Reich der Steine und Metalle in der Dichtung der deutschen Romantiker. Ein Beitrag zur Deutung des romantischen Symbolismus. Diss. Köln 1953

Weber, Max: Wirtschaft und Gesellschaft. Grundriß der verstehenden Soziologie <1956>. Hrsg. von Johannes Winkelmann. Bd. 1. Köln/ Berlin 1964

Weber, Max: Asketischer Protestantismus und kapitalistischer Geist <1905>. In: Soziologie. Weltgeschichtliche Analysen. Politik. Hrsg. von Johannes Winkelmann. Stuttgart 1956, S. 357-381

Weber, Wolfhard: Innovationen im frühindustriellen Bergbau und Hüttenwesen. Friedrich Anton von Heynitz. (=Studien zur Naturwissenschaft, Technik und Wirtschaft im 19. Jahrhundert, Bd. 6) Göttingen 1976

Weber, Wolfhard: Der Arbeitsplatz in einem expandierenden Wirtschaftszweig. Der Bergmann. In: Fabrik. Familie. Feierabend. Beiträge zur Sozialgeschichte des Alltags im Industriezeitalter. Hrsg. von Jürgen Reulecke und W. W. Wuppertal 1978, S. 89-113

Weber-Kellermann, Ingeborg: Die Familie. Geschichte, Geschichten und Bilder. Frankfurt/M. 1976

Weigel, Sigrid: Die nahe Fremde - das Territorium des 'Weiblichen'. Zum Verhältnis von 'Wilden' und 'Frauen' im Diskurs der Aufklärung. In: Die andere Welt. Studien zum Exotismus. Hrsg. von Thomas Koebner/ Gerhart Pickerodt. Frankfurt/M. 1987, S. 171-199

Wesollek, Peter: Ludwig Tieck oder der Weltumsegler seines Innern. Wiesbaden 1984

Wilkening, Frank: Progression und Regression. Die Geschichtsauffassung Friedrich von Hardenbergs. In: Romantische Utopie. Utopische Romantik. Hrsg. von Gisela Dischner und Richard Faber. Hildesheim 1979, S. 251-269

Winkelmann, Heinrich (Hrsg.): Der Bergbau in der Kunst <1958>. Essen ^{2}1971

Wolzogen, Hans: E.T.A. Hoffmann und Richard Wagner. Harmonien und Parallelen. Berlin o.J. (1906)

Wunberg, Gotthart: Bemerkungen zu Hofmannsthals Vorspiel. Das Bergwerk zu Falun. In: Neue Sammlung. Göttinger Blätter für Kultur und Erziehung. Jg. 5, 1965, S. 178-191

Zeydel, Edwin: Ludwig Tieck, the German Romanticist. A Critical Study <1935>. Hildesheim /New York 1971

Ziegner, Thomas Günther: Ludwig Tieck - Studien zur Geselligkeitsproblematik. (=Forschungen zur Literatur- und Kulturgeschichte Bd. 14) Frankfurt/M. 1987

Ziolkowski, Theodore: Der Karfunkelstein. In: Euphorion Jg. 55, 1961, S. 297-326

Ziolkowski, Theodore: Mines of the Soul. An Institutional Approach to Romanticism. In: Englisch and German Romanticism: Cross-Currents and Controversies. Hrsg. von James Pipkin. Heidelberg 1985, S. 365-390